教育部人文社科规划基金项目（项目编号：12YJA820024）
上海市曙光计划项目（项目编号：SG1055）
上海市教育委员会重点学科建设项目资助（项目编号：J52101）

上海政法学院学术文库
经济法学系列

丛书总主编　倪振峰

中国跨界水资源利用和保护法律问题研究

何艳梅　著

U0351934

復旦大學 出版社

内 容 提 要

　　本书从国际水资源法的视角出发，围绕中国在跨界水资源利用和保护方面应当遵守的国际水法原则和建立的法律制度，着重探讨和解决中国跨界水资源利用和保护的理论借鉴、中国国际河流开发利用的原则和模式、中国跨界地下水利用和保护制度的构建、中国海陆环境一体化管理制度的构建等问题，以为我国国际河流的开发利用和保护、与周边国家的睦邻友好和区域合作提供有益的思路和参考，同时促进对国际水法的动态和系统研究。本书的研究内容大致包括以下七部分：一是国际水资源法与中国跨界水资源的利用和保护；二是中国跨界水资源范围的界定；三是中国跨界水资源利用和保护的理论借鉴；四是中国跨界水资源开发利用的基本原则和模式的比较研究；五是中国跨界水资源和水生态系统保护制度的建设；六是中国跨界地下水资源利用和保护制度的构建；七是中国海陆环境一体化管理制度的构建。

前　言

　　水是人类和各种生物维持生命所必需的资源,而在经济发展所需的各种资源中,水资源是最为关键的部分。全球水资源需求量从未像今天那么大,并且,由于人口的增长和迁移、日益提高的生活标准、食物消费的变化,以及能源尤其是生物燃料产量的增加,这种需求仍将增加。这是最新发布的《联合国世界水资源开发报告系列之三——变化世界中的水资源》(以下简称《变化世界中的水资源》)所得出的结论。全球气候变暖已是不争的事实,而气候变暖对水资源带来很多不利影响。科学家们有一个共识,全球变暖将导致全球水文循环的加剧和加速,即气候变化加剧水资源紧缺。预计水资源缺乏将会影响到水质和诸如干旱、洪水等极端天气现象的出现频率。《变化世界中的水资源》预计,到 2030 年,47％的世界人口将分布在用水高度紧张的地区;一些干旱和半干旱地区的水资源缺乏,将对移民产生重大影响,预计将有 2 400 万～7 亿人会因为缺水而流离失所。① 可以说,目前全球水资源正处于巨大的压力之下,依据于这些水资源的生态系统及人类自身遭遇到前所未有的干扰和困扰。

　　在严峻的水资源形势面前,跨界水资源利用和保护问题也日益吸引着各国政府、国际组织、民众和学者们的目光。各国领导人都把跨界水资源冲突问题作为优先关注的领域之一。联合国将 2009 年“世界水日”的宣传主题确定为“跨界水——共享的水、共享的机遇”。

　　中国是全球最缺水的国家之一。在人口不断增长、持续经济发展的需求等形势之下,中国对水的需求也日益增加,而气候变暖又成为水资源供求平衡的重大影响因素。中国也是最易受气候变化影响的国家之一,其灾域之广、灾种之多、灾情之重、受灾人口之多,在世界范围内都少见。随着全球气候变化程度不断加剧,未来中国还将面临更为严峻的挑战,而在气候灾难

1

---

① 黄勇:《世界水日“问水”:水需求激增竞争加剧》,载《中国环境报》2009 年 3 月 24 日第四版。

面前最脆弱的当属水资源。① 气候变化将对我国水资源带来以下不利影响。

一是对需水的影响。研究表明我国中纬度地区气温升高 1℃,灌溉需水量将增加 6%~10%,生态需水量也将有所增加,将进一步加剧区域水资源供需矛盾。

二是对水害防治的影响。气候变暖引起降水量重新分配,冰川和冻土消融,继而引发一些极端气候事件,如暴雨、干旱、局部冰雹、暴风雪等灾害性天气增多,发生的频率和强度也将增加,危害自然生态系统的平衡和人类的正常活动。

三是对冰川积雪的影响。有资料显示,由于全球气候的变化,冰川消融的速度在不断加快,中国中西部山区冰川面积减少 21%。因气温升高引起的冰川消融及径流增加,是以固体水资源的不断消耗为代价的,因此,其难以长期持续。届时冰川融水将使河川径流季节调节能力大大降低。长远来看,部分冰川消失后,原本能够形成的冰川径流随之消失,冰川融化对河流补给量呈下降趋势,河流可利用水资源量因此将减少。由于失去"固体水库"的调节,不仅水资源总量逐步衰减,而且年际变化加大,年内季节性分布更加不均。②

我国是世界上跨界水资源,特别是国际河流拥有量最丰富的国家之一。我国国际河流的流域面积约占全国陆地面积的 21%,界河长度约占全国陆地边界的 1/3,出境和流入界河的年均水量占全国总水量的 26%。为了满足对日益匮乏的水资源的需求,尤其是水能资源的需求,中国积极调整水电开发战略,将国际河流特别是西南地区的国际河流作为未来水电开发的重点。我国国际河流涉及 13 个接壤国、3 个邻国以及国内 8 个省份,对国际河流的开发势必受到国际政治、地缘政治、国际水法、区域稳定、环保压力等各种因素的影响。在这些影响因素中,国际水法的重要性日益凸显,而对国际水法的关注和研究一直是我国实务部门和专家学者所忽视的。在严峻的形势面前,我们迫切需要加强对国际水资源法的关注和研究。

国外学者已经注意到,长期以来,国际河流不是中国水政策制定者们关

---

① 黄雅屏:《浅析我国国际河流的争端解决》,载《跨界水资源国际法律与实践研讨会论文集》,2011 年 1 月 7—9 日,第 133 页。

② 参见邓铭江、教高:《新疆水资源战略问题研究》,水规总院水利规划与战略研究中心编:《中国水情分析研究报告》2010 年第 1 期,第 6—7 页。

注的重点。中国政府对国际河流流域的政策鲜有发布明确报告,中国水利部门官方发布和出版的报告、战略、年鉴等,基本上都在中国国际河流流域的国际维度上保持沉默,这与中国的发展速度有些矛盾。学者们也很少研究国际河流问题(澜沧江—湄公河除外)。① 从国际法和比较法的角度研究中国跨界水资源包括国际河流的著作更是凤毛麟角。笔者几年前出版的著作《国际水资源利用和保护领域的法律理论与实践》,也主要是研究一般国际水法的基本概念、原则和制度,没有专门讨论中国跨界水资源开发利用和保护问题。因此,本书希望能够弥补这方面研究的不足,同时该书也是我前述著作的姊妹篇,在吸收前著的理论和原则框架,并且根据最新发展趋势进行深入、延伸和补充研究的基础上,有针对性地讨论和解决中国跨界水资源的开发利用和保护问题。

简言之,本书从国际水资源法的视角出发,围绕中国在跨界水资源利用和保护方面应当遵守的国际水法原则和建立的法律制度,着重探讨和解决中国跨界水资源利用和保护的理论借鉴、中国国际河流开发利用的原则和模式、中国跨界地下水利用和保护制度的构建、中国海陆环境一体化管理制度的构建等问题,以为我国国际河流的开发利用和保护、与周边国家的睦邻友好和区域合作提供有益的思路和参考,同时促进对国际水法的动态和系统研究。

本书的研究思路是,以国际水资源法的基本理论、原则、制度和发展趋势为视角,借鉴欧洲、亚洲、北美洲、南部非洲和南美洲等地区重要国际河流开发利用的经验和教训,考虑我国跨界水资源开发利用的现状和实际需要,构建我国跨界水资源开发利用的法律制度。具体采取了以下研究方法。

一是实证分析方法,对每个国际水资源法律问题的分析,都注意同时从公约规定、软法文件、司法判例和法学家学说等多个角度进行分析论证。

二是理论与实践相结合,将国际水资源法的理论、原则与跨界水资源利用的典型实例相结合。

三是国际研究与国内研究相结合,将国际水条约、文件、司法判例与我国国内水资源立法、政策和水资源开发利用实践相结合。

四是比较研究方法,将不同法律、文件和司法判例中对同一事项的规定

---

① 　James E. Nickum, The Upstream Superpower: China's International Rivers, See Olli Varis, Cecilia Tortajada and Asit K. Biswas (Eds.), *Management of Transboundary Rivers and Lakes*, 2008 Springer-Verlag Berlin Heidelberg, p. 228.

和判决相比较,从中探寻基本规律和发展趋向。

本书的研究内容大致包括以下七部分:一是国际水资源法与中国跨界水资源的利用和保护,着重讨论国际水资源法的形成和新发展、国际水资源法与中国跨界水资源的利用和保护等问题。二是中国跨界水资源范围的界定,在分析和讨论国际水资源法的适用范围及其拓展的基础上,结合中国实际情况,界定中国跨界水资源的范围。三是中国跨界水资源利用和保护的理论借鉴,分别讨论和分析限制领土主权理论和共同利益理论对中国跨界水资源利用和保护的指导作用。特别是共同利益理论的实质和共同利益的实现路径,及其对我国跨界水资源利用和保护的指导作用,是本部分研究的重点和难点。四是中国跨界水资源开发利用的基本原则和模式的比较研究。这是本书研究的重点,首先讨论中国跨界水资源开发利用应当遵守的基本原则和义务,然后以限制领土主权理论和共同利益理论为指导,结合公平和合理利用原则的运用,以及欧洲、亚洲、北美洲、南部非洲、南美洲等地区国际河流开发利用的经验和教训,探析中国国际河流开发利用的模式。五是中国跨界水资源和水生态系统保护制度的建设,在分析跨界水资源和水生态系统保护的含义及实施措施的基础上,讨论我国跨界水资源和水生态系统保护的制度和路径。六是中国跨界地下水资源利用和保护制度的构建,在评析跨界地下水法及其新编纂的基础上,结合国外实践和中国实际情况,就中国跨界地下水利用和保护制度的构建提出一些建议。七是中国海陆环境一体化管理制度的构建,结合国际社会关于陆源海洋污染控制的主要措施及其发展,就中国海陆环境一体化管理制度的构建提出一些针对性建议。

本书需要解决的关键问题主要有两个:第一,关于共同利益理论的实质与共同利益的实现路径问题的研究。这一问题是国际水法领域的理论性、前沿性问题,对我国跨界水资源的利用和保护发挥着指导作用,也是本书其他论述的理论基础。国内外学者对该问题还没有专门的系统研究,笔者需要"白手起家",结合关于共同利益理论的含义和特点等前期研究成果,以及国际社会对跨界水资源利用和保护的有关法律文件、实践及存在问题,进行理论创新和描述创新。

第二,关于中国国际河流开发利用的原则、义务和模式的比较研究。这是本书着重研究和解决的核心问题之一。中国国际河流众多,这些河流多是流经多国的、对亚洲地区乃至世界和平与发展有重大影响的大河。中国对这些国际河流的开发利用已超过本国主权和管辖权的范畴,而同时受到国际能源形势、环境保护理念、国际政治与经济格局、地缘政治关系、区域稳定与合作等多种因素的影响。而且从实践来看,中国对这些国际河流的开发和利用因受到其他沿岸国、环保组织和人士、沿岸国人民等多方质疑和抵制而进展缓慢或停滞不前,而中国政府又亟须发展水电以满足国内日益高涨的能源需求。在这种多方博弈的情况下,中国国际河流开发利用问题的解决之道在于,在这些国际河流的开发利用与水生态环境的保护之间、在国内利益的维护与其他沿岸国的利益诉求之间、在国家与地方经济发展的需要与沿岸人民对和谐稳定生活的渴望之间取得合理的平衡。这需要研究者从政治、经济、社会、生态、伦理等多个角度,借鉴国外开发利用国际河流的成功范例,进行全面、细致和深入的探讨。而中国各国际河流的地理、地质、生态情况和资源禀赋千差万别,应当采用各有特色的开发利用模式,这需要研究者在把握国际河流开发利用的基本原则和总体思路的同时,做出有针对性的、差别化的分析,提出具体的可操作性的建议。

目　　录

第一章　国际水资源法与中国

第一节　国际水资源法的形成和发展

全球各国之间相互联系的日益加深,突出了国际法的重要性。尤其是国际水资源法,由于世界人口增加、全球气候变暖、水资源短缺、水环境危机,以及此起彼伏的国际水争端而日益重要。

一、国际水资源法的形成

国际水资源法可以简称为国际水法,是关于跨界水资源的开发、利用、保护和管理的法律规范的总称。国际水资源法的主要目的是打破政治边界,促进跨界水资源的航行与非航行利用,它在跨界水资源的开发、利用、保护和管理中扮演了重要角色。尽管国际水资源法自身不提供解决跨界水资源利用和保护问题的具体方法,但是它有助于发现解决国际水问题的方法,促进对跨界水资源的公平合理利用和有效保护,从而避免和解决国际水争端。

国际水资源法规范的对象是跨界水资源。跨界水资源又称为国际(淡)水资源或跨国(界)水资源或跨境水资源或共享水资源,包括国际河流、湖泊及其大小支流,或者国际河流的入口和出口,以及处于两个或以上国家管辖之内的地下水系统,[①]以国际河流和湖泊为主体。

人类早期文明主要是沿着世界上一些主要河流形成和发展的,包括尼罗河、印度河、底格里斯—幼发拉底河等国际河流,尼罗河的开发利用可追溯至公元前 3400 年。远古时期对水资源的利用主要局限于灌溉和防洪,后来航行利用在国内和国际流域日益重要,对跨界水资源的最早利用就集中

---

① 参见王曦编译:《联合国环境规划署环境法教程》,法律出版社 2002 年版,第 272 页。

在航行方面。1815 年维也纳公会通过的《维也纳公会规约》(即《欧洲河流航行规则的公约》),是欧洲最早的关于跨界水资源的协定之一,它宣布莱茵河、多瑙河等欧洲河流实行自由航行制度,从而开创了国际河流自由航行制度的先河。1885 年通过的《柏林会议一般文件》也将刚果河和尼日尔河等非洲河流国际化了。随着时间的推移和国际航行事业的发展,这些国际河流流域逐渐形成了复杂的航行规则,国际水资源法在此基础上逐步形成。

工业化带来了水资源的深利用和广分流。随着工业化时代的到来,沿岸国日益增长的水需求将跨界水资源的工业、农业和灌溉利用等非航行利用推到了前沿。由于跨界水资源的非航行利用涉及共同沿岸国对有限水资源的竞争性需求、公平分配、合理利用和管理问题,从而形成了公平和合理利用、不造成重大损害和国际合作等国际水资源法的基本原则,促进了国际水资源法的更新和发展。由于缺乏普遍性国际协议,国际水资源法主要是通过习惯法体系演化的。这一演化源于沿岸国的国家实践,以及沿岸国之间缔结的国际水条约。20 世纪 90 年代末以来,国际水资源法与海洋法、生物多样性法一样,逐渐形成一个金字塔似的结构:最上层是一整套习惯国际水法原则和规则,包括全球性水条约,以下是区域性水条约,再往下是流域多边或双边水条约。

二、国际水资源法的渊源

目前,国际水资源法的渊源主要是国际水条约。此外,政府间组织的决议和宣言、国际法学术团体的决议和规则,以及国际和国内司法判例等,也是国际水资源法的渊源,或者确立国际水资源法原则的辅助资料。

(一)国际水条约

国际水条约根据其缔约方数目和适用范围,可以分为全球性水条约、区域性水条约、流域性水条约三类。

1. 全球性水条约

全球性水条约是指对世界上所有国家开放的水条约,一般是在全球性国际组织的主持下谈判制定的。1921 年由国际联盟主持、包括中国在内的 40 个国家共同制定的《国际性可航水道制度公约及规约》,①是国际水资源

———————
① 其缔约国是欧洲、拉丁美洲和亚洲国家,包括英国、法国、西班牙、巴西、委内瑞拉、中国、日本等。

法历史上第一个专门性和普遍性国际公约,其后是 1923 年《关于涉及多国开发水电公约》①,这两个公约目前仍然有效。

1997 年《国际水道非航行使用法公约》(以下简称《国际水道公约》)是国际水资源法发展的里程碑。1970 年联大通过决议,建议国际法委员会研究国际水道非航行使用法,以期逐渐编纂和发展这方面的法律。国际法委员会经过多年的酝酿和起草,先后于 1991 年和 1994 年一读和二读通过了《国际水道非航行使用法条款草案》。1997 年联大第 51 届会议最终通过了《国际水道公约》,对国际水道非航行利用的原则、内容、方式和管理制度等作了较全面的规定,是世界上第一个专门就跨界水资源的非航行利用问题缔结的公约。该公约作为框架协议,可以为流域各国之间订立双边或多边水条约提供指南。尽管《国际水道公约》还未生效②,但是其地位和作用并不依赖于是否生效。首先,该公约所规定的公平和合理利用、不造成重大损害、国际合作等原则是对习惯国际法原则的编纂;其次,某些国家已将该公约作为制定区域和流域水条约的框架。比如 2000 年南部非洲发展共同体《关于共享水道系统的修正议定书》、2002 年《因科马蒂和马普托水道临时协议》③等都借鉴了公约的规定。此外,国际法院在 1997 年多瑙河盖巴斯科夫大坝案④的判决中提及这一公约,将其作为国际水资源法的权威陈述。

国际法委员会在 2000 年第五十二届会议上,将"国家的共享自然资源"专题列入其长期工作计划。2002 年以来,该专题集中于对跨界地下水的研究。专题工作组已向国际法委员会提交《跨界含水层法条款草案》,该草案

---

① 缔约方有 16 个,包括奥地利、丹麦等 13 个欧洲国家,另有但泽自由市、暹罗和乌拉圭。

② 根据公约第 34 条的规定,公约需经 35 国批准才能生效。现有匈牙利、伊拉克、约旦、黎巴嫩、叙利亚等 24 国批准、接受或加入,其中约一半是欧经委成员国。

③ 由莫桑比克、南非和斯威士兰王国共同签署,全称为《关于因科马蒂和马普托水道水资源保护和可持续利用的三方临时协议》。

④ 匈牙利与斯洛伐克关于多瑙河盖巴斯科夫大坝的争端是国际法院成立 60 年来受理的第一个国际水争端案件。1977 年,匈牙利与捷克斯洛伐克签订《关于盖巴斯科夫—拉基玛洛堰坝系统建设和运营的条约》,规定作为"联合投资",由两国以各自的成本在各国领土内的多瑙河河段开展大坝建设项目,旨在开发水电、改进多瑙河相关河段的航行、保护沿岸地区免遭洪水。1989 年,匈牙利拒绝按 1977 年条约继续从事自己领土内的拉基玛洛大坝建设,理由是该工程将导致在条约达成当时不能预见的损害。捷克斯洛伐克及其解体后 1977 年条约的继承者斯洛伐克对此的反应是,于 1991 年实施"临时解决"方案,在自己领土内建设大坝,单方面分流多瑙河水,以将盖巴斯科夫工程投入运营。匈牙利声称斯洛伐克的分流行为夺取了匈牙利的地下水,剥夺了匈牙利公平和合理分享多瑙河水的权利,使匈牙利在多瑙河附近的陆地干旱,给匈牙利造成了不可逆转的环境损害。斯洛伐克声称匈牙利单方面终止执行条约,它有权利采取补救措施。两国多次协商谈判未果,将此争端提交国际法院解决。See Summary of the Judgment of 25 September 1997, 1997 ICJ No.92.

在 2008 年举行的国际法委员会第六十届会议上二读通过。草案共分为四部分,19 个条款,①其结构与《国际水道公约》有些相似。在 2011 年第六十六届联大会议期间,各会员国就跨界含水层法专题进行了讨论,由联大通过了《关于跨界含水层法的决议草案》。决议建议联合国各会员国今后就订立管理跨界含水层的协定或安排进行谈判时酌情考虑《跨界含水层法条款草案》,决定将跨界含水层法项目列入联大第六十八届会议临时议程,参考各国政府的书面评论和意见,进一步审查《跨界含水层法条款草案》可能的形式等问题。② 预计该草案可能会以有法律约束力的公约或者没有法律约束力的宣言或决议的形式,由联大会议讨论并通过。

2. 区域性水条约

区域性水条约的缔约方不限于某一国际流域的沿岸国,而是包括同一地理区域的所有国际流域的沿岸国,往往是在区域性国际组织的主持下缔结的。这类条约为数较少,典型的是欧洲经济委员会《跨界水道和国际湖泊保护和利用公约》(以下简称《赫尔辛基公约》)、南部非洲发展共同体《关于共享水道系统的议定书》等。

20 世纪 90 年代以来,由于欧洲和南部非洲区域一体化的发展,在欧盟、南部非洲发展共同体等区域性国际组织的主持下,分别签订和通过了适用于本区域性组织所有成员的国际流域的利用或保护问题的区域性水条约。这些区域性水条约为区域内所有国际河流流域双边或多边条约的谈判和制定提供框架和指导。区域性水条约适应了区域国家发展的具体情况,同时又兼顾了区域流域的地理状况,有很强的针对性和可操作性,有可能成为国际水条约发展的方向之一。

欧洲是国际法的发源地,也是制定区域性水条约的典范地区。在欧盟、欧共体和联合国欧洲经济委员会(以下简称"欧经委")的主持下,欧洲国家缔结了一些区域性水条约,包括 1990 年《关于越境内陆水域意外污染的行为守则》、1992 年《赫尔辛基公约》和 2000 年《欧盟水框架指令》。欧洲区域国际水法的成功因素有很多,比如这一区域内相近的国家发展水平、相同的价值观、有很强共性的宗教信仰、各国相似的法治传统、区域一体化的高水

---

① *"Report of the Working Group on Shared Natural Resources (Groundwaters)"*, sixty session of International Law Commission, 1 May - 9 June and 3 July - 11 August 2008, A/CN. 4/L. 683.

② 联合国大会第六十六届会议文件,A/c. 6/66/L. 24, 3 Nov. 2011.

平等。①

《赫尔辛基公约》是欧经委主持通过的,适用于欧洲大部分国家。该公约1996年10月生效,现有34个欧经委成员国和欧盟批准加入该公约。② 欧经委现有56个成员国,主要包括欧洲国家、美国、加拿大、以色列和中亚五国。《赫尔辛基公约》为成员国地区跨界水道的保护和利用提供了一套普遍适用的原则、规则和方法,可谓当今世界跨界水资源保护方面最全面的一个公约。该公约对其后欧洲主要国际河流保护公约及协定的制定奠定了基础,尽管为区域性公约,但是它代表着跨界水资源保护方面法律制度的新发展。③ 该公约虽然是对欧经委成员国及其组织开放,但是一些非欧经委成员国已表示有意成为缔约国。欧经委已先后于2001年、2003年通过了公约修正案,允许联合国非欧经委成员国成为缔约国,虽然目前尚未生效,但是这意味着这种区域性水条约向全球性水条约发展的趋势。如果欧经委其他成员国包括美国和加拿大都加入该公约的话,它可能就具有了全球性水条约的性质,其法律意义甚至会超过《国际水道公约》。

南部非洲发展共同体(SADC,以下简称“南共体”)是非洲地区最成功的区域一体化组织,目前共有15个成员国。④ 南共体所在区域是一个富有跨界水资源的地区,约占70%的水资源由两个以上国家共享。南共体借鉴国际法协会《赫尔辛基规则》和国际法委员会关于国际水道非航行使用法的编纂成果,于1995年主持通过《关于共享水道系统的议定书》,由南共体成员国中的11国签署,⑤并于1998年生效,适用于南部非洲15条国际河流流域,包括奥兰治河流域、林波波河流域、因科马蒂河流域、马普托河流域、刚果河流域、赞比西河流域等。南共体的14个成员国⑥在《国际水道公约》通过后,借鉴该公约的规定,于2000年对《关于共享水道系统的议定书》进行

---

① 姬鹏程、孙长学编著:《流域水污染防治体制机制研究》,知识产权出版社2009年版,第77页。

② http://www.unece.org/env/water/status/lega-wc.htm,2011年2月12日访问。

③ 胡文俊:《国际水法的发展及其对跨界水国际合作的影响》,载《水利发展研究》2007年第11期,第64页。

④ "About SADC", http://www.sadc.int/english/about-sadc, last visited on Dec. 15, 2011.

⑤ 这11国是安哥拉、波茨瓦纳、莱索托、马拉维、莫桑比克、纳米比亚、南非、斯威士兰、坦桑尼亚、赞比亚、津巴布韦。See the Preamble of *the Protocol on Shared Watercourse Systems in the Southern African Development Community Region*.

⑥ 在前述11国的基础上增加了刚果、毛里求斯、塞舌尔三国。

了修订,形成了《关于共享水道系统的修正议定书》。该修正议定书旨在促进对南部非洲共享水道在审慎、可持续和协调管理、保护和利用方面的更紧密合作,推动南共体关于区域一体化及减贫的议程。修正议定书提倡协作、立法和政策一致,并促进合作研究和信息交流,①已于 2003 年生效。《国际水道公约》中的有关原则、规则及定义都被修正议定书采用,反映了南部非洲国家对《国际水道公约》的高度认可。但是与《国际水道公约》不同的是,该修正议定书所规范的水资源的利用也包括航行利用。

3. 流域水条约

流域水条约是同一流域中的两国或多国就流域水资源的利用或保护问题签订的双边或多边条约,是目前水条约的主体,体现了国际河流流域管理"一河一法"的鲜明特色。据统计,到目前为止,世界各国已经签订了四百多个国际流域条约,②大约 2/3 的条约产生在欧洲和北美。③ 以条约缔约国所覆盖的流域范围来看,流域水条约又可以分为全流域条约和局部流域条约。前者是指同一流域的所有国家参与缔结或加入的水条约,后者是指同一流域中的部分国家参与缔结或加入的水条约。

欧洲各国之间签订的流域水条约已有近两百个,是缔结流域水条约最密集的地区。④ 其中,莱茵河和多瑙河的沿岸国之间就航行、非航行利用以及水质保护等问题达成了一些水条约,包括 1948 年《多瑙河航行管理规章》、1976 年《保护莱茵河免受化学污染公约》和《保护莱茵河免受氯化物污染公约》、1994 年《多瑙河保护和可持续利用合作公约》、1998 年《保护莱茵河公约》、2002 年《沙瓦河流域框架公约》⑤等。

在北美洲,美国分别与加拿大和墨西哥签订了一些同时适用于多个国际流域的国际水条约,早期的有 1909 年《美加界水条约》、1944 年《美墨关于利用科罗拉多河、提华纳河和奥格兰德河从得克萨斯州奎得曼堡到墨西

---

① See Article 2 of *the Revised Protocol on Shared Watercourse Systems in the Southern African Development Community Region*.

② 姬鹏程、孙长学编著:《流域水污染防治体制机制研究》,知识产权出版社 2009 年版,第76页。

③ 胡文俊:《国际水法的发展及其对跨界水国际合作的影响》,载《水利发展研究》2007 年第11期,第64页。

④ 姬鹏程、孙长学编著:《流域水污染防治体制机制研究》,知识产权出版社 2009 年版,第77页。

⑤ 沙瓦河流域是多瑙河流域的一部分,该公约的缔约国为波黑、克罗地亚、斯洛文尼亚、南斯拉夫四国。

哥湾水域的条约》(以下简称《科罗拉多河条约》)等。美国与加拿大分别在1961年和1972年签署双边条约也是全流域条约《关于合作开发哥伦比亚河流域水资源的条约》(以下简称《哥伦比亚河条约》)和《大湖水质协定》①,与墨西哥在1973年签署双边条约也是全流域条约《关于永久彻底解决科罗拉多河含盐量的国际问题的协定》。

在南美洲,作为两条最大的河流,亚马逊河和银河流域(也称为普拉塔河流域)各自都由所有沿岸国参加的全流域条约进行管理。1978年,亚马逊河流域的所有八个沿岸国②缔结了《亚马逊河合作条约》,规定共同开发水资源。银河流域由巴拉那河、巴拉圭河、乌拉圭河和银河等组成,该流域的五个沿岸国阿根廷、乌拉圭、巴西、玻利维亚和巴拉圭于1969年缔结了《银河流域条约》。但是缔约国之间为了开发特定水利工程而达成了双边或多边安排,比如1975年阿根廷与乌拉圭之间的《乌拉圭河规约》,1979年阿根廷、巴西和巴拉圭之间的《关于巴拉那河计划的协议》。

在非洲,南部非洲国家达成了很多流域水条约,其中林波波河流域的四个沿岸国波茨瓦纳、南非、津巴布韦和莫桑比克于2003年达成全流域条约《关于建立林波波水道委员会的协议》,奥兰治河流域的四个沿岸国莱索托、南非、纳米比亚和波茨瓦纳于2000年达成全流域条约《关于建立奥兰治河委员会的协议》,其中两个沿岸国南非与莱索托于1986年签订《莱索托高地水项目条约》,因科马蒂和马普托河流域的三个沿岸国南非、斯威士兰和莫桑比克于2002年达成全流域条约《因科马蒂和马普托水道临时协议》。针对尼罗河的利用问题,埃及与苏丹1959年缔结《充分利用尼罗河水的协定》,与埃塞俄比亚1993年达成《埃及与埃塞俄比亚一般合作框架》,埃塞俄比亚、坦桑尼亚、乌干达、卢旺达和肯尼亚等国2010年5月签署《尼罗河合作框架协议》。非洲其他地区也通过了数个流域水条约,比如1963年《尼日尔河流域国家间关于航行与经济合作公约》,1987年《共享赞比亚河系统环境完善管理行动计划的协定》,1990年《尼日尔—尼日利亚共同水资源协定》。

在亚洲,印度河流域的印度与巴基斯坦在世界银行的调停下,于1960年签订局部流域条约《印度河水条约》,恒河流域的印度与孟加拉国先后

---

① 该协定于1978年、1983年和1987年先后三次修订。

② 这8个国家是玻利维亚、巴西、哥伦比亚、厄瓜多尔、圭亚那、秘鲁、苏里南、委内瑞拉。

于 1977 年和 1996 年签署局部流域条约《关于分享在法拉卡的恒河水和增加径流量的协定》和《关于分享在法拉卡的恒河水条约》,恒河流域的印度与尼泊尔于 1996 年达成《关于马哈卡利河联合开发的条约》。雅鲁藏布江—布拉马普特拉河流域的印度与不丹于 1980 年签订《通萨河水电开发协议》,1993 年签订《桑科希河水电开发协议》。澜沧江—湄公河流域的泰国、柬埔寨、老挝和越南等下游国于 1995 年达成了《湄公河流域可持续发展合作协定》。但是亚洲地区还没有缔结任何一个全流域条约,这是由亚洲区域一体化程度较低、宗教和文化差异、民族问题、国际关系复杂等多种因素造成的。

(二)政府间组织的决议和宣言

联合国自 20 世纪 70 年代开始关注跨界水资源利用问题。1972 年联合国人类环境会议《行动计划》附有关于"一国以上管辖的共同水资源"的第51 号建议书;1977 年国际水会议通过《马德普拉塔行动计划》,包含 11 项决议和 102 项建议。1992 年里约会议通过的《二十一世纪议程》第 18 章专门针对水资源的利用和保护问题。1982 年《世界自然宪章》、1992 年《里约环境与发展宣言》、2002 年《约翰内斯堡可持续发展宣言》等也涉及跨界水资源的利用和保护问题。

区域性国际组织,尤其是欧洲的区域性组织对国际水资源法的形成和发展产生了积极影响。欧经委 1989 年通过的《地下水管理章程》,被国际法协会跨界地下水法的编纂文件采用。欧洲委员会 1984 年通过的《关于水的合理利用的原则宣言》指出,水益的利用和分配都必须是合理的。

(三)国际法学术团体的决议和规则

在国际水资源法的形成和发展过程中,国际法学术团体尤其是国际法协会作出了突出贡献。国际法协会 1966 年通过的《国际河流利用规则》,即著名的《赫尔辛基规则》,是跨界水资源利用法律制度的第一个里程碑。《赫尔辛基规则》虽然是对国际河流利用规则的编纂,同样可用于指导各国对其他形式跨界水资源的利用,[1]也是《国际水道公约》、南共体《关于共享水道系统的议定书》的蓝本。协会后来通过了一些关于跨界水资源利用和保护问题的决议,主要是 1982 年《关于国际流域水污染的蒙特利尔规则》(以下简称《蒙特利尔规则》)和 1986 年《关于跨界地下水的汉城规则》(以下简称

---

① 参见王曦:《国际环境法》,法律出版社 1998 年版,第 189 页。

《汉城规则》),作为《赫尔辛基规则》的补充。多年来,这些规则已成为沿岸国就共享水资源的利用和保护问题进行谈判的基础,在国际水资源法的发展和编纂中起到重要作用。

国际法协会 20 世纪末开始对《赫尔辛基规则》及其补充规则进行了全面整合和修订,对国内和国际水资源法体系包括国际流域的航行和非航行利用的习惯法进行了综合编纂,最终于 2004 年通过《关于水资源的赫尔辛基规则和国际法协会其他规则的修订》,即《关于水资源的柏林规则》(以下简称《柏林规则》)。《柏林规则》意图提供“水管理者或法院或其他法律决策者在解决水资源管理问题时要考虑的所有相关习惯国际法的综合文集”,①也标志着国际水资源法的进一步发展。

此外,同为著名国际法学术团体的国际法研究院(或称为国际法学会)先后多次通过关于跨界水资源利用问题的决议,比如 1911 年《国际水道非航行用途的国际规则》、1934 年《国际河流航行规则》、1961 年《关于国际水域非航行利用的决议》、1979 年《关于河流和湖泊的污染与国际法的决议》。

(四)司法判例

有关跨界水资源利用和保护问题的国际司法判例对国际水资源法的概念、理论和原则的形成和发展起到重要的推动作用,也是这些概念、理论和原则形成和发展的重要证据。1929 年常设国际法院在奥得河国际委员会领土管辖权案②的判决中宣布,“对可航河流的共同利益成为共同法律权利的基础”,这是对共同利益理论的最早阐述;1957 年拉努湖仲裁案③的裁决对流域的法律概念作了解释并加以肯定,对后来的国际立法产生了重要影响;国际法院在 1997 年多瑙河盖巴斯科夫大坝案的判决中认定,斯洛伐克单方面分流多瑙河水的行为“剥夺了匈牙利公平和合理地分享多瑙河自然资源的权利”④,并将公平和合理利用作为国际水资源法的基本原则。在

---

① International Law Association Berlin Conference (2004), "Commentary on Berlin Rules on Water Resources", http://www. asil. org/ilib/waterreport2004. pdf, last visited on Oct. 15, 2010.

② 该案所争议的中心问题是奥得河的下游沿岸国(捷克斯洛伐克、法国、德国等)在其上游沿岸国波兰境内的河段和支流的航行权问题。常设国际法院的判决认为,奥得河委员会的管辖范围应扩大到波兰境内的奥得河支流瓦泰河和奈兹河。参见盛愉、周岗著:《现代国际水法概论》,法律出版社 1987 年版,第 45 页。

③ 该案涉及法国与西班牙关于法国拦截拉努湖水的工程的争端。详情可参见盛愉、周岗著:《现代国际水法概论》,法律出版社 1987 年版,第 46 页。

④ Judgment of 25 September 1997, 1997 ICJ No. 92, Para. 85.

2010 年乌拉圭河纸浆厂案的判决①中，国际法院对国际河流沿岸国应当承担的实体性义务和程序性义务、跨界环境影响评价问题等的阐述，使国际水法得到进一步发展。

在内国司法判例方面，美国最高法院关于州际水争端的判例对公平和合理利用原则的形成作出了突出贡献。② 在德国的多瑙河申根案③中，德国法院认定适用于地表水的国际法律规则也必须适用于地下水。

三、国际水资源法的新发展

自 20 世纪 90 年代以来，由于全球水资源的日益稀缺和水污染的日益加剧，受到国际法（包括国际环境法）和谐世界、全球治理与可持续发展等理念的影响，国际水资源法出现了新的发展或发展趋势，主要表现在：共同利益理论作为目前最先进、最理想的国家水权理论，受到越来越多权威条约和文件的承认，或者指导着这些条约和文件的制定；国际水资源法的适用范围不断地得到拓展，从国际河流水资源拓展到国际流域水资源，从跨界地表水资源拓展到跨界地下水资源，从跨国相联地下水资源拓展到封闭地下水资源，从跨界水资源的利用拓展到跨界水资源的保护；国际水资源法的基本原则获得了新的发展，跨界水资源的分配和利用更加强调对人类基本需求和水道生态需水的优先满足，强调所有流域国的公平参与和平等合作；跨界地下水法有新的编纂成果，联合国国际法委员会二读通过的《跨界含水层法条款草案》，明确了跨界地下水利用和保护的原则和规则；国际社会日益重视陆源污染海洋的问题，陆续通过了一些关于保护海洋环境免受陆源污染的

---

① 在位于乌拉圭和阿根廷之间的界河乌拉圭河河岸，乌拉圭授权建设两个纸浆厂，其中一个项目中途流产，另一个则已建成并投入使用。阿根廷在与乌拉圭磋商未果的情况下，根据两国于 1975 年达成的《乌拉圭河规约》，以乌拉圭授权建设和运营纸浆厂违反了该规约及相关国际法规定的义务为由，向国际法院起诉。在 2010 年 4 月的判决中，法院判决乌拉圭未违反规约和国际法项下的实体性义务，但是未履行通知等程序性义务。See Pulp Mills on the River Uruguay（Argentina v. Uruguay）, Summary of the Judgment of 20 April 2010, www. icj-cij. org.

② 详见何艳梅著：《国际水资源利用和保护领域的法律理论与实践》，法律出版社 2007 年版，第 73—76 页。

③ 该案涉及德国两个州巴登和符腾堡之间的争端。位于多瑙河上游之下的部分地下水流进了 Aach River，该河是流进莱茵河而不是流进多瑙河的支流。符腾堡分流多瑙河水，引起巴登的抗议。法官依据"关于国际河流流动的一般国际法原则"，判决巴登和符腾堡无权为了各自的利益人为地改变多瑙河的流量。See Joseph W. Dellapenna, "The Customary International Law of Transboundary Fresh Waters", *Int. J. Global Environmental Issues*, Vol. 1, Nos. 3/4, 2001, pp. 274 - 275; Wurttemberg and Prussia v. Baden (1927), 4 *Annual Digest of Public International Law Cases*, 1927 - 1928.

区域性条约、议定书和国际文件,要求国家承担控制陆源污染海洋环境的义务,采取一切措施控制陆地来源包括国际水道的污染对海洋环境造成损害,使国际水资源法和国际海洋法紧密关联。这些新发展将在以后各章节详细讨论。

第二节　国际水资源法与中国跨界
水资源的利用和保护

中国是许多国际河流的上游国或流经国家,也与俄罗斯等国分享跨界地下水资源。近年来中国内河水资源的短缺和污染问题非常突出,是世界上 13 个贫水国之一,人均水量 2 390 立方米,接近联合国系统公布的 2 000 立方米的中度缺水警戒线。[①] 加上能源供应形势的紧张,中国高层和地方政府都将目光投向西南、西北等边境地区的国际河流,已经或计划在某些国际河流上建设水力发电项目。但是由于缺乏对国际水资源法的原则、规则和制度的重视和系统研究,自行开发过多,并且与沿岸国的信息交流不畅,某些项目的开展或计划开展遭受了并将继续遭受周边国家和环保组织的质疑,项目进展缓慢或停滞不前。因此,中国面临着开发、利用和保护跨界水资源的艰巨任务。这一任务不仅涉及国际政治、地缘政治关系,与邻国的睦邻友好、区域稳定和安全,也涉及我国能源开发战略转移,边疆地区经济发展、社会稳定和民族团结。这一任务能否顺利推进,不仅取决于我国相关政策和决策的科学程度,也取决于我国是否能够遵守国际水资源法的基本原则和规则,能够顺应国际水法的发展趋势。

一、国际水资源法在中国

我国跨界水资源的开发利用、保护和管理,影响到我国至少 1/3 国土的可持续发展,以及与周边国家的区域合作和稳定。长期以来,我国政府官员和专家学者不关注和重视我国跨界水资源,更缺乏从"国际"角度认识、研究和解决我国跨界水资源问题。我国很多政府部门还固守传统的绝对领土主权或限制领土主权的观念,甚至把国际河流在我国境内的河段视作内河,对

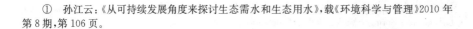

① 孙江云:《从可持续发展角度来探讨生态需水和生态用水》,载《环境科学与管理》2010 年第 8 期,第 106 页。

其进行单边开发利用,而不顾及对他国的影响。我国在国际水条约的签订方面也采取了非常谨慎的态度,一般避免作出任何实质性承诺,以双边谈判和双边条约这些稳健的方式推进跨界水资源问题的解决。我国在联大1997年投票通过《国际水道公约》时投了反对票,是投反对票的仅有的三个国家之一,①我国也不是《湄公河流域可持续发展合作协定》的缔约国和根据协定成立的湄公河委员会的正式成员国,这遭受了国际社会的广泛关注和批评。我国在额尔齐斯河、澜沧江等国际河流流域的开发利用事宜上采取的进行双边谈判,签订双边条约,甚至是单边开发,不乐意提供信息的活动或行为也受到国际观察家和学者的谴责。②

当然,我国的上述做法也是出于主权、地理、民族等各种历史和现实因素的考量。James E. Nickum 详细分析了我国的政策制定者较少关注国际河流,以及较少参与国际合作的原因。

(一)地理因素

1. 有些起源或流经中国的国际流域的"国际特征"并不鲜明甚至很微小

对于绝大部分或几乎完全位于中国境内,或者仅有微小部分位于中国境内的国际河流而言,比如塔里木河、咸海、珠江、恒河、额尔古纳河,它们的国际特性相当微小,或者可能被高估了。塔里木河流域95%的面积位于中国境内,在中国的流域面积约100万平方公里,占中国陆地总面积的1/10强,仅次于完全属于中国内河的长江流域(180万平方公里)。余下的5%中约一半位于与印度有争议,但是在中国控制之下的领土范围内,另一半在吉尔吉斯斯坦东部领土内,而吉尔吉斯斯坦在咸海流域是一个相对富水的"上游霸权国",它甚至威胁如果下游的乌兹别克斯坦不向其支付水费,就要向中国卖水。因为塔里木河对新疆的重要性,以及在汉族移民和本地以绿洲

---

① 还有两个国家是土耳其和布隆迪,而与中国有共同关切的国家如印度、巴基斯坦、法国等都投了弃权票。根据中国外交代表在联大的发言,中国投反对票的原因是:第一,公约不能代表或反映各国普遍协议,相当一些国家对公约主要条款存在较大分歧;第二,领土主权原则是国际法的一项基本原则,水道国对流经其领土的国际水道部分享有无可争辩的领土主权,而公约却未能在条款中予以确认;第三,公约对国际水道上、下游国权利和义务的规定显失平衡;第四,公约规定的强制性事实调查方法和程序违反了《联合国宪章》关于国家有权自由选择解决争端的方法和程序的规定。参见《联合国大会第五十一届会议第九十九次全体会议正式记录》,A/51/PV. 99.

② James E. Nickum, "The Upstream Superpower: China's International Rivers", in Olli Varis, Cecilia Tortajada and Asit K. Biswas (Eds.), *Management of Transboundary Rivers and Lakes*, 2008 Springer-Verlag Berlin Heidelberg, pp. 239 - 240.

为基地的穆斯林少数民族之间资源利用冲突上的核心地位,它是中国政策制定者关注的一个流域,但只是把它看作一个内陆河流。塔里木河流域目前也不受任何国际条约的规范和管理。① 咸海流域主要位于吉尔吉斯斯坦、哈萨克斯坦、乌兹别克斯坦等中亚国家,中国是处于中下游的国家,流经中国的面积仅占流域总面积的0.13%。而且,中国地表径流的近3/4没有跨越国际边界,来源于中国并位于中国境内的水量占绝大部分。

2. 中国是境内绝大部分国际河流的上游国

中国国际河流在地理上的另一个显著特征是,中国是几乎所有国际河流的上游国,除了鸭绿江、图们江等一些边界河流外,而对于这些边界河流,中国既不是上游国,也不是下游国。中国水量的0.6%是从其他国家流入的,而中国的外流水量是流入水量的28倍。因此,中国尤其是青藏高原是名副其实的亚洲的"水塔"。James E. Nickum据此将中国称为"上游超级大国"。

这些地理特征的意义在于,中国的用水者几乎没有内在的动机去考虑其利用对邻国利用者的影响。在自身利益缺位的情况下,为了下游沿岸国的利益而自我限制,是极端不寻常的利他主义行为。因此,中国国际河流管理者大都将注意力集中于省际纠纷的预防和解决。

3. 边界和人口

除了中国与朝鲜、越南等国家的跨界河流区域之外,中国境内的跨界河流区域人烟相对稀少。这些河流区域或者因为太干旱,或者因为海拔太高而不适合人口居住或发展灌溉农业。因此,除了发展水力发电和航行项目之外,中国的政策制定者很少将发展的注意力贡献给国际河流。

(二)历史和主权因素

由于历史原因,尤其是1840年到1945年,中国持续遭受西方列强的侵略,主权遭受严重践踏,因此,中国在保护国家主权问题上特别敏感。而国际河流开发利用的国际合作对国家主权原则提出了很大挑战。

同时也应当注意到,中国近年来也采取了一些积极的措施,比如增加信息交流,以改进与沿岸国的关系,维持自己负责任大国的形象,但是仍然做得很不够,与流域可持续发展的需要,以及各共同沿岸国的诉求有相当大的

13

---

① James E. Nickum, "The Upstream Superpower: China's International Rivers", in Olli Varis, Cecilia Tortajada and Asit K. Biswas (Eds.), *Management of Transboundary Rivers and Lakes*, 2008 Springer-Verlag Berlin Heidelberg, p. 229.

差距。

二、中国应当关注、研究和遵守国际水资源法

近年来,随着我国高层将经济发展和能源开发的重心转向富有国际河流的西部和西南地区,国际河流的开发利用也成为我国边界事务的核心问题之一,是影响我国边疆地区国计民生的重大问题,也是关系到区域安全与稳定、睦邻友好的重大问题。国际河流水资源利用问题既是经济问题和社会问题,也是政治问题、外交问题,还是生态环境问题。在新的严峻的形势面前,中国必须切实地关注、研究和遵守国际水资源法,尤其是应当积极参与、深化与沿岸国的国际合作,因为这是中国的现实需要。

（一）中国实施大国战略的需要

中国曾经长期奉行不结盟和双边主义,但是后来发现,如果小国邻居求助于多边反应机制,以及与超级大国美国的安全合作,双边机制将对中国不利。于是中国从 1990 年代起开始积极走向多边主义。1996 年,中国与哈萨克斯坦、吉尔吉斯斯坦、俄罗斯、塔吉克斯坦、乌兹别克斯坦等五国共同成立上海合作组织,再加上四个观察员国（印度、蒙古、巴基斯坦和伊朗）中的三个（伊朗除外）,上海合作组织覆盖了中国绝大部分的边界。[①] 合作的组织框架一旦确立,上海合作组织迅速将其活动从安全领域扩大到文化、经济合作、能源、信息技术和运输领域。但是在跨界水资源利用领域,中国还没有建立或参与任何多边机制。

中国正在实施大国战略,以努力创立并维护自己负责任的地区乃至世界大国的形象。这需要我国在遵守国际水法方面负起责任,包括积极参与和创建多边机制。

在跨界水资源开发利用问题上,中国的单边开发利用活动遭到了国际社会的批评,并冠以"上游超级大国"的头衔,严重损害了我国的国际形象和大国战略的实现。为此,我国要做好外交宣传,强调我国奉行"睦邻友好"的方针,同时重视信息交流,除了涉及国家机密以外,及时将我国跨界水资源开发利用活动的信息提供给共同沿岸国;而更为重要的,则是采取切实的合作措施,表明我国睦邻友好和多边合作的诚意。

---

① James E. Nickum, "The Upstream Superpower: China's International Rivers", in Olli Varis, Cecilia Tortajada and Asit K. Biswas (Eds.), *Management of Transboundary Rivers and Lakes*, 2008 Springer-Verlag Berlin Heidelberg, p. 229.

（二）维护边界区域稳定和安全、解决政治和能源问题的需要

中国跨界河流区域的资源、旅游和环境潜力正在日益使它们成为公众关注的中心和决策者们的关注对象。还应当注意到，孟加拉国、哈萨克斯坦、尼泊尔、巴基斯坦、越南等中国的邻国，其主要的人口聚集地和政治中心大多靠近边界。

国际河流的开发利用问题对国家主权原则提出了挑战，这种挑战在 21世纪之前的中国并不明显，因为中国将经济发展和资源开发的重点放在内河上面。但是近些年来，随着中国西部大开发、新疆跨越式发展、振兴东北老工业基地、东北地区粮食基地建设、"西电东送"、"云电外送"等战略的提出和实施，随着中国水资源开发利用的重点转向境内国际河流，而中国邻国的人口增长和经济发展形势对水资源的需求也很旺盛，于是，中国作为上游国一直强调的主权原则，与国际河流的跨国性、整体性和共享性发生了显著的冲突。中国与印度、俄罗斯、哈萨克斯坦等下游沿岸国的水量分配和水质污染纠纷时有发生，承受了越来越大的政治、外交、能源和环境压力和挑战。如果不关注、研究和遵守国际水法，加强国际合作，这种压力和挑战将会越来越大。

（三）维护流域生态系统平衡和可持续发展的需要

尽管中国作为上游国可以行使国家主权，对自己领土范围内的跨界水资源进行开发利用，但是每个国际流域都是一个整体，本身又构成一个独特的生态系统，任何一国的开发利用活动都可能对其他沿岸国和整个流域生态系统带来不利影响。因此，作为一个负责任的大国，我国应当遵守国际水法，顺应国际水法的发展趋势，在跨界水资源开发利用活动中顾及这种活动对共同沿岸国或流域生态系统的影响，考虑并适当满足他国或流域生态系统的用水需要，尽量将不利影响降至最低，以维护流域生态系统的平衡和整个流域的可持续发展。当然，这种顾及、考虑和维护也不是无原则的妥协，而是应当建立在沿岸国之间相互尊重主权、谈判、协商、互惠等国际法原则和规则的基础上。

第二章 跨界水资源的范围

第一节 跨界水资源范围的界定

国际水资源法适用于跨界水资源的开发、利用、保护和管理。对跨界水资源范围的界定，主要是以水文科学和人类利用和管理水平为依据。国际水资源法对跨界水资源范围的确定，与立法者、决策者、政策制定者和执行者对水文科学知识的掌握程度、水资源利用和管理水平等紧密相关。由于他们对水文科学的认识在不断发生变化，对水资源的利用和管理水平在不断提高，跨界水资源的范围也在相应发生演变，但是总的发展趋势是不断地进行拓展。从实然的情况来看，跨界水资源包括跨界地表水、与跨界地表水相联的跨界地下水。跨界封闭地下水也日益被很多国际文件纳入跨界水资源的范围。这一范围及其拓展趋势大体上体现了流域方法和流域管理的理念，即跨界水资源就是或者应当是指国际流域水资源。

一、跨界水资源与流域管理

流域是指由分水线所包围的河流或湖泊的地面集水区和地下集水区的总和。水作为一种自然资源和环境要素，其形成和运动具有明显的地理特征：水资源以流域为单位构成一个统一体。

（一）流域的特点

流域系统具有自身的显著特点：整体性、地域分异性、准公共物品属性和外部性。[1]

1. 整体性

整体性是指流域自然和地理上的整体性、不可分割性。由于水的自然

---

[1] 罗宏、冯慧娟、吕连宏：《流域环境经济学初探》，载《中国环境科学学会年会论文集（2010）》，中国环境科学出版社2010年版，第1469页。

流动,引起了流域内地理上的关联性及流域环境资源的联动性,流域各种自然要素之间、自然要素与社会要素之间、地表水与地下水之间、上下游之间、左右岸之间、干支流之间相互影响、相互制约,形成了一个不可分割的整体,系统内部某一要素的变化都会对其他要素甚至系统整体产生影响。

2. 地域分异性

由流域的自然属性所决定,流域往往地域跨度大,上中下游、干支流在自然条件、资源禀赋、生态承载力、经济发展水平等方面,都体现出明显的地域分异性。

(1) 资源禀赋的地域分异性

流域从上游到下游、从河谷到两翼的海拔高程、地形地貌特征和资源禀赋均不相同,并且呈现出一定的地域分异规律。河流上中游地区往往地势较高,多山地高原,一般水能资源、矿产资源、森林资源和草原资源比较丰富,也是较易发生土壤侵蚀的地区;下游地区一般地势平坦,土地肥沃,耕地所占比重较大。

(2) 功能的地域分异性

流域功能的地域分异性主要体现在以下三个方面。

第一,流域主体功能的地域分异性。流域内不同区域的资源禀赋、生态承载力、开发密度和发展潜力等条件各异,在全流域的空间开发、国土资源利用、社会经济发展中所发挥的作用表现出鲜明的地域分异性,据此可将流域所在区域划分为优化开发、重点开发、限制开发和禁止开发四类不同的主体功能区。

第二,流域水利用功能的地域分异性。对于水资源的利用而言,流域内不同水域的水资源开发利用现状以及经济社会发展对水量和水质的需求不同,不同的水域具有特定功能,这些水域分属于保护区、预留区、开发利用区、缓冲区四类不同的水利用功能区。

第三,流域水环境功能的地域分异性。对于水环境的保护而言,流域内不同水域的环境容量、社会经济发展需要,以及污染物排放总量控制的要求不同,可以划分为自然保护、饮用水水源保护区、渔业用水区、工农业用水区等不同功能的环境单元。

(3) 经济发展的地域分异性

流域既是一个由分水线所包围的独立的自然地理单元,也是区域经济发展的空间载体,是产业集中、城市发达和人居条件相对优越的地区。但

17

是由于流域内各地区地理要素的差异和开发利用方式的不同,以及各种社会经济因素的影响,导致了流域经济发展的不平衡。一般而言,流域中下游地区往往人口密集,经济发达,而上游地区则人口稀少,经济发展相对落后。

3. 准公共物品属性和外部性

从经济学的角度看,流域的核心要素——水资源属于准公共物品的范畴,不具有明晰的产权,或者对这种具有流动性和开放进入特征的资源很难清晰界定其产权,对其利用具有非排他性;同时,随着流域水资源稀缺性的加剧,对其利用具有竞争性。流域内每一个涉水主体都受到追求各自利益最大化的经济理性驱动,肆意地开发利用水资源或向水体排放污染物,而这些行为的负外部效应由社会承担,由此导致水资源短缺和水环境污染的"公地悲剧"的发生。[①]

(二) 跨界水资源与流域管理

1. 边界与跨界

"界"作为名词和动词,具有丰富的含义和用法,但是其最基本的含义是"边界、疆界"之意。"边界"在不同的学科和语境中,具有不同的表述和解释。在国际政治学和地缘政治学中,边界主要是指国家与国家之间的相对地理位置,即通常所说的"国界";在政区地理学中,边界就是"政区"或"行政区域"之边界,也就是行政区划边界,如省界、市界、县界等。[②] 本书主要是从国际法的视角研究中国跨界水资源利用和保护问题,因此如无特别说明,本书所指的"边界"是指国界,"跨界"即是指"跨国界"。

在国际法上,边界是指国家行使主权的界线。边界具有以下特征。

(1) 政治性

政治性是边界的首要特征。地球表面本身并没有边界,只是国家之间为了统治的需要,用边界把地球表面人为地划分为不同的政治单元,因此,边界实际上是人类政治生活的基本产物。边界的政治性主要表现在两方面:边界是政治权力的界限;边界是保证国家领土继而保证国家稳定甚至存在与否的自然基础。边界的这种政治性,会与跨界水资源的整体性发生

---

① 罗宏、冯慧娟、吕连宏:《流域环境经济学初探》,载《中国环境科学学会年会论文集(2010)》,中国环境科学出版社 2010 年版,第 1470 页。

② 陶希东著:《中国跨界区域管理:理论与实践探索》,上海社会科学院出版社 2010 年版,第3 页。

矛盾。

（2）客观性和自然性

边界划分不管是采取自然划界法，还是采取几何划界法，都必须反映在客观世界中，也就是必须要在人类赖以生存的地球表面标出来，而不能只存在于人们的头脑之中。

（3）动态性

边界有一定的延续性与稳定性，但是并非保持绝对不变，随着政治局势发展、科学技术进步、社会文化变迁等因素的影响，边界也会发生一定程度的变动。①

2. 跨界水资源与流域管理

流域的整体性、准公共物品属性和外部性等特点，要求对流域水资源的开发、利用和保护进行整体、综合或一体化管理，对全流域进行统一规划，以更好地发挥水资源的综合效益，维护流域水生态系统。《21 世纪议程》就指出，水资源应当按流域进行综合管理。跨界水资源概念的演变，就反映了流域管理的要求和趋势。

跨界水资源最初仅针对单个的可以通航的国际河流和国际湖泊。国际河流一般是指流经或分隔两个或两个以上国家的河流，包括一般国际法意义上的界河、多国河流和通洋河流（国际河流）等。国际河流各沿岸国通过抽取、灌溉、航运、发电、养殖等途径，将特定质量和数量的河流水资源用作不同的用途，以满足人类饮用、工农业生产、生态系统的维护等不同的需求，实现水资源的经济、社会和生态环境价值。

尽管国际河流（和湖泊）数量极为有限，在全球淡水资源总量中所占比例极小，却是国际社会对跨界水资源进行利用的最主要的对象，也是相关国际实践最早、最丰富的领域。《维也纳公会规约》规定国际河流是指"分隔或经过几个国家的可通航的河流"，这一概念在以后的 150 多年时间里基本没有改变，只是有些文件甚至法院的判决将支流也包括在国际河流的范围内。比如常设国际法院就奥得河国际委员会领土管辖权案所作的判决，宣布国际河流是指整个河流体系，包括纯属沿岸国内河的支流在内。国际法学会通过的《国际河流航行规则》第一条指出，国际河流是指"河流的天然可航部

---

① 陶希东著：《中国跨界区域管理：理论与实践探索》，上海社会科学院出版社 2010 年版，第 4—5 页。

分流经或分隔两个或两个以上国家,以及具有同样性质的支流。"从 19 世纪开始,国际条约普遍将支流也包括在国际河流的范围内。

《国际性可航水道制度公约及规约》采用了"国际水道"(international waterway)的措辞,并明确规定了其含义。根据公约附件第一条的规定,①国际水道必须具备"可以通航"和"有商业价值"两个基本条件,这与《维也纳公会规约》所称国际河流并无实质区别,因此两者可以通用。但是国际水道概念的产生有其特殊的历史背景,在当时的垄断资本主义时期,需要充分利用国际水道以便利和扩大国际通商,因此特别强调国际河流的可航性和商业价值。

随着水文地理和生态科学的发展,以及适应全面开发和综合利用水资源的更大需要,跨界水资源的范围逐渐扩大,越来越多的国际水法文件将国际流域内的整个地表水与地下水纳入规范的对象。

国际流域(international basin)的概念从 20 世纪 50 年代以来开始形成。这一概念是从国际河流和国际水道的概念发展而来的,也是对国际水法的重大发展。在国际流域概念的形成过程中,国际法学术团体尤其是国际法协会作出了突出贡献。国际法协会早在 1957 年就提出了应将国际河流流域作为一个整体考虑其全面利用以取得最高效益的原则。② 国际法协会通过的《赫尔辛基规则》第二条明确规定,国际流域是指"跨越两个或两个以上国家,在水系的分界线内的整个地理区域,包括该区域内流向同一终点的地表水和地下水"。国际流域概念的提出,是对国际河流、国际水道概念和国际水资源法理论的重大突破,对现代跨界水资源利用和保护实践也产生了直接影响,具有划时代的意义:一是适应水资源的自然属性,扩大了跨界水资源的范围,将国际河流和国际水道从干流及其支流扩展为整个河流及其支流的地表水和地下水系统;二是突破了沿袭百年的国际河流的可航性要求,为跨界水资源的全面开发和综合利用以及生态环境保护创造了基础和条件。

国际法协会通过的《汉城规则》是对《赫尔辛基规则》的补充,它明确承认《赫尔辛基规则》对跨界地下水的适用性。自此之后的许多双边和多边水

① 所谓国际性可航水道是指一切分隔或流经几个不同国家的通海天然可航水道,以及其他天然可航的通海水道与分隔或流经不同国家的天然可航水道相连者,而"天然可航"是指现今正用于普遍商业航运,或者其自然条件使之有可能用于商业航运。

② 盛愉、周岗著:《现代国际水法概论》,法律出版社 1987 年版,第 26 页。

条约,比如《保护易北河公约》、《赫尔辛基公约》、《多瑙河保护和可持续利用合作公约》、《保护莱茵河公约》、南共体《关于共享水道系统的议定书》,都借鉴了《赫尔辛基规则》或《汉城规则》的规定,采用了流域方法。只不过《赫尔辛基公约》、《关于共享水道系统的议定书》未使用"国际流域"的措辞,而是分别使用了"跨界水体"和"共享水道系统"的概念。因此,跨界水资源包括国际河流、湖泊及其大小支流,或者国际河流的入口和出口,以及处于两个或两个以上国家管辖之内的地下水系统。

(三)跨界水资源的特点

跨界水资源除了具有流域水资源的一般特征之外,还具有独特之处,需要沿岸国在进行开发利用和管理时加以特别注意。

1. 主权性

主权性也可称为政治性,这是跨界水资源的首要特点。从国家主权的角度看,跨界水资源流经不同的国家,各沿岸国对流经其领土的河段享有主权,对该河段水资源享有开发利用的权利;同时由于水资源的流动性和整体性,这种权利不具有排他性。而不同的沿岸国往往出于维护各自利益的需要,试图排他地进行开发利用,相互把对方看作"对手"。上游国强调"绝对主权",下游国强调"领土完整",它们往往没有达成水条约、共同开发利用或共同管理流域水资源的诚意,即使达成这种条约,很多也得不到有效执行。这就形成"零和博弈",造成用水、分水矛盾和冲突。

2. 共享性

跨界水资源作为一个有机整体,并且不断流动,跨越了不同的政治边界,沿岸国相互形成事实上的共享关系,尽管它们不愿意承认这一点。如果沿岸国能够基于信任和互惠而建立起伙伴关系,能够就这种共享水资源进行真诚和有效的合作,则能够创造"非零和博弈"的美好局面,实现共赢。

3. 稀缺性

跨界水资源由于沿岸国不断增加的用水需求,水污染导致可得水量减少等原因,而变得日益稀缺。对日益稀缺的水资源的不断增加的需求,导致严重的供需失衡,如果对其利用和管理不当,极易引发沿岸国之间的用水矛盾和冲突。

4. 地缘性

跨界水资源既属于地缘自然资源,也属于地缘政治资源,可能会被沿岸国作为威胁和对付邻国的重要武器,或者作为谈判时讨价还价的筹码。

二、跨界水资源的范围

跨界水资源范围的界定,应当充分考虑流域的整体性特点,结合人类对其进行认知、利用和管理的程度,以及国际合作保护生态环境的需要。

水资源按照其空间分布和人类的利用习惯,可以分为地表水资源和地下水资源。据此,跨界水资源也可以相应地分为跨界地表水资源和跨界地下水资源。但是这种分类是相对的,是为了人类认知和管理的需要,因为两者是密切关联的,有时就是不可分割的一个整体。①

（一）跨界地表水资源

地表水是陆地上各种液态、固态水体的总称,包括河流、冰川、湖泊等,是人类生产和生活用水的主要来源。河流是最活跃的地表水体,其水量更替快,水质良好,便于取用,是人类开发利用的主要主体。地表径流的多少、分布及其季节性变化与农业生产的关系最为密切,但是地表水的储量极其有限。水体面积占地球表面总面积的约71%,但是其中绝大部分是海水,只有2.4%是淡水。在所有这些淡水中,冰川和积雪占87%,主要分布在南北极地区,液态水仅占13%,而这些液态水的95%是地下水,能够被人类直接利用的江河湖泊溪流的水仅占液态水的3%。②

跨界地表水包括国际河流、湖泊、运河等,以国际河流和湖泊为主体。1978年全球国际河流的数量为214条,20世纪90年代随着苏联和南斯拉夫的解体,新国家的涌现,边境数量增加,国际河流的数量也随之上升。到1999年,国际河流的数量更新为261条。③ 根据2002年的国际河流统计,全球现有265条(个)国际河流和湖泊,分布在146个国家,其流域面积占地

---

① 地表水和地下水是相互关联的,它们共同组成水文圈的一部分。首先,两者可以相互补充。一个含水层经常从地表水源和其他含水层中得到补充,补给区的土壤或其他地表覆盖物和所有的地下不饱和物质都具有很高的渗透性,可以让水渗透进入含水层,并可供给其他地表水和含水层;其次,两者可以相互转化。大部分地下水最终流入内陆地表水,地表水也会渗入土壤,成为地下水;最后,两者相互影响。在存在水文联系的情况下,可以确立地表水与地下水之间的因果关系,任何自然或者人为原因发生的影响地表水的活动可能会影响地下水的数量、质量或潜在经济价值,反之亦然。

② 〔美〕William P. Cunningham & Barbaba Woodworth Saigo 编著:《环境科学:全球关注》(下册),戴树桂等译,科学出版社2004年版,第700页。

③ Asit K. Biswas, "Management of Ganges-Brahmaputra-Meghna System: Way Forward", in Olli Varis, Cecilia Tortajada and Asit K. Biswas (Eds.), *Management of Transboundary Rivers and Lakes*, 2008 Springer-Verlag Berlin Heidelberg, p. 7.

球陆地面积的 47.9％，[①]拥有全球 60％的河川径流水资源，居住着世界约
40％的人口。[②] 在世界各大洲中，亚洲有印度河、恒河、澜沧江—湄公河、雅
鲁藏布江—布拉马普特拉河、萨尔温江、约旦河、底格里斯—幼发拉底河、咸
海和里海等国际河流和湖泊 57 条（个），非洲有尼罗河、尼日尔河、赞比亚
河、刚果河和塞内加尔河等 61 条，北美洲有苏必利尔湖、休伦湖、伊利湖、安
大略湖、哥伦比亚河、科罗拉多河等 19 条（个），中美洲和南美洲有亚马逊
河、银河等 59 条，欧洲有莱茵河、多瑙河、塞纳河、易北河等 69 条。[③] 只有大
洋洲没有国际河流或湖泊。

（二）跨界地下水资源

地下水在世界可用淡水中的比例远高于地表水，具有重要的经济、社会
和生态价值：为城市、工农业、商业供水；调节地表水供水季节性缺水，在旱
季担当缓冲器，帮助维持湿地和河流流量；预防或减少地面沉降；防止海水
入侵；维持生物多样性；提供游乐场所的排泄量。特别是在世界地表淡水供
应日益短缺和遭受污染的情况下，合理开发、利用和保护地下水已经成为各
国面临的重大挑战，当然同时也是机遇。

地下水是指地面之下位于浸透区（浸透地质层）的、与地面或土壤直接
接触的水。地下水就存在于含水层中，含水层是指具有充分的可渗水性和
可渗透性，能够使可用数量的地下水流动或抽取的地下层或地质岩层，是天
然的贮存系统和运送媒介。地下水含水层提供了全球 50％的饮用水、40％
的工业用水和 20％的农业用水。[④]

地下水可分为潜水和承压水。潜水又称为无压水，是指具有自由水面
的地下水，没有稳定的隔水层，可以直接接受大气降水、地表水和其他水源
的补给，水的停留时间从数天到数年不等。潜水由于埋藏浅，易开挖，自古
以来广泛为人们开采利用。人工挖井一般都是挖到潜水含水层。然而，潜
水也常遭污染，使水质恶化。承压水又称为自流水或封闭地下水，是指在两

---

① 国际大坝委员会编：《国际共享河流开发利用的原则与实践》，贾金生、郑璀莹、袁玉兰、马
忠丽译，中国水利水电出版社 2009 年版，第 4 页。

② Joseph W. Dellapenna, Book reviews: The Law of International Watercourses: Non-
Navigational uses, By Stephen C. McCaffrey, *97 A. J. I. L. 233* (January 2003).

③ 国际大坝委员会编：《国际共享河流开发利用的原则与实践》，贾金生、郑璀莹、袁玉兰、马
忠丽译，中国水利水电出版社 2009 年版，第 4 页，第 113—187 页。

④ International Law Association Berlin Conference (2004), "Commentary on Article 36 of
Berlin Rules on Water Resources", http://www.asil.org/ilib/waterreport2004.pdf, last visited on
Oct. 15, 2010.

个隔水层之间的地下水,不能普遍地与大气接触,不易受污染,其补给区小于分布区,水的停留时间一般从数百年到亿万年。承压水的更新周期较长,取用后难以恢复,不能作为人类长期稳定的水源。

跨界地下水存在于跨界含水层中,世界著名的跨界含水层有:东北非含水层,由埃及、利比亚、乍得和苏丹共有;阿拉伯半岛上的含水层,由沙特阿拉伯、巴林、卡塔尔和阿拉伯联合酋长国共享;北撒哈拉含水层,由阿尔及利亚、突尼斯和利比亚共有;南美洲的瓜拉尼含水层,由巴西、巴拉圭、乌拉圭和阿根廷等国共享。

与地下水的分类相对应,跨界地下水也可分为跨界相联地下水和跨界封闭地下水。前者又可分为与地表水流向同一终点的跨界相联地下水、没有与地表水流向同一终点的跨界相联地下水两类。

1. 跨界相联地下水

(1) 与地表水流向同一终点的跨界相联地下水

承认地表水和地下水之间的相互关系是跨界地下水资源有效利用和保护的关键。国际水法文件普遍将与地表水流向同一终点的跨界相联地下水纳入跨界水资源的范围。这些文件包括《赫尔辛基规则》、《汉城规则》、《柏林规则》、《国际水道公约》、《因科马蒂和马普托水道临时协议》、《跨界含水层法条款草案》等。

《赫尔辛基规则》首次将跨界地下水包括在国际流域水资源的范围内,使跨界地下水资源的利用和保护同样受到公平和合理利用、不造成重大损害等国际水法基本原则的约束。《赫尔辛基规则》通过之后,国际社会逐渐确立了流域方法,为跨界地下水资源的利用和保护奠定了一定基础。《汉城规则》和《柏林规则》继续坚持流域方法。《国际水道公约》关于国际水道的定义,包含了国际河流的主流及其支流、国际湖泊等跨界地表水,以及与这些跨界地表水相联(通常流向同一终点)的地下水。① 《因科马蒂和马普托水道临时协议》对水道也采用了同样的定义。②

(2) 没有与地表水流向同一终点的跨界相联地下水

国际流域水资源包括跨界地表水以及与其相联的地下水,但是它们并

---

① 参见公约第二条的规定。

② See Artcile 1 of *Tripartite Interim Agreement between the Republic of Mozambique and the Republic of South Africa and the Kingdom of Swaziland for Cooperation on the Protection and Sustainable Utilization of the Water Resources of the Incomati and Maputo Watercourses.*

不必然拥有共同终点。可以结合水文学上的流域概念来阐述。水文学对流域的界定是,水是相互关联的,即它们的流动彼此相联,但是并不必然分享终点。地表水之间相联的通常标准是,它们在某一共同地点流入海洋或者到达其流动的终点。由于重力是一种无处不在的力量,水总是从高处向低处流动,最后在海洋或其他不能再向下流动的低处终止。然而地表水和地下水并不总是向同一个地理方向流动,水的向下流动取决于土壤和岩层的渗透性,也取决于这种流动可能遇到的各种障碍,比如大坝、底岩、低渗透区域,等等。相关的地表水与地下水,比如河流与位于其下的含水层在不同地理方向流动,并流向不同终点是寻常之事。例如,多瑙河水一般向在黑海的终点流动。然而在多瑙河的上游地区,在河流从德国的黑森林发源的地方,河水渗进位于河流之下的碎裂的底岩,通过这些碎岩流进莱茵河流域,因此流向在北海的终点,即一部分多瑙河水通过河床作为地下水逃逸,并流向终点在北海的莱茵河流域。① 这部分地下水没有与多瑙河水流向同一终点,但是构成一个单一的流域,必须作为一个整体来管理。

　　流域方法是国际水资源法发展的方向,跨界水资源的范围也应当包括没有与地表水流向同一终点的跨界相联地下水。但是《国际水道公约》《因科马蒂和马普托水道临时协议》界定的国际水道,却与流域方法存在一定的差距。公约第二条将水道定义为"地表水和地下水的系统,由于它们之间的自然关系,构成一个整体单元,并且通常流入共同的终点"。

　　2. 跨界封闭地下水

　　从应然的角度来说,国际流域水资源还包括不与任何跨界地表水相联的跨界地下水,即封闭地下水。《汉城规则》《柏林规则》《关于跨界封闭地下水的决议》《跨界含水层法条款草案》等软法文件将跨界封闭地下水包括在跨界水资源的范围内,这代表了跨界水资源的范围进一步拓展的趋势,也体现了流域管理的理念和方法。

　　《汉城规则》明确承认《赫尔辛基规则》对跨界地下水,包括不与任何地表水相联的封闭地下水的适用性。《汉城规则》第一条和第二条都宣布,贯穿两个或两个以上国家之间边界的含水层同样包括在国际流域内,受《赫尔

---

① Gabriel E. Eckstein, "Hydrological Reality: International Water Law and Transboundary Ground-Water Resources", paper and lecture for the conference on "Water: Dispute Prevention and Development", American University Center for the Global South, Washington, D. C. (October 12 - 13, 1998).

辛基规则》的约束,即使这一跨界地下水与国际共享地表水源并不相联。《柏林规则》第四十二条第四款明确了跨界含水层的范围:一是含水层与作为国际流域一部分的地表水相联;二是含水层贯穿两个或两个以上国家之间的边界,即使它与形成国际流域的地表水没有关联。这与《汉城规则》的规定是完全一致的。

东北非努比亚砂岩含水层就是一个典型的跨界封闭含水层。在东北非的乍得、埃及、利比亚和苏丹等国家的地下,有一个努比亚砂岩构造的自由含水层。这一含水层的地下水位从几米(东北撒哈拉绿洲)到几百米(北西奈半岛)的深度不等。这一含水层所含的水估计至少有一万五千年之久,它与该地区的其他任何水资源不相关或相联。

从水文科学和水环境保护的角度看,跨界水资源应当包含国际流域组成部分的所有地表水和地下水,不管它们是否流向共同终点,是否与跨界地表水直接相关,尤其应包括所有跨界地下水,不论其是否与跨界地表水相联。正如《汉城规则》所承认的,即使与地表水没有关联的地下水在其影响方面也可能是国际性的,因此在其管理上应当是国际性的。

《国际水道公约》界定和规范的国际水道不包括跨界封闭地下水。起草公约的国际法委员会明确指出:"术语'水道'并不包括'封闭'地下水,即与任何地表水无关的地下水。"①公约之所以将这种与地表水不相关的地下水从公约范围中排除,据说是因为没有可作为法律规范基础的足够的国家实践。② 同时,国际法委员会为了弥补这一缺失,通过了《关于跨界封闭地下水的决议》,号召国家将适用于国际水道的原则同样适用于跨界封闭地下水。③

---

① *Report of the International Law Commission on the Work of its Forty-six Session*, UN Doc. A/49/10, Year Book of the International Law Commission, Vol Ⅱ, Part 2(1994), at 201.

② Stephen McCaffrey, "The Contribution of the UN Convention on the Law of the Non-Navigational Uses of International Watercourse", *Int. J. Global Environmental Issues*, Vol. 1, Nos. 3/4, 2001, p. 252.

③ 决议要点如下:国际法委员会认识到封闭地下水也是维持生命、健康和生态系统的完整至关重要的自然资源,也认识到有必要继续努力以详述关于封闭跨界地下水的规则。考虑了包含在条款草案中的原则可能适用于跨界封闭地下水的观点:(1)赞成国家在管理跨界地下水方面,在适当的情况下,受包含在条款草案中的原则的指导;(2)建议国家考虑与共享跨界封闭地下水的其他国家达成协议;(3)也建议在发生涉及跨界封闭地下水的任何争端的情况下,有关国家应考虑根据条款草案第33条所包含的规定或者以当事方同意的其他方式解决此种争端。See *Report of the International Law Commission on the Work of its Forty-six Session*, UN Doc. A/49/10, Year Book of the International Law Commission, Vol Ⅱ, Part 2(1994), at 326.

国际法委员会编纂并二读通过的《跨界含水层法条款草案》,适用于所有跨界含水层和含水层系统,不论它们在水力上是否同国际水道相关联。[①] 这意味着该草案既适用于与跨界地表水相关的跨界地下水,也适用于跨界封闭地下水。

综上,随着水文科学的发展,人类利用和管理水平的提高,以及国际合作保护生态环境的需要,国际水资源法在不断向前发展,跨界水资源的范围在不断地拓展。国际水资源法从只考虑国际河流流域的一部分这种狭隘的视角,发展为从宽广的视角考虑整个河流流域,考虑自然水文数据;从只考虑跨界地表水的利用和保护,发展为将跨界地表水和跨界地下水作为统一的资源来考虑。

第二节　中国的跨界水资源

从实然的角度来说,中国的跨界水资源包括跨界地表水和跨界相联地下水两部分。

一、跨界地表水资源

与中国有关的跨界水资源主要是指跨界地表水资源,特别是国际河流水资源。中国是世界上国际河流最多的国家之一,仅次于俄罗斯和阿根廷,与智利并列第三位。据不完全统计,中国共有国际河流 42 条,[②]年径流量占我国河川年径流总量的 40%。[③] 中国国际河流的出境水量为入境水量的 28 倍,特殊的区位使中国成为亚洲乃至全球最重要的上游国,是亚洲大陆的"水塔"。

中国国际河流所占面积超过 1/3 的陆地区域(320 万平方公里),位居世界第四位,仅次于俄罗斯(800 万平方公里)、美国(600 万平方公里)和巴西(500 万平方公里)。[④] 这些河流涉及不同的沿岸国,包括俄罗斯、蒙古、朝

　　① 《跨界含水层法条款草案》案文及其评注中译本,第 1 条的评注第 2 段。
　　② 国际大坝委员会编:《国际共享河流开发利用的原则与实践》,贾金生、郑璀莹、袁玉兰、马忠丽译,中国水利水电出版社 2009 年版,中译本说明第 1 页。
　　③ 姬鹏程、孙长学编著:《流域水污染防治体制机制研究》,知识产权出版社 2009 年版,第 75 页。
　　④ Katri Mehtonen, Marko Keskinen & Olli Varis, "The Mekong: IWRM and Institutions", in Olli Varis, Cecilia Tortajada and Asit K. Biswas (Eds.), *Management of Transboundary Rivers and Lakes*, 2008 Springer-Verlag Berlin Heidelberg, p. 228.

鲜、哈萨克斯坦、印度、不丹、尼泊尔、缅甸、越南等 14 个与我国领土接壤的国家,影响人口近三十亿,其中很多国家都有很高潜在水危机的国家,对共享河流水资源的竞争会日益激烈。这些河流主要分布在以下三个区域:一是东北国际河流,以界河为主要类型;二是西北国际河流,主要位于新疆地区,以界河为主,兼有出、入境,但是出境水量大于入境水量;三是西南国际河流,主要是从青藏高原呈辐射状向南和西南方向发育,以出境河流为主。这些国际河流中比较重要的有 18 条,即东北地区的黑龙江(阿穆尔河)、绥芬河、图们江、鸭绿江,西北地区的额尔齐斯—鄂毕河、额尔古纳河、伊犁河、塔里木河、咸海,西南地区的森格藏布—印度河、雅鲁藏布江—布拉马普特拉河、恒河、伊洛瓦底江、怒江—萨尔温江、澜沧江—湄公河、元江—红河、北仑河、珠江—北江[①]等。我国与东北和西北地区某些国际河流的沿岸国签订了双边条约,进行合作开发或管理。

以下用表 2-1 说明这些河流的基本特征。[②]

表 2-1　中国主要国际河流特征

河流名称	流经国家 (向下游方向)	干流 长度 (km)	流域 面积 (km²)	中国境内 面积 (km²)	中国流域 面积 百分比
黑龙江	蒙古、中国、俄罗斯	4 400	2 085 900	896 900	43%
绥芬河	中国、俄罗斯	449	17 360	10 069	58%
图们江	中国、朝鲜、俄罗斯	520	24 508	15 554	63%
鸭绿江	中国、朝鲜	795	64 000	26 800	42%
鄂尔齐斯— 鄂毕河	中国、哈萨克斯坦、俄罗斯	2 969	107 000	56 000	52%
额尔古纳河	中国、俄罗斯	1 620	150 000	300	0.2%
伊犁河[③]	中国、哈萨克斯坦	1 500	161 216	56 000	35%
塔里木河	中国、吉尔吉斯斯坦	1 321	1 052 630	1 000 000	95%

　① 北江是珠江的支流,也称为左江。
　② 由于不同的文献和资料所列出的数据有所出入,这里列出的数据是经过对各个文献资料反复比对,根据文献资料的权威性以及少数服从多数的原则而作出取舍。
　③ 额尔齐斯河和伊犁河的干流是从我国出境的,但是一些较大支流的源头却从境外流入我国,汇入干流后再次出境,这给水文测验和计算等带来很大不便。参见谈广鸣、李奔编著:《国际河流管理》,中国水利水电出版社 2011 年版,第 99 页。

（续表）

河流名称	流经国家（向下游方向）	干流长度（km）	流域面积（km²）	中国境内面积（km²）	中国流域面积百分比
咸 海	吉尔吉斯斯坦、塔吉克斯坦、中国、阿富汗、乌兹别克斯坦、土库曼斯坦、哈萨克斯坦	2 860	1 230 408	1 583	0.13％
森格藏布—印度河	中国、印度、巴基斯坦、阿富汗	3 180	1 138 810	76 200	6.7％
雅鲁藏布江—布拉马普特拉河	中国、不丹、印度、孟加拉国	2 900	935 000	246 000	26％
恒 河	中国、尼泊尔、印度、孟加拉国	2 700	1 073 000	2 300	0.2％
伊洛瓦底江	中国、缅甸	2 300	402 357	18 738	4.66％
怒江—萨尔温江	中国、缅甸、泰国	3 673	325 000	124 800	38.4％
澜沧江—湄公河	中国、缅甸、老挝、泰国、柬埔寨、越南	4 880	795 000	164 800	20.7％
元江—红河	中国、越南、老挝	1 280	157 100	84 509	54％
北仑河	中国、越南	100	989	861	87％
珠江—北江	中国、越南	1 200	417 800	407 909	98％

二、跨界地下水资源

根据地质学家的研究与调查,我国与周边国家共享的跨界含水层约10个(见表2-2)。有些跨界含水层是伴随国际河流通过数个国家的,比如黑龙江—阿穆尔河中游盆地。这些跨界含水层为我国与其他含水层国共享的重要的地下水资源。其中,属于联合国教科文组织跨界含水层地图所列出的亚洲12个主要跨界含水层的有三个,即中哈国界上的额尔齐斯河谷平原和伊犁河谷平原、中俄国界上的黑龙江—阿穆尔河中游盆地。我国对境内跨界地下水还处于调查、摸底阶段,没有与共享含水层国签订条约,也没有进行合作开发或管理。

表 2-2　中国跨界含水层基本状况①

含 水 层 名 称	共享国家	中国部分的面积(km²)
额尔齐斯河谷平原	中国、哈萨克斯坦	16 754
塔城盆地	中国、哈萨克斯坦	11 721
伊犁河谷平原	中国、哈萨克斯坦	26 000
黑龙江—阿穆尔河中游盆地	中国、俄罗斯	45 000
鸭绿江河谷	中国、朝鲜	1 121
怒江河谷	中国、缅甸	35 477
元江、红河上游	中国、越南	32 227
澜沧江下游含水层	中国、缅甸	
沿中蒙边界的干旱或戈壁地区	中国、蒙古	

---

① 数据出处:韩再生、王皓、韩蕊:《中俄跨界含水层研究》,载《中国地质》2007 年第 4 期,第 697—701 页。

第三章　中国跨界水资源利用和
保护的理论借鉴

第一节　国家水权理论及其新发展

国际水资源法的核心问题是国家水权的分配，即同一流域各国之间对共享水资源的权利的分配。国际水法中的国家水权与国内水法中的水权有所不同。国家水权是指国际流域各国对位于其领土内的流域之一部分及其水资源享有的永久主权以及相关的权利，是自然资源永久主权原则的体现。国内水法中的水权就是水资源权，主要是指水资源所有权、使用权等与水资源有关的权利的总称。

关于国家水权的分配和行使问题，国际社会先后出现了不同的理论。这些水权理论大体上可分为传统理论和现行理论两类。传统水权理论仅涉及跨界水资源的利用，而现行理论既强调对跨界水资源的公平、合理和无害利用，也日益重视对跨界水资源和水生态系统的保护。总体而言，这些水权理论的发展脉络与国家主权理论的发展脉络相一致，并且反映了国际环境法的理念：从绝对主权到相对主权，再到强调流域各国的共同利益。

一、传统的国家水权理论

传统的国家水权理论包括绝对领土主权理论、绝对领土完整理论和在先占用主义等。关于这些传统水权理论的发展轨迹、各自含义、性质、地位等问题，笔者已在《国际水资源利用和保护领域的法律理论与实践》一书中详细论述，[①]以下仅择其要。

---

① 详见何艳梅著：《国际水资源利用和保护领域的法律理论与实践》，法律出版社 2007 年版，第 50—53 页。

绝对领土主权理论主张国际河流的上游沿岸国在利用其境内河段时不受任何限制,也不必考虑对下游国所造成的影响。这一理论完全维护上游国的利益,而上游国利益的维护以牺牲下游国利益为代价。

绝对领土完整理论又称为自然水流论,强调必须保持水流的自然状态,认为水流是国家领土的组成部分,对水流的任何改变都意味着侵犯领土的完整性。换句话说,下游国对上游国的水权拥有否决权,上游国在其领土内分流或利用河水的行为必须事先经过下游国的同意。这一理论与绝对领土主权理论形成鲜明对比,它向上游国施加义务,而没有向下游国施加相似责任。这种对下游国的偏爱,对其他共同沿岸国显然是不公平的。

在先占用主义既不支持上游国也不支持下游国,而是有利于首先利用跨界水资源的国家,也即保护那些先前已存在的利用者。在先占用主义对下游国和强国有利,这些国家或者因为处于有利地形,或者因为拥有经济和技术实力,总是跨界水资源的在先使用者。

尽管绝对领土主权理论、绝对领土完整理论和在先占用主义所维护的利益的出发点有所不同,但是都有一个共同特点:只保护一国的权利和利益,也没有考虑到跨界水资源的保护问题,因此遭到国际社会成员的普遍抛弃。但是这些理论之间的调和,是现行理论形成的基础。

二、主流的国家水权理论——限制领土主权理论

现行的国家水权理论包括限制领土主权理论和共同利益理论,其中前者是主流理论。限制领土主权理论也称为相对领土主权理论,代表了绝对领土主权理论和绝对领土完整理论这两种极端理论的中间立场,因此能够得到上下游国家的普遍接受,并且获得了习惯国际法原则的地位。关于限制领土主权理论的含义、法律基础、地位、性质、运用等问题,笔者已在《国际水资源利用和保护领域的法律理论与实践》一书中详细论述,[①]以下或择其要或有补充。

(一)限制领土主权理论的含义

限制领土主权理论是指,国家在行使自身的主权时,应以不损害他国的主权和利益为限。主权只能是相对的,国家不能总是为所欲为,其主权应受

---

① 详见何艳梅著:《国际水资源利用和保护领域的法律理论与实践》,法律出版社 2007 年版,第 53—58 页。

到或多或少的限制。这是由对等原则所决定的,而对等原则可以说反映了国际法规范的形成与遵守的本质特征。① 在限制领土主权理论之下,沿岸国对跨界水资源享有开发和利用的权利,但是受到其他共同沿岸国相应的权利的约束。根据这一理论,各沿岸国能够较为自由地利用其领土内的水资源,只要不对其他沿岸国的权利和利益造成重大损害。这种权利和义务的平衡,反映了国家积极应对淡水资源短缺的挑战,避免和解决共享水资源利用和保护冲突的期望。而且基于这一理论,现代国际水资源法逐步形成了公平和合理利用、不造成重大损害、国际合作等跨界水资源利用和保护的基本原则。

根据限制领土主权理论,国家水权包括管辖权、使用权、水益权、获得补偿/赔偿权四项权利。管辖权是指流域各国对国际流域位于其领土内的一部分及其水资源享有的管理权;使用权是指流域各国对流域水资源进行开发利用的权利;水益权是指流域各国从水资源利用中获取利益的权利,是使用权的延伸和补充。比如上下游国家之间通过水资源使用权的交易而获得利益,上游国通过在自己境内建设和运营水利工程,而增强下游国的水电、防洪等效益,上游国有权分享该增加的收益(下游收益公平分享)。② 获得补偿/赔偿权是指国际流域的某一沿岸国所从事或管辖范围内的活动对其他沿岸国造成重大损害,受害国有权获得补偿或赔偿;上游国对流域生态系统进行保护而丧失经济利益,中下游国应当给予一定的生态补偿。③

(二)限制领土主权理论的法律基础

限制领土主权理论来源于禁止权利滥用原则。禁止权利滥用原则是体现在所有国内法律体系中的一般法律原则,④构成限制领土主权理论的法律基础。

禁止权利滥用原则来源于私法上对所有权的限制。虽然所有权是一种最完全的物权,但是为了保护他人的利益,法律在保障它的同时,也对它进行了限制。比如所有权人不得因行使其所有权而损害他人,即"使用自己的财产应不损及他人的财产",或者"行使自己的权利时不得损害他人的权利"。

---

① 参见〔德〕沃尔夫刚·格拉夫·魏智通主编:《国际法》,吴越、毛晓飞译,法律出版社 2002 年版,第 564 页。

② 详见本书第六章第一节的相关内容。

③ 详见本书第六章第三节的相关内容。

④ 参见李耀芳著:《国际环境法缘起》,中山大学出版社 2002 年版,第 138 页。

在国际法上,根据禁止权利滥用原则,一国不能滥用其领土主权和权利而损害他国领土主权和权利。禁止权利滥用原则在国际法上的主要目的是"在两方面取得平衡:一方面是国家自由地做出其有权做出的一切事情的权利;另一方面是其他国家享有同样行动自由而不受来自外界有害干预的权利"。① 这种权利之间的平衡,正是限制领土主权理论的要义。

（三）限制领土主权理论的局限性

限制领土主权理论较好地平衡了共同沿岸国之间的主权、权利和利益,是对国际法律秩序的核心仍是国家主权这一客观现实的正确反映,因此在20世纪的国内、国际仲裁和司法判例中得到广泛运用,如著名的多瑙河申根案和拉努湖仲裁案,促进了跨界水资源的公平利用和国际水争端的和平解决。

限制领土主权理论也有其局限性。首先,这一理论只是指出需要对国家主权进行限制,至于对国家主权的限制是什么,并没有具体阐明。笔者认为,《国际水道公约》中规定的习惯法原则,即公平和合理利用原则、不造成重大损害原则和国际合作原则就是对主权的限制。其次,这一理论强调国家主权的维护和国家利益的满足在跨界水资源利用中的核心地位,忽视了跨界水资源的水文特性和水生态系统的整体性,在水资源的经济、社会和生态需求发生冲突时,往往牺牲生态需求,不利于对跨界水资源和水生态系统的保护。因此,水文学家和环境保护组织主张实施一项有利于跨界水资源和水生态系统保护的理论,即共同利益理论。

三、理想的国家水权理论——共同利益理论

所有法律秩序都是围绕着社会承认的共同利益。② 共同利益理论超越了国家行政界线和主权要求,将整个国际流域视作统一的地理、经济和生态单元,将国际流域水资源作为流域各国共享的资源,认为国际流域各国对该国际流域享有共同利益,要求流域各国树立利益共同体意识,强调国际合作,采用共同管理方式,成立流域联合管理机构,对流域水资源进行综合利用、保护和管理,使整个流域实现最佳和可持续的发展。③ 共同利益理论的

---

① 参见詹宁斯等修订:《奥本海国际法》(第一卷第一分册),王铁崖等译,中国大百科全书出版社1995年版,第303—304页。

② 〔法〕亚历山大·基斯:《国际环境法》,张若思编译,法律出版社2000年版,第109页。

③ 参见杨恕、沈晓晨:《解决国际河流水资源分配问题的国际法基础》,载《兰州大学学报》(社会科学版)2009年第4期,第11页。

出现和发展,反映了在全球化、水短缺、水污染的趋势下,流域各国之间共同分享、合作利用流域水资源,以共享其利,共同维护流域生态系统,改善流域各国人民生活条件的愿望。

国际流域的整体性,决定了流域各国对国际流域具有共同利益,或者必须寻找到利益的共同点。国际流域各国对共享水资源的开发利用,由于各国政治、经济状况和利益诉求的不同,以及地质、地理、气候和生态环境的差异,不可避免地存在利益矛盾和冲突。但是流域各国也存在着一些共同的利益和目标,包括对流域水资源的合理开发利用(灌溉、航行、渔业、工业、娱乐等)、对流域生态系统健康的关注,对于流域可持续发展的愿望等。① D. A. Caponera 认为:"自然整体单元产生唯一的法律整体并导致形成'利益共享'法规的制订。"②国际法学者倡议在国际河流、湖泊等问题上采用国内法中的"共有财产"模式,该模式以共同河岸土地所有权人进行合作为前提,河流及与之相关的资源将被共同管理,不论国际边界。

(一)共同利益理论在国际文件中的规定及体现

共同利益理论是在国际河流的航行活动中形成和发展起来的。在奥得河国际委员会领土管辖权案中,常设国际法院认为:"共同利益的本质特征是所有沿岸国在利用河流整个河道方面的完全公平,以及排除任何沿岸国与其他沿岸国有关的优惠特权。"③这是对共同利益理论的最早阐述。

共同利益理论在国际条约和软法文件中都有规定或体现。国际法研究院《国际水域非航行利用的决议》、《关于河流和湖泊的污染与国际法的决议》、《银河流域条约》、南共体《关于共享水道系统的议定书》明确规定了共同利益原则;《国际水道公约》和《柏林规则》没有使用共同利益的措辞,但是都是以共同利益理论为指导或者受到其影响。

《国际水域非航行利用的决议》认识到,在对可得自然资源进行最大

① Carolin Spiegel, "International Water Law: The Contributions of Western United States Water Law to the United Nations Convention on the Law of the Non-Navigable Uses of International Watercourses", 15 *Duke J. of Comp. & Int'l L.* p. 346; Stephen C. Mccaffrey, *The Law of International Watercourses*, 2001, p. 165.

② 参见杨恕、沈晓晨:《解决国际河流水资源分配问题的国际法基础》,载《兰州大学学报》(社会科学版)2009 年第 4 期,第 10 页。

③ *Judgment of 25 September 1997*, 1997 ICJ No. 92, Para. 85.

化利用时存在共同利益；为了对涉及几个国家的水进行利用，每个国家都可以通过协商、共同规划和互惠的让步，获得更有效地开发自然资源的收益。①

《关于河流和湖泊的污染与国际法的决议》指出，关注对国际河流和湖泊的各种潜在利用，（关注）对这些资源合理和公平利用中的共同利益，在各种利益之间获得合理的平衡。②

《银河流域条约》明确规定，签约各方同意联合各方力量以促进银河流域的协调发展，并实现对该地区有直接和间接影响的区域物理上的统一；为实现该目标，将在流域范围内寻求有共同利益的领域，并促进其研究及各种项目和工程的开展，同时制定必要的操作协议和裁决手段，促进关乎共同利益的其他工程的开展，特别是那些关于地区自然资源的储存量、评估和发展情况的工程。③

南共体《关于共享水道系统的议定书》规定："成员国承诺尊重和适用有关共享水道系统资源的利用和管理的一般或习惯国际法的现行规则，尤其是，在这些系统和有关资源的公平利用中，尊重和遵守……共同利益原则。"④

《国际水道公约》没有直接使用"共同利益"的措辞，而是规定国际水道"最佳和可持续的利用和受益"、"公平合理地参与国际水道的利用、开发和保护"⑤等内容。这些内容显然以共同利益理论为指导。公约第三条第四款规定，两个或两个以上水道国之间缔结的水道协定，可就整个国际水道或其任何部分或某一特定项目、方案或使用订立，除非该协定对一个或多个其他水道国对该水道的水的使用产生重大不利影响，而未经它们明示同意。这显然受到了共同利益理论的影响。公约第五条引入了公平参与的概念和原则，同样也是受到共同利益理论的启发。

《柏林规则》也没有使用共同利益的措辞，但是规定了"公平、合理和可

---

① See the Preamble of the *Resolution on the Use of International Non-Maritime Waters*, by the Institute of International Law, in Salzburg, 11 September 1961.

② See the Preamble of the *Resolution on the Pollution of Rivers and Lakes and International Law*, by the Institute of International Law, in Athens, 12 September 1979.

③ 参见《银河流域条约》第一章的规定，转引自〔加〕Asit K. Biswas 编著：《拉丁美洲流域管理》，刘正兵、章国渊等译，黄河水利出版社 2006 年版，第 114 页。

④ See Article 2(2)of *the Protocol on Shared Watercourse Systems in the Southern African Development Community Region*.

⑤ 参见《国际水道非航行使用法公约》第 5 条的规定。

持续地参与国际流域水的管理"①、"实现最佳和可持续的利用和受益"②等内容。这些内容显然也以共同利益理论为指导。《柏林规则》第 3 条第 19 款规定,可持续利用是指对水资源的一体化管理,以确保为了当代和将来后代的利益有效利用和公平获得水,同时保全可更新资源,将不可更新资源维持在可能合理的最大限度。规则第十条第二款显然受到了共同利益理论的影响,它规定流域国对国际流域水的利用不应对其他流域国的权利或运用造成重大不利影响,除非有后者的明确同意。规则第十二条第二款规定实现国际流域最佳和可持续的利用和受益,第十条第一款确立了公平参与的权利,这些都体现了共同利益理论的特点。

国际法院在多瑙河盖巴斯科夫大坝案的判决中也对共同利益理论作了阐述,认为《国际水道公约》的通过为共同利益原则的加强提供了证据。

(二) 共同利益理论的实质——流域一体化管理

从上述文件的规定和国际社会的实践来看,共同利益理论的实质是:不仅是在自然、地理方面,更重要的是在生态环境方面,将整个流域作为一个整体来看待,对流域及其水资源进行一体化管理,这是对流域水资源进行公平和合理利用,以取得最佳效益的唯一途径。"一体化"(integrated)在国内被不同学者翻译或理解为"综合"、"集成"、"统一"、"整体"、"共同"等。笔者认为翻译或理解为"一体化"更符合原文的本义。

一体化管理的概念早在 1958 年被联合国一个专家组提出,与流域可持续发展的目标有很大相似性。③"共同管理是一个观念和一种需要的逻辑结合,即把水道流域作为一个综合的整体来进行最有效率地管理的观念,以及寻求能保证水道公平利用和开发的有效机制的需要。"④包括联合国环境规划署、全球水伙伴⑤等在内的各种政府间和民间国际组织,努力在全世界

---

① See Article 10.1 of *Berlin Rules on Water Resources*.

② See Article 10.2 of *Berlin Rules on Water Resources*.

③ 何大明、冯彦著:《国际河流跨境水资源合理利用与协调管理》,科学出版社 2006 年版,第47 页。

④ 〔英〕帕特莎·波尼、埃伦·波义尔:《国际法与环境》(第二版),那力、王彦志、王小钢译,高等教育出版社 2007 年版,第 289 页。

⑤ 全球水伙伴(Global Water Partnership, GWP)是一个国际网络组织,它的宗旨是通过推动、促进和催化,在全球实现水资源一体化管理的理念和行动。全球水伙伴的目标是:建立和坚持水资源一体化管理的原则;支持在全球各区域国家流域和地区层次上符合水资源一体化管理的行动;填补水资源一体化管理方面的空白,鼓励水伙伴在各自的人力和财力条件下满足人民对水的需求;提供水资源供需关系的适应和协调方面的技术支持。

推行水资源一体化管理(IWRM, integrated water resources management)。全球水伙伴将水资源一体化管理定义为:"在不损害重要生态系统的可持续性的同时,以公平的方式促进水、土地及相关资源的协调开发和管理,以使经济和社会福利最大化的过程。"①南共体也在尝试推动南部非洲地区水资源的一体化管理,并且取得了明显的成效。南共体《关于共享水道系统的修正议定书》规定:为了实现议定书的目标,议定书寻求"促进共享水道的协调的、一体化的、环境友好的开发和管理"。②

美国和加拿大对两国共享的大湖区的共同管理取得了较好的成效,大湖的水质得到明显改善,这种成功来自对"大湖流域作为一个完整的生态系统"的持续强调。③ 1985年《大湖区宪章》的缔约方认识到:"大湖区流域的所有水都相互联系,构成一个完整水文系统的组成部分。"④该宪章宣布了大湖区水资源管理的五项原则,⑤第一项即是流域整体性原则:"大湖区流域水资源的规划和管理应当认识到大湖区流域自然和生态系统的整体性,并建立于这一整体性之上。该流域的水资源跨越了流域内的政治边界,应当认识到它是一个完整的生态系统,并以此对待。在管理大湖区流域水资源的过程中,应当将该流域的自然资源和生态系统视为一个统一的整体进行考虑。"⑥

笔者认为,流域及其水资源一体化管理应当包含以下一些要素:流域各国共享流域水资源,对流域水资源享有平等的管理权、利用权、水益权和补偿权;通过所有流域国的合作和参与,制定并实施全流域利用和保护规划、方案、协议等;签订和实施全流域条约,建立和运作全流域的联合管理机构;实行综合生态系统管理,将水资源的管理与水生生物、陆地、森林、海洋等其他资源的管理适当结合。

---

① www.gwptoolbox.org.

② See Article 2(c) of *the Revised Protocol on Shared Watercourse Systems in the Southern African Development Community Region.*

③ Marcia Valiante, "Management of the North American Great Lakes", in Olli Varis, Cecilia Tortajada and Asit K. Biswas (Eds.), *Management of Transboundary Rivers and Lakes*, 2008 Springer-Verlag Berlin Heidelberg, p. 265.

④ 转引自胡德胜译:《23法域生态环境用水法律与政策选译》,郑州大学出版社2010年版,第24页。

⑤ 即流域整体性、司法合作、流域水资源保护、事先通知和咨询、合作计划及实践。

⑥ 转引自胡德胜译:《23法域生态环境用水法律与政策选译》,郑州大学出版社2010年版,第25页。

共同利益理论建立在水文科学和生态系统本位的基础上,充分反映了跨界水资源的水文特性和生态系统的整体性,因此受到水文学家和环境保护团体的赞同,在某些国际判例中也得到运用。

前已述及,常设国际法院对奥得河国际委员会领土管辖权案的判决首次阐述了共同利益理论。常设国际法院在陈述促进公平和效用原则的期望时宣布:"对可航河流的共同利益成为共同法律权利的基础。共同利益的本质特征是所有沿岸国在利用河流整个河道方面的完全公平,以及排除任何沿岸国与其他沿岸国有关的优惠特权。"国际法院在多瑙河盖巴斯科夫大坝案的判决中引用了这一著名的段落,接着作了以下重要陈述:"国际法的现代发展同样为国际水道非航行利用加强了这一原则,这被联大 1997 年 5 月 21 日通过《国际水道公约》所证明。"①这一陈述有两个要点:第一,奥得河国际委员会领土管辖权案的判决中有关"共同利益"的概念不仅适用于航行利用,也适用于非航行利用;第二,《国际水道公约》的通过为国际水道共同利益原则的加强提供了证据,国际法朝着要求沿岸国承认其他沿岸国对共享水资源的权利的方向发展。

（三）共同利益理论的实施路径

共同利益理论的实施路径问题,实际上就是如何处理沿岸国个体利益与流域整体利益之间的矛盾,即如何实现沿岸国个体理性与集体理性相统一,谋求流域整体利益的最优化。在一个具有共同利益的群体中,每个个体都是从自身利益出发进行理性选择,忽视或牺牲集体的共同利益,结果往往对共同利益造成损害,即个体的理性往往导致集体的非理性。而集体理性是指某一集体中的大部分成员在"共同信念"导向下,采取一致行为追求公共利益最大化,而且集体行动存在潜在收益。很明显,促使个体理性与集体理性保持一致,才能实现集体公共利益的最大化,但是这需要利益共同体中的每一个成员,都能够按照某一准则采取统一的集体行动。就国际流域而言,这"某一准则"是指全流域条约或全流域开发利用规划。当然,在国际流域开发利用问题上,流域各国采取统一集体行动存在着利益各异、主权至上、霸权主义、官僚腐败、搭便车心理等现实的困境。要走出集体行动的困境,不能单纯依靠国家、政府之间的正式组织,也不能单纯依靠市场、公民等非正式组织,而是需要"政策网络"之内的各

---

① *Judgment of 25 September 1997*, 1997 ICJ No. 92, Para. 85.

行动主体的平等参与和协商,将计划与市场相结合,集权与分权相结合,正式组织与非正式组织相结合,进行"全社会治理"。欧盟政治经济一体化的关键和重要环节,就是政府与非政府并举,发挥民间组织、银行、利益团体、政策联盟、政党、公共舆论、学者、"智库"、公民等社会力量参与。①

一体化管理可以由以下循序渐进的路径组成:数据和信息交流──签订局部流域水条约──建立和运作局部流域管理机构──单纯的水量分配──进行联合开发──签订全流域水条约──建立和运作全流域管理机构──进行流域一体化管理。共同沿岸国之间可以先建立信息共享和交流机制,之后再谈判达成双边或多边水条约,建立局部流域管理机构,单纯进行水量分配,或者联合进行水利工程开发,在条件成熟时再达成全流域条约,建立和运作全流域管理机构,最终实现一体化管理。流域各国通过合作与协商,订立一个兼顾各国国家利益的公正合理的全流域条约,建立和运作全流域管理机构,也是解决流域水争端的最佳途径。

1. 数据和信息交流

由国际流域的跨国性、整体性和共享性所决定,国际合作应当成为跨界水资源开发利用和保护的基本原则。沿岸国之间的稳固合作,是对国际流域实施一体化管理的先决条件,事实也证明大多沿岸国都有合作的意愿。俄勒冈州立大学研究发现,在过去的50年中,沿岸国之间的合作要比冲突多两倍多。② 1996年《南非新水法的基本原则和目标》明确规定,对于跨界水资源,特别是共享的河流体系,应当本着相互合作的精神,以一种使各方利益最佳化的方式进行管理。③

信息共享往往是走向正式合作机制的第一步,通常可以在技术层面实现。国际流域一体化管理或合作开发的第一步,就是促进共享流域的水文数据和信息交流。信息交流可以促进国家关系,建立信任,推动对话进程,为未来水条约的签订打下良好的基础。通常需要交流的信息如下:接近实时的气象水文数据、地下水位及埋深数据、用水数据、水质数据、土地使用变

---

① 陶希东著:《中国跨界区域管理:理论与实践探索》,上海社会科学院出版社2010年版,第76─77、95─96页。

② 国际大坝委员会编:《国际共享河流开发利用的原则与实践》,贾金生、郑璀莹、袁玉兰、马忠丽译,中国水利水电出版社2009年版,第9页。

③ 参见《南非新水法的基本原则和目标》原则11的规定,转引自胡德胜译:《23法域生态环境用水法律与政策选译》,郑州大学出版社2010年版,第178页。

化数据、人口统计数据、环境参数的监测数据。①

现代信息交流技术使数据系统的建立成为可能,利用电脑网络,各种数据可以接近实时的收集和传输。目前,世界气象组织正在推广数据和信息的交流,并号召建立世界水文循环观测系统。世界气象组织和欧盟已经资助建立了南部非洲发展共同体水文循环观测系统,覆盖了南部非洲的大部分国家,在严重干旱和洪水时期被证明非常有效,能够使流域国特别是下游国实时了解跨境来水量或连续监测洪水位的变化,以及时采取有效的应对措施,将损害降至最低程度。②

2. 签订流域水条约

在进行信息交流的基础上,通过谈判和协商,沿岸国之间可以达成流域水条约,为共享水资源利用和保护的进一步合作提供依据。流域水条约的总体目标是促进沿岸国之间更为密切的合作,促进对共享水域可持续或协调的利用、保护和管理。但是缔结流域水条约的最常见和最迫切的原因,是沿岸国之间维持良好关系和互惠的愿望。③ 美加《哥伦比亚河条约》和《大湖水质协定》成功签订和实施的实例说明,当共同沿岸国有友好关系的历史,并且创建了一个旨在解决跨界水利用问题的永久的法律和行政框架时,跨界水资源管理更有可能获得成功。④

沿岸国之间的友好关系有助于它们之间达成和较好地实施流域水条约,但是也有实例证明,如果条约带给所有缔约方有形的好处和利益,条约也会发生积极作用,而不论当事方之间的总体关系如何。比如《印度河水条约》,尽管印度与巴基斯坦一直存在矛盾和冲突,但是都保持在水问题之外,而且这些冲突,尽管很尖锐,但并没有影响条约发挥作用。

流域水条约和制度安排不能保持一成不变。水需求、利用和管理模式、管理效率、惯例和方法等因素会随着时间而变化,技术在持续改进,社会感觉是动态变化的,人类知识也在稳步扩张。因此,形成动态条约是有必要

---

① 国际大坝委员会编:《国际共享河流开发利用的原则与实践》,贾金生、郑璀莹、袁玉兰、马忠丽译,中国水利水电出版社 2009 年版,第 27 页。

② 同上书,第 13 页。

③ Asit K. Biswas, "Management of Transboundary Waters: An Overview", in Olli Varis, Cecilia Tortajada and Asit K. Biswas (Eds.), *Management of Transboundary Rivers and Lakes*, 2008 Springer-Verlag Berlin Heidelberg, p. 38.

④ Keith W. Muckleston, "International Management in the Columbia River System", http://www.unesco.org/water/wwap/pccp/pubs/case_studies.shtml, visited on July 19, 2011.

的,尽管这是很难完成的任务。比如,美加《大湖水质协定》不断进行修订,印度与巴基斯坦的《印度河水条约》也考虑修订或重订。①

大湖流域给人的感觉是它是一个很简单的、很好管理的流域系统,因为它只涉及两个国家,而且这两国都是工业化国家,都有民主传统和高度一体化的经济,两国间又有长期友好关系。然而实际上,这是一个复杂的跨国治理系统,直面一系列很棘手的新老问题,尤其是两国各层面行动的协调,协定目标的调整,等等。美国与加拿大的《大湖水质协定》从订立时起已经过多次修订,美国和加拿大两国现在正在对该协定进行正式审查,以确定是否有必要和如何更新该协定。该协定主要是集中于水质污染问题,审查的主要问题就是,是否将该协定从强调水质污染问题转向为一个生态系统修复或可持续发展协议,因为事实已经多次证明,保持水质的目标只有通过减少空气污染、控制土地利用活动、采取污染预防措施等各方面的一致努力才能完成。除此之外,协定还面临着两国间行动的更大协调、改善信息收集和管理工作、水量问题等一系列挑战。②

3. 建立和运作流域联合管理机构

条块分割、各自为政的国别政治治理格局,难以适应流域的整体性、共享性特点和流域一体化管理的需要,一体化管理的必不可少的形式是采用流域方法,建立流域联合管理机构。事实上,组织机构建设是一体化管理的根本基础。

流域联合管理机构是一种依据流域水条约而设立的专门性的政府间的国际组织,是流域管理的常设机构,参加的成员是缔约方政府所指定的代表。它具有国际组织的共性,同时也有其鲜明个性。主要表现在两方面:一是行政管理性。流域联合管理机构一般都有权力监督各缔约国的履约情况,并定期向缔约国政府提出报告,与缔约国互相交换和收集信息,有些机构还有解决争议的职能,因此有较强的行政管理性;二是科学技术性。流域联合管理机构技术力量雄厚,专门人才众多,重视发挥专家的作用,往往在对流域水体本身以及流域工程设施进行实证调查和研究的基础上开展工

---

① Chandrakant D. Thatte "Indus Waters and the 1960 Treaty between India and Pakistan", in Olli Varis, Cecilia Tortajada and Asit K. Biswas (Eds.), *Management of Transboundary Rivers and Lakes*, 2008 Springer-Verlag Berlin Heidelberg, pp. 204 – 206.

② Marcia Valiante, "Management of the North American Great Lakes", in Olli Varis, Cecilia Tortajada and Asit K. Biswas (Eds.), *Management of Transboundary Rivers and Lakes*, 2008 Springer-Verlag Berlin Heidelberg, pp. 263 – 265.

作,履行职责。

　　共同沿岸国之间就流域水资源利用和保护问题进行协商、谈判和合作等事宜,也会产生交易成本问题,包括联系对方、寻找协商地点、组织会议等。从科斯所创立的交易成本理论的视角来看,以法制化、程序化、制度化为基础的跨界水资源管理,实际上就是最大限度地降低共同沿岸国之间交易成本的组织保障,以期增加横向交流与合作程度,构筑流域利益共同体。①

　　流域联合管理机构可以有效地协调沿岸国的各项活动,促进沿岸国之间在制定和实施关于水资源开发利用或保护的政策方面进行合作。这些管理机构也为沿岸国之间的合作提供了最大程度的稳定性、持续性和有效性。制约亚马逊河流域共同开发和生态平衡的一个重要因素,就是缺乏能够控制和执行法律的组织机构。②

　　形成有效的流域联合管理机构通常需要花费 10 年甚至更长时间,其面临的主要障碍是流域各国冲突的利益、恶劣的国际关系、缺乏信任,或者是对事实的争议。克服障碍的最普遍和最有效的战略是形成和维持良好的关系,以及针对重要事宜在互惠的基础上进行妥协,这种战略从长远来看有利于所有利害关系方。

　　尽管流域联合管理机构通常实施权力有限,作为实施机构也不是很有效,但是大量事实证明,它们在作为联系、讨论、材料和信息交流的渠道方面发挥了重要作用。另外,它们的贡献有时可能超出水领域。从已经建立的流域联合管理机构的运作情况来看,沿岸国之间争议的许多问题可以在这一机构的框架内解决,它即使没有真正地改进国际关系,至少也阻止了关系的恶化。但是不能否认,有些机构也产生了消极的后果,因为在成立有关机构时,当地人口的利益和知识被忽视。③

　　(四)共同利益理论面临的挑战

　　必须承认,流域及其水资源一体化管理的概念太宽泛,它试图将流域内

　　① 参见陶希东著:《中国跨界区域管理:理论与实践探索》,上海社会科学院出版社 2010 年版,第 75—76 页。
　　② 〔加〕Asit K. Biswas 编著:《拉丁美洲流域管理》,刘正兵、章国渊等译,黄河水利出版社 2006 年版,第 43 页。
　　③ Asit K. Biswas, "Management of Ganges-Brahmaputra-Meghna System: Way Forward", in Olli Varis, Cecilia Tortajada and Asit K. Biswas (Eds.), *Management of Transboundary Rivers and Lakes*, 2008 Springer-Verlag Berlin Heidelberg. A6, Preface, XI.

的所有涉水活动同时涵盖在一个管理体制之下,要求进行跨地区、跨行业、跨部门的统合和协调管理,这需要对现行流域管理体制进行"大手术",牵涉复杂的利益博弈和整合,因此在实施中面临许多困难。国际流域一体化管理的实践还不够丰富,其发展还远未达到足够综合或有效的程度。共同利益理论的贯彻,还面临着很多的障碍或挑战。这些挑战包括:国家主权和利益冲突,一味坚持限制领土主权理论,不承认跨界水资源是共享资源;单边主义,自行开发利用,忽视他国利益;霸权主义,强国对弱邻水资源的抢夺。现实中不符合流域国共同利益的做法,可以说比比皆是,流域各国任重而道远。

1. 不顾及其他沿岸国的利益而单独片面开发

某些国际流域的沿岸国不顾及其他沿岸国的利益,甚至不承认跨界水资源为共享资源,而单独片面开发,严重损害其他沿岸国的利益,也给流域生态环境造成损害。比如底格里斯—幼发拉底河流域的上游国土耳其主要为水力发电和灌溉目的对两河上游的开发,导致了下游国与土耳其之间的严重冲突,尤其是在土耳其的阿特塔克大坝建造期间。该大坝1981年开始建造,包括一千多公里的灌溉运河、支线和分配网络以及19个发电站,建成之后可灌溉的耕地等于土耳其可耕地的19%,并可提供22%的水电份额。[①]但是土耳其在两河源头修建水坝的结果,使叙利亚的用水量减少了3/4,而流到伊拉克的水量仅为原先的1/10,从而引发了上下游国家之间的矛盾。叙伊两国认为两河是三国共享的国际河流,土耳其则把两河看做是界河,不是多国河流,不接受对两河的"分享"。[②]

2. 局部流域水条约只维护部分沿岸国的利益和目标

根据流域的水文特点,依据共同利益理论和公平、合理利用跨界水资源的法理内涵,笔者得出结论,缔结和实施全流域条约是公平、合理和无害利用跨界水资源的理想途径,也应当是未来的发展方向。但是目前签订和实施的绝大部分流域水条约,都只是纳入了部分沿岸国。世界上2/3的国际河流流域有三个或三个以上的沿岸国,然而这些多国河流中双边条约体制

---

① See Dr. Patricia Wouters, "The Legal Response to International Water Scarcity and Water Conflicts", http://www.dundee.ac.uk/cepmlp/waterlaw, last visited on Nov. 5, 2009.

② Bulent Topkaya, "Water Resources in the Middle East: Forthcoming Problems and Solutions for Sustainable Development of the Region", http://www.akdeniz.edu.tr/muhfak/publications/gap.html, visited on June 10, 2010.

更常见,是多边体制的两倍。① 这些条约体制普遍只维护部分国家的利益和目标,而且特别偏重下游国的需求,忽视或损害了上游国的利益。典型的如尼罗河流域的埃及和苏丹,1958 年两国达成《充分利用尼罗河水的协定》,规定在阿斯旺修建大坝,为埃及储水,并防止水流注入地中海。两国根据协定对尼罗河水量进行了分配,但是这严重影响上游国家的用水,上下游国家之间因此引发激烈冲突。② 2010 年 5 月,埃塞俄比亚、坦桑尼亚、乌干达、卢旺达和肯尼亚等沿岸国在乌干达召开会议,签署了新的《尼罗河合作框架协议》,试图重新分配尼罗河水资源。但是协议签订后遭到了埃及等国的强烈反对,致使尼罗河水资源纷争再起。

3. 全流域水条约内容空洞,更被部分沿岸国的单独或联合开发架空

南美洲亚马逊河流域各国和银河流域各国都达成了全流域条约,即《亚马逊河合作条约》和《银河流域条约》。这本来值得期许,但是这两个条约内容空洞,缺乏具体的可操作性的条款和约束机制,而且条约规定,缔约国有权就一般性事务或专门问题缔结双边或多边协定。③ 这使得各沿岸国要么单独开发,要么达成双边水条约联合开发,这些单边或双边行动凌驾于全流域条约之上,从而损害了其他沿岸国的利益。

4. 流域水条约和开发利用活动普遍缺乏对水生态系统维护的考虑

目前已经签订和实施的流域水条约,特别是位于亚洲和非洲等不发达地区的流域水条约,多是出于经济利益的考量,多以水量分配、航行、水电、防洪为主要内容,普遍缺乏对生态因素的考虑,有关污染防治的内容相对较少,或者可操作的具体措施很少。比如水量分配方面只考虑生产和生活用水需要,几乎没有考虑流域生态需水。流域生态系统作为“无声利益方”在实践中常被忽视,导致过度用水、土地盐渍化、河道干涸、海水入侵、水质污染、生物多样性减少、渔业受损、生态移民等一系列长期环境和社会问题。成功如美国、加拿大的《哥伦比亚河条约》,尽管其水

---

① Anthony Turton, "The Southern African Hydropolitical Complex", in Olli Varis, Cecilia Tortajada and Asit K. Biswas (Eds.), *Management of Transboundary Rivers and Lakes*, 2008 Springer-Verlag Berlin Heidelberg, p. 64.

② 详见何艳梅:《国际水资源利用和保护领域的法律理论与实践》,法律出版社 2007 年版,第 41—42 页。

③ 《亚马逊合作条约》第 18 条规定:本条约不限制各缔约国就一般性事务或专门问题签订双边或多边协定,但是不能违反本条约所规定的实现亚马区域合作的共同目标。转引自王曦主编:《国际环境法资料选编》,民主与建设出版社 1999 年版,第 402 页。

45

电和洪水控制目标已经实现,但是该条约也是仅注重河流开发的经济效益,两个沿岸国面临着保护流域濒危生物物种、环境质量和可持续性的挑战。

另以咸海流域的生态灾难为例。咸海流域位于中亚的荒漠地带,是中亚人民的命脉,曾是世界第四大湖泊,仅次于里海、苏必利尔湖和东非的维多利亚湖。咸海本身无径流,补给咸海水源的是锡尔河和阿姆河,它们分别发源于帕米尔高原和天山山脉。咸海流域的范围包括锡尔河流域和阿姆河流域,大部分位于哈萨克斯坦南部、吉尔吉斯斯坦南部、土库曼斯坦的绝大部分、塔吉克斯坦和乌兹别克斯坦全境。这五国在苏联解体前是其加盟共和国,苏联确立了各加盟共和国对咸海流域的用水量。各国都修建了水利工程,利用咸海水进行灌溉、发电等。但是由于没有考虑和顾及流域生态需水,长期对流域水资源进行过度利用,加上苏联解体后各国群龙无首,对水资源的无序、过度开发加剧,使湖泊面积缩小了大约70%,地表区域缩减了 60%,造成了令世界震惊的生态灾难,表现在水位下降、水质恶化、河流断流、盐碱化土地面积增加、粮食减产、海底盐分积累、二级河网消失、气候更加干燥、形成风蚀地形、生物多样性受到严重威胁、水路直达运输消亡、居民健康严重受损……①造成咸海生态危机的显而易见的原因,是入海水量的减少,而入海水量的减少,完全是因为流域各国各自为政的开发活动和对水资源的挥霍性消耗②造成的③。目前五个沿岸国正在商讨分水协议和方案。

5. 流域联合管理机构的职能与流域一体化管理的要求不相适应

流域联合管理机构的职能虽然由流域水条约进行规定,但事实上其作用的发挥程度主要取决于沿岸国之间的信任和合作程度、沿岸国对水资源的开发政策等,可以说是政治与技术的结合体。④

建立全流域的、职能多元的联合管理机构是实现共同利益的理想途径,

---

① Victor Dukhovny & Vadim Sokolov, *Lessons on Cooperation Building to Manage Water Conflicts in the Aral Sea Basin*, SC-2003/WS/44, p. 33;详见杨立信编译:《水利工程与生态环境(一)——咸海流域实例分析》,黄河水利出版社 2004 年版,第68—80页。

② 特别是在灌溉农业方面,咸海流域灌溉农业占总用水量的92%。

③ 详见杨立信编译:《水利工程与生态环境(一)——咸海流域实例分析》,黄河水利出版社2004年版,第83—84页。

④ 参见何大明、冯彦著:《国际河流跨境水资源合理利用与协调管理》,科学出版社2006年版,第115页。

也是最高程度的合作形式,甚至是实现共同利益的必要手段,①但是这种机构的建立和运作效果受制于沿岸各国的政治意愿、信任和合作程度等。实践中较为常见的还是仅覆盖流域一部分的或者职能单一的联合管理机构,这与流域一体化管理的要求不相适应。比如亚马逊河流域的所有沿岸国尽管缔结了《亚马逊河合作条约》,根据条约建立了外交部长会议、亚马逊合作理事会等组织机构,但是各缔约国却各自为政,或者相互之间达成双边水条约,建立了双边组织机构。比如哥伦比亚和厄瓜多尔 1979 年签订《亚马逊地区合作协议》,成立了哥伦比亚和厄瓜多尔联合委员会,负责对两国共同关心的项目进行研究和协调;哥伦比亚和秘鲁 1979 年签订《亚马逊河流域合作条约》,依约成立了哥伦比亚—秘鲁联合委员会,作为研究和协调两国接壤边界共同利益项目的代表机构。哥伦比亚和巴西 1981 年签署了《亚马逊河流域合作协议》,成立了哥伦比亚—巴西联合委员会,负责协调双方有共同利益的项目。②

目前除了只有两个沿岸国的国际流域以外,几乎还没有哪个流经三国或三国以上的国际流域实现一体化管理。它们或者是进行单边开发,或者是在部分沿岸国之间单纯地分配水量,或者部分沿岸国之间联合开发,而无视其他沿岸国的权利和利益。这既违反了国际法上的主权原则,引发沿岸国之间的用水矛盾和冲突,也不利于对跨界水资源的可持续利用和生态环境的保护。

国外有学者悲观地认为:《约翰内斯堡行动计划》建议世界上所有主要河流流域到 2005 年年底都应当有水资源一体化管理和水效率计划,但是判例研究清楚地证明,世界主要河流流域中许多是跨界性质,面临大量的问题和挑战。利用水资源一体化管理这种单纯的"一箭中的"式的管理方法太过天真,既不是有益的,也不是可适用的。它可能是一个吸引人的主意,但不是一个可实施的方法。因此,一点都不奇怪,到 2005 年实现水资源一体化管理计划的约翰内斯堡建议不仅没有实现,而且在可以预见的将来也是不可能实现的。③

---

①　International Law Association Berlin Conference (2004), *Commentary on Article 64 of Berlin Rules on Water Resources*, http://www. asil. org/ilib/waterreport2004. pdf, last visited on Sep. 2, 2009.

②　〔加〕Asit K. Biswas 编著:《拉丁美洲流域管理》,刘正兵、章国渊等译,黄河水利出版社 2006 年版,第 62 页。

③　Asit K. Biswas, "Management of Ganges-Brahmaputra-Meghna System: Way Forward", in Olli Varis, Cecilia Tortajada and Asit K. Biswas (Eds.), *Management of Transboundary Rivers and Lakes*, 2008 Springer-Verlag Berlin Heidelberg. A6, Preface, XI.

然而无论如何,一体化管理应当成为每个国际流域开发利用和管理的理想和目标。国际河流水资源开发利用的世界趋势已经证明,这一理想并非遥不可及。20世纪90年代以来,随着流域水资源综合管理方法的推广,欧洲国际河流的开发管理合作逐步从单一目标向经济、社会和生态等多目标转变,合作范围呈现由局部扩大到全流域的趋势。欧盟2000年《水框架指令》要求各成员国对国际流域区域进行协调合作,制定统一的国际流域管理计划,这些规定在最近欧盟国家之间签署的流域水条约中都得到了应用。即使是早期签署的如《多瑙河保护和可持续利用合作公约》、《保护莱茵河公约》等流域水条约,在实施中也都开始执行指令中的相关规定。① 咸海流域五国的水机构在1992年成立的跨国水协调委员会框架下开展合作。尽管这些国家在社会、政治和环境状况上具有差异和复杂性,也处于不同的发展水平,但是这种合作在持续向前推进。这五国不仅共同制定规划,而且在真正地经营和管理跨界河流。虽然苏联解体导致咸海流域环境问题非常复杂,但是也为流域中的这些国家创造机会,它们努力通过合作,发现管理水资源的有效途径。② 在南部非洲的因科马蒂和马普托河、林波波河、奥兰治河流域和南美洲的银河流域等,都出现了全流域或子流域一体化管理的趋势。③

四、限制领土主权理论与共同利益理论的比较

限制领土主权理论与共同利益理论都是现行的国家水权理论,都是对传统国家水权理论的突破,是对国家主权的限制或超越;两者都强调国际合作,但是合作程度有异。限制领土主权理论强调在尊重国家主权的基础上进行合作,着眼点在于"主权";而共同利益理论在一定程度上超越了主权,要求为了满足流域人民基本需求、合理分配水量、保护水质和水生态系统而进行一体化管理。

以限制领土主权理论为依据的公平与合理利用、不造成重大损害、国际合作等原则,都将重点集中在水量分配、水益分享和污染控制方面;而以共

---

① 胡文俊:《国际水法的发展及其对跨界水国际合作的影响》,载《水利发展研究》2007年第11期,第66页。

② Victor Dukhovny & Vadim Sokolov, *Lessons on Cooperation Building to Manage Water Conflicts in the Aral Sea Basin*, SC - 2003/WS/44.

③ Ibid; Alvaro Carmo Vaz & Pieter Van der Zaag, *Sharing the Incomati Waters: Cooperation and Competition in the Balance*, SC - 2003/WS/46.

同利益理论为依据的保护跨界水生态系统原则,目的是保障所有沿岸国人民的基本用水需求,保护流域水生态系统,实现流域经济、社会和环境的可持续发展。

因此,共同利益理论强化和拓展了限制领土主权理论,因为它要求在管理跨界水资源方面的较高程度的合作,而且更准确地界定了流域系统,将其作为由所有沿岸国分享的统一体。[①] 从限制领土主权理论到共同利益理论的发展轨迹可以看出,国际水法从禁止跨界污染、要求对国际河流的利用进行协商的简单规则,发展为对跨界水资源进行共同管理,适用和发展了共享水资源的概念。

第二节　中国跨界水资源利用和保护的理论借鉴

限制领土主权理论和共同利益理论作为国家水权的基本理论,是国际水资源法的基本原则、制度形成和发展的基础、依据,也是我国应当遵守和借鉴的。但是我国很多政策制定者和执行者还固守传统的绝对领土主权观念,甚至把国际河流在我国境内的河段视作内河,对其进行单边开发利用,而不顾及对他国的影响。尤其是共同利益理论,在中国非常没有"市场"。这与限制领土主权理论和共同利益理论的要求,以及各共同沿岸国的诉求有相当大的差距。

限制领土主权理论是目前国际水法领域的主流和统治性理论,而共同利益理论是最先进、最理想的理论,是未来的发展方向。我国在跨界水资源的开发、利用、保护和管理领域,应当在坚持限制领土主权理论的基础上,顾及和借鉴共同利益理论。

一、坚持限制领土主权理论

笔者认为,在那些边界和领土纠纷还未解决的,或者没有合作基础的多国河流的开发利用上,我国可以限制领土主权理论为指导,在坚持国家主权的基础上,进行公平和合理利用,同时这种利用不能对他国造成重大损害。

---

① 　Albert E. Utton & John Utton, "The International Law of Minimum Stream Flows", 10 *Colo. J. Int'l Envtl. Pol'Y* 7, 9 (1999).

另外需要注意开发利用活动之前和之中的信息交流、通知、协商和谈判等问题,遵守国际合作的原则和义务。①

二、顾及和借鉴共同利益理论

我国应当注意维护自己的国际形象,摒弃传统的主权至上观念,调整国内的政策和行为,勇敢地承担国际责任,遵守国际水法的基本原则,在坚持限制领土主权理论的基础上,不断加强与共同沿岸国之间的谈判、协商与合作,顾及、借鉴甚至积极贯彻共同利益理论,与流域各国进行数据和信息交流,制定和实施全流域条约,建立并运作全流域管理机构,逐步实现一体化管理。从而实现睦邻友好和区域安全与稳定,实现对共享水资源的最佳和可持续的利用和受益。

当然,对国际流域进行一体化管理以实现流域各国的共同利益,这只是一个美好的远景。一体化管理是需要一定条件和基础的,并需要一个发育、完善、成熟的运动过程。现实情况决定了我国要循序渐进地开展有关工作,比如可以先与共同沿岸国建立信息共享和交流机制,之后再谈判达成双边或多边水条约,建立局部流域管理机构,单纯地进行水量分配或者联合进行水利工程开发,在条件成熟时再达成全流域条约,建立和运作全流域管理机构。

作为国际关系理论之一的区域主义理论,对我国借鉴共同利益理论、参与国际合作有重要启示。区域主义被分为三个理论流派,分别是交流主义、新功能主义和政府间主义。其中,交流主义的核心观点是:跨界区域治理的关键是突出强调安全的重要性,通过制度和惯例的建构,培养区域人民的"安全感"、"共同体感"、"信任感"和"我们感",进而构筑一体化的安全政治共同体,通过非战争形式解决矛盾和冲突。新功能主义理论认为,高水平的和程度日增的相互依存将促进合作的持续进程,并最终产生政治一体化,这是因为每一个政治单元都会存在"功能外溢"和"政治外溢"②情形,各种不同利益的趋同,不断驱动一体化的发展与进程,最终形成一个统一的新的政治共同体。而政府间主义理论认为,区域一体化的程度与政治领域的高低有关,在一个国家内部或低层次的跨界区域,更容易达成政府间合作制度安

---

① 详见本书第四章第一节的相关内容。

② 外溢就是某一经济部门一体化的产生和深化将对该部门和其他经济部门产生更大程度一体化的压力。

排,促进一体化发展。① 南部非洲、南美洲等地区国际河流流域的管理经验也说明,多国河流的沿岸国并不是一开始就实现了一体化管理,而是从双边到多边、从局部流域到整个流域的逐步推进。

　　上述三个理论对我国的启示是:制度建构的重要性;相互依存产生合作的动力;可以首先在国家内部或低层次的跨界区域,比如界河管理上达成一体化。笔者认为,我国对界河和界湖的开发利用可以以共同利益理论为指导,积极进行一体化管理:签订和实施全流域条约,建立和运作全流域组织机构,制定和实施全流域开发利用规则。至于多国河流,我国可以在以下领域与共同沿岸国开展合作,逐步实现共同利益:收集关于水文、水质、水资源利用、土地利用等方面的可靠信息并进行交流;联合开展水资源分布情况和利用规划研究,在设置最小跨境流量方面达成共识,这可最大限度地促成联合建设水利工程;坚持公平和合理地利用和参与原则,解决问题的方案应当以需求而不是以权利为基础;在所有沿岸国参与下决定最佳的流域开发和管理方案,可以是在河流上游联合修建大坝,也可在上游和下游修建跨流域调水工程;改进和加强机构建设,流域管理机构最好能够包括所有沿岸国。

---

　　① 陶希东著:《中国跨界区域管理:理论与实践探索》,上海社会科学院出版社 2010 年版,第38—40 页。

第四章　中国跨界水资源开发
利用的基本原则

国际水资源法经过一百多年的发展，逐步形成一些跨界水资源利用和保护的基本原则。但是国际文件的规定不尽相同，学者们也见仁见智。有学者概括出国际河流开发利用与保护的七项基本原则，即公平和合理利用、不造成重大损害、一般合作义务、互通信息与资料、自由通航和补偿原则、保护和维持跨界水资源及其水生态系统。[①] 笔者认为，互通信息与资料属于国际合作的范畴，自由通航和补偿原则可纳入公平和合理利用原则，而保护和维持跨界水资源及其水生态系统属于正在形成中的国际水法基本原则。据此，笔者将公平和合理利用原则、不造成重大损害原则、国际合作原则作为跨界水资源利用和保护的习惯国际法原则，而将保护跨界水生态系统作为正在形成中的国际水法基本原则。应当注意的是，这些基本原则并不能为共同沿岸国处理和解决跨界水资源的分配、利用和保护问题提供具体办法，只是为沿岸国通过谈判、协商、合作等方式处理和解决问题提供了基本出发点。

第一节　中国跨界水资源开发利用的
习惯国际法原则

根据主导的限制领土主权理论，跨界水资源利用和保护的习惯国际法原则主要有三个：公平和合理利用原则、不造成重大损害原则、国际合作原则。

一、公平和合理利用原则

公平和合理利用原则是指国际流域各沿岸国有权公平和合理地分配和

---

① 冯彦、何大明：《澜沧江—湄公河流域水资源公平利用中的国际法律法规问题探讨》，载《资源科学》2000 年第 5 期，第 57 页。

利用该国际流域水资源。这项原则既确立了沿岸国的法律权利和义务,也提供了这种权利的分配框架,为所有利益相关的沿岸国就共享水资源的分配和利用问题提供了协商和达成一致的机会。

(一)公平和合理利用原则与可持续发展

公平和合理利用原则承认和评估所有共同沿岸国的共享性和竞争性的利益,它以限制领土主权理论为基础,是绝对领土主权理论和绝对领土完整理论的有机结合。同时应当指出的是,公平和合理利用原则并不意味着禁止这种利用对他国造成事实损害,而是禁止剥夺他国受法律保护的利益或份额。在公平和合理利用原则的形成过程中,美国最高法院的司法实践以及美国与加拿大的《哥伦比亚河条约》体制作出了不可磨灭的贡献。①

公平和合理利用原则与可持续发展是一致的。在乌拉圭河案中,国际法院认为,最佳和合理利用的实现,要求在缔约方利用乌拉圭河从事商业活动的权利和需要(作为一方面)和保护乌拉圭河免受这些活动可能造成的环境损害的义务(作为另一方面)之间取得平衡;可持续发展的精髓,就是在经济发展与环境保护之间取得平衡。② 可持续发展考虑到"保障河流环境的持续保护的需要和沿岸国经济发展的权利"。③

(二)公平和合理利用原则的实施

公平和合理利用原则的实施需要国际流域各国通过权衡该流域的科学、经济和其他因素来实现。"公平"并不意味着相等的利用,而是指利用权利的平等。公平利用与否关系到对一系列复杂因素的考虑,这些因素在《赫尔辛基规则》、《国际水道公约》、南共体《关于共享水道系统的修正议定书》、《柏林规则》等条约和软法文件中有详细列举,④笔者姑且称之为"要素清单"。根据这四套要素清单的共同内容,供考虑的相关因素可归为两类,但不限于这两类。第一类是科学因素,包括国际流域/水道的地理、水文、气候、生态和其他自然属性,对流域/水道的在先利用和潜在利用,替代资源的

---

① 详见何艳梅著:《国际水资源利用和保护领域的法律理论与实践》,法律出版社 2007 年版,第 73—80 页。

② Pulp Mills on the River Uruguay(Argentina v. Uruguay),*Summary of the Judgment of 20 April 2010*,www. icj-cij. org,p. 15.

③ Pulp Mills on the River Uruguay(Argentina v. Uruguay),*Provisional Measures*,Order of 13 July 2006,I. C. J. Reports 2006,p. 133,Para. 80.

④ 分别参见《赫尔辛基规则》第 5 条第 2 款、《国际水道公约》第 6 条第 1 款、南共体《关于共享水道系统的修正议定书》第 3 条第 8 款、《柏林规则》第 13 条的规定。

可得性,为调整各种用途引起的矛盾,对流域国/水道国提供补偿措施等;第二类是经济和其他因素,包括流域国/水道国的社会和经济需要,依赖于流域/水道的人口等。南共体《关于共享水道系统的修正议定书》还将"水道国的环境需要"与"水道国的社会、经济需要"一起纳入要素清单。《赫尔辛基规则》第 5 条第 2 款还规定,不对下游国造成重大损害是衡量是否公平和合理利用的一个要素,应与其他要素相权衡。但是这些要素清单中所列举的因素并不是穷尽性的,流域国有义务考虑所有相关因素。① 这些文件都规定,每一个要素所占的权重是由它和其他要素的相对重要性决定的;在决定什么是公平和合理利用时,需要同时考虑各种相关要素,在整体的基础上做出结论。但是上述文件都没有对如何评估单个要素提供进一步的指南,因此需要各沿岸国协商确定。

从一般国际法的角度看,各要素之间没有等级和优先顺序,即没有一个要素本身占有比其他任何要素优先的地位。然而一个重要的发展趋势是,人类基本需求和流域生态需水应当给予特别关注,优先得到满足。生态需水是指为了维持生态系统的功能或者维持生态平衡所需要使用的水量,是一个状态值。国内外专家普遍认为,河流生态环境用水一般应维持在 60%~70% 的水平,也即对河流全年径流量的直接消耗不得超过 30%~40%。② 因此必须把生态环境作为一个重要的用水户公平对待,确保生态需水,合理界定流域内经济社会系统和生态系统的水量分配方案。③

优先满足人类基本需求用水和生态需水,已经成为越来越多国家水法的基本原则。巴西 1997 年《国家水资源政策法》明确规定,国家水资源政策以下列原则为基础:水是公共财产;水是一种有限的自然资源,具有经济价值;发生短缺的情况下,水资源利用的优先权给予人类消费和动物饮水。④ 南非 1998 年国家水法明确规定,水储备优先于对水的其他使用。而水储备包括两部分,一是维持自然系统一定状态所需要的水的数量及质量(生态储

---

① 关于要素清单的作用、性质、各主要因素之间的关系,以及对要素清单的评价等内容,详见何艳梅著:《国际水资源利用和保护领域的法律理论与实践》,法律出版社 2007 年版,第 80~91 页。

② 参见何大明、冯彦著:《国际河流跨境水资源合理利用与协调管理》,科学出版社 2006 年版,第 60 页。

③ 邓铭江,教高:《新疆水资源战略问题研究》,水规总院水利规划与战略研究中心编:《中国水情分析研究报告》2010 年第 1 期,第 11 页。

④ 参见巴西《国家水资源政策法》第 1 条的规定,转引自胡德胜译:《23 法域生态环境用水法律与政策选译》,郑州大学出版社 2010 年版,第 65 页。

备);二是满足人类生活的基本需求。1996 年《南非新水法的基本原则和目标》维持这一优先地位,明确规定人类基本需求用水和环境需水应当得到预留,它们具有使用上的优先权。① 保加利亚 1999 年《水法》规定,使用水和水体应当取得许可证,颁发许可证时应当遵守满足不同需求的下列顺序:(1)饮用和家庭生活目的;(2)医疗和疾病预防;(3)农业;(4)其他目的;而前述优先顺序应当适用并遵守有关环保要求的规定。该法还明确规定,为了保护水生态系统和湿地,应当确定可允许的最低河流流量。② 乌兹别克斯坦 2003 年修改的《1993 年水体和水体利用法》明确规定,水体首先应当用于满足饮用和家庭需要。③ 西班牙 2001 年国家水资源规划法要求,水资源规划环境需水量优先于系统中的任何其他用途。④ 1996 年澳大利亚和新西兰农业与资源管理理事会、环境与保育理事会共同通过了《关于生态系统用水供应的国家原则》,目的在于在一般水资源配置决策的背景下,对环境用水这一特别问题的解决提供政策性指导。原则三确认,应当在法律上承认环境用水;供应环境用水的目标在于,维持以及在必要的情况下恢复依水生态系统的生态过程和生物物种多样性。⑤

（三）公平和合理利用原则的具体化

作为公平和合理利用原则的具体体现,各国对共享水资源有公平和合理利用的权利和义务,具体表现在实体性和程序性权利和义务两方面。在实体性权利和义务方面,各国对国际流域处于本国领域的部分拥有完全的和排他的主权,有权占有、使用、处分和收益,同时承担着保护跨界水资源和可持续利用的国际义务,对本国资源的利用不得损害到其他国家或国际公共区域的利益。在程序性权利和义务方面,信息交流、通知、协商或其他方式的合作,应当成为解决跨界水资源问题的必要程序。⑥

① 参见《南非新水法的基本原则和目标》原则 8—10 的规定,转引自胡德胜译:《23 法域生态环境用水法律与政策选译》,郑州大学出版社 2010 年版,第 177 页。
② 分别参见《保加利亚水法》第 50 条和第 117 条的规定,转引自胡德胜译:《23 法域生态环境用水法律与政策选译》,郑州大学出版社 2010 年版,第 138—139 页。
③ 参见该法第 25 条的规定,转引自胡德胜译:《23 法域生态环境用水法律与政策选译》,郑州大学出版社 2010 年版,第 24 页。
④ 国际大坝委员会编:《国际共享河流开发利用的原则与实践》,贾金生、郑璀莹、袁玉兰、马忠丽译,中国水利水电出版社 2009 年版,第 14 页。
⑤ 转引自胡德胜译:《23 法域生态环境用水法律与政策选译》,郑州大学出版社 2010 年版,第 210 页。
⑥ 参见万霞:《澜沧江—湄公河次区域合作的国际法问题》,载《云南大学学报法学版》2007 年第 4 期,第 138 页。

我国境内某些国际河流的下游沿岸国对于我国公平和合理利用水能持怀疑态度,片面强调下游国的利益。国内有学者认为,片面强调下游国利益的情况在国际法协会和联合国法律委员会通过的国际水法文件中也有体现,值得我们认真研究。[①] 国外也有学者认为,《赫尔辛基规则》、《国际水道公约》和《柏林规则》等现行国际水法文件偏袒在先利用国(通常是下游国)。[②] 笔者认为这种看法不够全面和客观。国际法协会早期通过的《赫尔辛基规则》确实有这种片面性,但是《国际水道公约》、南共体《关于共享水道系统的议定书》及其《修正议定书》已经将水道国对水的潜在利用(通常是上游国的后来开发和利用)与现行利用(通常是下游国的在先利用)列入公平和合理利用的要素清单,在一定程度上体现出对上下游国之间利益的平衡。这种平衡可能还不够,因为任何制度安排都倾向于首先维护既得利益者的利益,因此国际水法在这方面应当有进一步发展。

关于公平和合理利用原则在国际实践中的运用模式、新发展、中国的措施建议等问题,将在第六章详述。

二、不造成重大损害原则

不造成重大损害原则是指,国际流域各沿岸国在自己境内利用跨界水资源或者进行其他活动时,有义务通过国际合作或者采取合理的单边措施,保护跨界水资源,预防、减少和控制对其他沿岸国或其环境造成重大损害,也不能允许在其领土之上或其控制之下的个人造成这种损害。不造成重大损害原则是国际水资源法的基本原则之一,被国际条约、宣言和其他国际文件以及国际判例广泛接受。《关于涉及多国开发水电公约》规定:"如果缔约国计划兴建的水力发电工程有可能对其他缔约国造成重大损害,则有关国家应进行谈判以达成施工协议",可视为对不造成重大损害原则的最初表述。

(一)不造成重大损害原则的内涵

不造成重大损害原则中的"损害"可以分为两类:重大环境损害;重大

---

① 牛继承、张保平:《我国界水管理问题分析》,载《跨界水资源国际法律与实践研讨会论文集》,2011 年 1 月 7—9 日,第 288 页。

② Kai Wegerich & Oliver Olsson, "Late Developers and the Inequity of 'Equitable Utilization' and the Harm of 'Do No Harm'", *Water International* (2010), 35: 6, pp. 707 - 717.

人身、财产和经济损害。笔者建议,如果一国的开发利用活动对他国造成了重大环境损害,则应当停止开发利用活动,并采取一切适当措施消除损害或修复受损环境;如果一国的开发利用活动只是对他国造成了重大人身、财产和经济损害,则开发国可以继续这种利用活动,但是必须对受害国承担经济补偿的责任;如果上游国为了下游国的利益或者整个流域生态系统的保护而放弃了开发利用,从而损失了经济发展机会,则下游国或各受益国应当提供生态补偿。

　　不造成重大损害原则中的"损害"既包括有形的损害,也包括对现行和潜在用水国用水量的剥夺。"不造成重大损害"既是指不对现行用水国的经济和社会利用造成重大影响,也包括不严重剥夺潜在用水国公平利用水的份额。也就是说,"损害"是双向性的,既可能是上游国对下游国在先利用和生态环境的损害,也可能是下游国对上游国未来用水份额的剥夺和经济发展机会的扼杀。但是从目前来看,不造成重大损害原则一味地强调保护现行使用国,却忽视或无视潜在使用国的用水权利和需求。实践中很多下游国也强调只有上游国会损害下游国,而下游国不会损害上游国。① 这是一种偏见和误解,也是对上游国用水权和发展权的蔑视。

　　我国在开发利用跨界水资源的过程中,为了避免与共同沿岸国之间的争端,针对下游国家关切的我国在上游修建水电大坝的问题,我国外交部多次重申,"不做任何损害下游国家利益的事情"。笔者认为这一说法欠妥,应当及早纠正。"不损害下游国家利益"的说法不是"法言法语",也不符合不造成重大损害原则的措辞和内涵。因为不造成重大损害原则并不是禁止一切跨界损害,否则等于禁止一切跨界水资源利用活动,而是禁止重大跨界损害。"重大损害"标准体现了国家之间利益的平衡。根据睦邻友好的一般习惯法原则,国家有义务忽视微小的损害和麻烦,即所谓"忽略不计"规则,包括国家容忍他国从事的本身并不非法的活动所产生的非实质性的损害性影响的义务。②

　　但是"重大"一词较有含糊性。它要求较多的是对事实的考虑,而不是

　　①　Salman M. A. Salman, "Downstream Riparians Can also Harm Upstream Riparians: the Concept of Foreclosure of Future Uses", *Water International* (2010), 35: 4, p. 351.

　　②　See Attila Tanzi, *The Relationship between the 1992 UN/ECE Convention on the Protection and Use of Transboundary Watercourses and International Lakes and the 1997 UN Convention on the Law of the Non-Navigational Uses of International Watercourses*, Report of the UNECE Task Force on Legal and Administrative Aspects, Italy, Geneva, Feb. 2000, p. 18.

法律上的确定。损害的"重大"与否还涉及价值判断。价值判断往往依情况和时间而异,因此对重大损害程度的判断,最终需要沿岸各国依据流域的特殊性进行协商确定,或者依据案件的具体情况而定。但是适用于特定流域的双边和多边水条约有必要规定该特定流域的水质目标和标准,这有助于评估损害的合法与否。

(二)跨界水资源保护的义务和措施

依据不造成重大损害原则,流域各国承担着保护跨界水资源的义务。保护跨界水资源首先意味着流域各国承担防止重大跨界损害的义务,而不是事后对损害进行赔偿、补偿或补救的义务。因为在造成损害之后才去补偿,往往无法恢复事件发生之前所存在的状况。判断国家是否履行预防损害的义务,不是看其结果,而是看其行为,即制定有关预防跨界损害的政策、法律和规章并通过各种执法机制得以实施。国家采取适当措施预防或尽量减少损害的义务是一种"适当努力"的义务,它并不保证损害不会发生。适当努力义务作为预防重大跨界损害或尽量减少损害风险的义务的核心基础,是贯穿于预防或减轻损害措施之每个阶段的连续性义务。

此外,缺乏充分的科学确定性也不能成为排除国家采取预防措施的理由。根据预防原则,应在科学尚未确定跨界损害时十分谨慎地采取行动。预防原则意味着各国需要持续审查其预防义务以便赶上科学知识的进展。在多瑙河盖巴斯科夫大坝案中,国际法院判决当事各方参照环境保护的新需求,"重新审查"依据1977年条约在多瑙河上兴建的"盖巴斯科夫火力发电厂的运作对环境的影响"。[1]

保护跨界水资源、预防重大跨界损害的具体措施,包括跨界环境影响评价、监测、预防和控制跨界水污染、信息公开、通知、协商等实体性和程序性措施,将在以下有关章节中详述。

三、国际合作原则

跨界水资源具有整体性和共享性,公平和合理利用是跨界水资源开发利用应当遵守的核心原则,而合作是保障共享和公平的最好方式和手段。

----

[1] 《1997年国际法院报告书》,第77—78页,第140段,转引自《关于预防危险活动的跨界损害的条款草案》案文及其评注中译本,第10条的评注第7段。

政治学中的合作博弈论认为,各利益主体之间的合作而非对抗,更公平,更有效率,能够促进合作者总福利的最大化。

国际合作是国际法的基本原则,也是流域各国在利用和保护跨界水资源的过程中应承担的国际义务。规定国家有义务在跨界水资源利用和保护方面进行合作的国际文件也是不胜枚举。①《因科马蒂和马普托水道临时协议》更是明确规定了合作的一般原则。②

（一）国际合作的基础和方法

流域各国就跨界水资源利用和保护问题进行合作的基础,是主权原则和善意原则。主权原则是指,流域各国对国际流域位于其领土的一部分及其水资源享有主权,包括管辖权、利用权、收益权、补偿权等。《国际水道公约》第8条第1款规定,水道国应在主权平等、领土完整、互利和善意的基础上进行合作,使国际水道得到最佳利用和充分保护。善意是指尊重其他国家的主权和权利,适当考虑其他国家的利益。公平、合理和无害利用跨界水资源的基本条件在于流域各国的善意合作。善意合作是国际法的基本原则之一,国际文件和国际判例都有明确规定和确认。事实上,善意原则贯穿于国际关系的各方面和各环节。③ 在乌拉圭河纸浆厂案中,国际法院注意到,国家之间的合作机制受到善意原则的支配;根据习惯国际法,正如1969年《维也纳条约法公约》第26条所反映出来的,"每个生效的条约对其缔约方具有约束力,必须被他们善意履行。"这适用于条约所确立的所有义务,包括作为国家之间合作基础的程序性义务。④

国际合作应当始自信息交流、联合监测等技术性合作。这种合作有助于预防将来可能的数据、材料方面的争议,提供合作模式,发展信任,从而为以后水条约的签订建立稳固的事实基础。国际合作也可以始自成功可能性

---

① 比如《喀尔巴仟山区保护和可持续发展框架公约》第2条,《因科马蒂和马普托水道临时协议》第2条到第4条,《国际水道非航行使用法公约》第8条和第24条,《湄公河流域可持续发展合作协定》第1条和第4条,南共体《关于共享水道系统的议定书》第2条,等等。参见何艳梅著:《国际水资源利用和保护领域的法律理论与实践》,法律出版社2007年版,第182页。

② See Art. 3 (d) of the *Tripartite Interim Agreement between the Republic of Mozambique and the Republic of South Africa and the Kingdom of Swaziland for Cooperation on the Protection and Sustainable Utilization of the Water Resources of the Incomati and Maputo Watercourses.*

③ 详见何艳梅著:《国际水资源利用和保护领域的法律理论与实践》,法律出版社2007年版,第184页。

④ Pulp Mills on the River Uruguay(Argentina v. Uruguay)，*Summary of the Judgment of 20 April 2010* , www. icj-cij. org, p. 12.

较大的小型项目,这也可以提供合作的模式。①

(二) 国际合作的程序性义务

程序性义务是为了履行公平和合理利用、不造成重大损害、国际合作等原则和义务而设立的一系列程序性规范,在限制领土主权理论的框架下,大体上包括交流信息、通知、协商和谈判、和平解决国际水争端等义务。如果考虑到共同利益理论,则应当包括签订和实施流域水条约、建立和运作流域管理机构等。

程序性义务是公平和合理利用、不造成重大损害、国际合作原则的具体要求和体现。国际水法的程序化趋势日益显现,程序性义务的有效履行将成为保障跨界水资源公平、合理和无害利用的重要途径。在乌拉圭河纸浆厂案中,国际法院将乌拉圭和阿根廷为确保对乌拉圭河的最佳和合理利用应当履行的义务分为实体性义务和程序性义务两大类,并分别对这两类义务作了详尽讨论,认为这两类义务彼此完全相互补充,两类义务存在功能联系。② 这在之前判决的同类案件(即多瑙河盖巴斯科夫大坝案)中是没有的,体现了程序化的这一趋势。

中国在遵守国际合作原则,履行国际合作的程序性义务方面有所进步,但是与国际国内形势和沿岸国的诉求相比,这方面的工作仍然较为薄弱,亟需进一步加强。

1. 交流信息

沿岸国应当相互交流共享水域的水文数据等信息,这是国际合作的第一步。定期交流流域的水文、气象、水文地质、水质、生态及相关的预测信息,对于有效地开展联合管理是必不可少的。在跨界水资源利用项目规划、建设和运营期间,行为国和可能受影响国也应当及时交换有关该项活动的信息和资料。一般来说,这种资料是行为国知道的资料,但是当可能受影响国获得任何可能有助于预防损害或风险的资料时,它应当向起源国提供这种资料。

南共体《关于共享水道系统的修正议定书》规定,缔约国应当交换关于

---

① Asit K. Biswas, "Management of Transboundary Waters: An Overview", in Olli Varis, Cecilia Tortajada and Asit K. Biswas (Eds.), *Management of Transboundary Rivers and Lakes*, 2008 Springer-Verlag Berlin Heidelberg, pp. 36 - 37.

② Pulp Mills on the River Uruguay(Argentina v. Uruguay), *Summary of the Judgment of 20 April 2010*, www.icj-cij.org, p. 6.

共享水道的水文、水文地质、气象、水质和环境条件方面的可得信息和数据。① 莫桑比克、斯威士兰和南非达成的《因科马蒂和马普托水道临时协议》规定了三方在短期、中期和长期应予交换的信息内容，各国应当具备的技术和能力，并且明确了信息交流的机制。② 亚马逊河流域的所有沿岸国达成的《亚马逊河合作条约》，规定签约各国将在相互之间及与拉丁美洲合作组织之间保持经常的信息交流和合作。③ 为此，各成员国建立了亚马逊地区水文气象数据库；促进在水文学和气象学方面的研究交流；加强在水文学和气象学领域中各种层次的技术合作；为亚马逊河流域建立一个基本的水文气象网络。④

　　如果沿岸国之间建立了流域联合管理机制，存在一个作为交流渠道和沟通桥梁的流域委员会，信息交流的效果将大大改善。这类信息交流系统最好通过签订协议使之制度化，比如西班牙和葡萄牙共享杜罗河、瓜迪亚纳河、利马河、米尼奥河、塔古斯河五条河流流域，两国也有专门的负责水资源管理的技术机构，即根据 1964 年《杜罗河国际河道段及其支流水电用水调节协议》成立的西班牙和葡萄牙国际委员会，进行信息的自由交流。1998 年两国达成的《西班牙和葡萄牙国际委员会条约》，使这种信息交流进一步制度化。条约对国际委员会进行了改革和加强，新成立了应用与发展委员会，并且具体规定了需要交流信息的情况：跨界水资源的监督、管理、监测数据，包括使用权、水文数据、基础设施数据、水质数据等的监测，协议附件中详细列出了需要特别监控和通报的污染物清单；从事容易造成越境影响的活动，包括污水排放、扩大居民生活用水、向敏感和脆弱地区引水、引起侵蚀的活动等；方法、研究和数据资料，主要针对与水有关的生态条件和成功的环保措施。⑤

① See Article 3(6) of *the Revised Protocol on Shared Watercourse Systems in the Southern African Development Community Region*.

② See Article 12 of *the Tripartite Interim Agreement between the Republic of Mozambique and the Republic of South Africa and the Kingdom of Swaziland for Cooperation on the Protection and Sustainable Utilization of the Water Resources of the Incomati and Maputo Watercourses*.

③ 参见《亚马逊河合作条约》第 15 条的规定，转引自王曦主编：《国际环境法资料选编》，民主与建设出版社 1999 年版，第 401 页。

④ 〔加〕Asit K. Biswas 编著：《拉丁美洲流域管理》，刘正兵、章国渊等译，黄河水利出版社 2006 年版，第 40—41 页。

⑤ 国际大坝委员会编：《国际共享河流开发利用的原则与实践》，贾金生、郑璀莹、袁玉兰、马忠丽译，中国水利水电出版社 2009 年版，第 26—27、62 页。

在国际流域发生洪涝、干旱等自然灾害和紧急情况下,各国也有交流信息的义务。根据《西班牙和葡萄牙国际委员会条约》的规定,在发生洪水等紧急情况时,降雨、河流流量、水位、大坝蓄水情况和运行状况等可提供的数据都会及时提供给对方,以便为采取应对和协调措施提供支持。

中国与境内某些国际河流的共同沿岸国进行了报汛、水文等方面的信息合作。2002年,中国与印度签署《关于中方向印方提供雅鲁藏布江—布拉马普特拉河汛期水文资料的实施方案》,中国相关部门在每年6月至10月向印方提供雅鲁藏布江水情;同年,中国水利部与湄公河委员会签订报汛信息协议,中国在每年6月至10月期间,于每天上午将位于中国境内的允景洪、曼安两个水文站前一日的水位和雨量报送给湄公河委员会秘书处。① 另外中国还与越南开展了报汛合作,与朝鲜开展了水文合作。但是与国际国内形势和沿岸国的诉求相比,这方面的工作仍然较为薄弱,尤其是信息交流的制度化、紧急情况下的信息交流等,以后需要进一步加强。

2. 通知

通知义务已经成为习惯国际法的一部分,在国际条约、国际软法文件、国际司法判例和国际实践中得到了普遍确认和承认。② 沿岸国在从事可能对其他沿岸国造成重大不利影响的计划或措施之前,有义务及时通知其他可能受影响国,有时还要通知有关的区域性或流域国际组织。而且,通知必须附有充分的技术材料和信息,以便可能受影响国能够客观地评估项目的潜在影响。在乌拉圭河纸浆厂案中,国际法院认为,通知义务的意图是为当事方之间的成功合作创造条件,使它们能够依据尽可能充足的信息评估规划和活动对共享河流的影响,以及在必要时就避免可能造成的损害所必需的调整进行谈判。③

通知义务要求一国在计划开发利用跨界水资源时,首先要对其开发计划可能造成的跨界环境影响进行评估,如果经评估确实可能造成跨界损害,

---

① 康佳宁、赵嘉麟:《解决国际水域纷争尚需"新思维"》,载《国际先驱导报》2005年9月23日第4版。

② 比如,国际条约有《赫尔辛基公约》第14条、《国际水道公约》第12条、《乌拉圭河规约》第7条;国际软法文件有《赫尔辛基规则》第29条、《里约宣言》原则19、《柏林规则》第57条、《跨界含水层法条款草案》第14条,国际司法判例有国际法院在科孚海峡案中的判决和在乌拉圭河纸浆厂案中的判决,国际实践有美加、美墨、乌拉圭和阿根廷等对共享河流管理的实践。

③ Pulp Mills on the River Uruguay (Argentina v. Uruguay), *Summary of the Judgment of 20 April 2010*, www.icj-cij.org, p. 9.

那么规划国有义务通知可能受影响国及主管国际组织,并依法就可能的损害的应对及补偿进行协商和谈判。

环境影响评价是一国对于可能对另一国造成重大跨界损害的任何规划作出决定所必要的步骤。《乌拉圭河规约》第 8 条规定,规划国必须通过流域组织机构 CARU 向另一国通知该环境影响评价,这种通知的意图是能够使被通知方参与确保评估是彻底的进程,以便它之后能够以对事实的充分认知考虑该规划及其影响。国际法院认为,这种通知必须发生在规划国在适当考虑提交给它的环境影响评价书的情况下,就规划的环境可行性作出决定之前。[1]

在发生紧急情况之下,比如洪水、冰冻、干旱、咸水入侵、泥沙淤积、工业事故、溃坝等自然或人为灾害的情况下,沿岸国也应当及时地、以可得的最迅速的手段将在其境内发生的有害状况和紧急情况通知其他可能受影响国和主管国际组织,并采取所有可行的措施以防止、减轻和消除这种紧急情况可能造成的损害。

中国已经与哈萨克斯坦于 2005 年签署了《中国水利部与哈萨克斯坦农业部关于跨界河流灾难紧急通报的协定》,与俄罗斯于 2008 年签署了《中俄关于跨界突发事件通报备忘录》,建立了跨界河流突发事件应急通知和报告制度。笔者认为,我国应当与更多的共同沿岸国签署协定,建立突发事件应急通知制度;另外关于跨界水资源开发利用项目的跨界环境影响评价和通知等工作也有待加强。

3. 协商和谈判

国际流域的某一沿岸国所实施或计划实施的利用跨界水资源的规划、项目或活动,如果可能受影响国提出反对,双方应当就该规划、项目或活动进行协商和谈判。在协商和谈判期间,行为国有义务暂停该规划、项目或活动,直至协商期满或双方达成协议,即遵守所谓的"不建设义务"。至于协商和谈判的期限,可以根据对双方有效的水条约确定,或者由双方商定。

流域水条约应当详细规定通知和协商的时间要求,以明确缔约各方的权利和义务,避免双方发生纠纷或者便利纠纷的及时解决。在这方面,乌拉圭与阿根廷达成并实施的《乌拉圭河规约》的规定值得借鉴。该规约规定,

---

①　Pulp Mills on the River Uruguay (Argentina v. Uruguay), *Summary of the Judgment of 20 April 2010*, www.icj-cij.org, p.10.

发起规划的国家承担向流域组织机构——"乌拉圭河管理委员会"(CARU)进行告知的义务,以便 CARU 可以"在初步的基础上",在 30 天的期限内决定该规划是否可能对另一国造成重大损害。如果 CARU 认定规划可能对另一方造成重大损害,或者不能作出决定,有关当事方应当通过 CARU 向另一方通知该规划。该通知必须描述工程的主要情况,以及能够使被通知方评估工程对河流航行、水文或水质的可能影响的任何其他技术材料。接到规划国的通知后,被通知方应当在 180 天的期限内就有关规划做出反应,并通过 CARU 要求另一方对所提供的材料进行必要的补充。如果被通知方在上述期限内没有提出反对或做出反应,另一方可以开展或授权规划的工程。这就是通知、协商和谈判程序履行期间的"不建设义务"。如果被通知方反对,必须通过 CARU 向另一方发出以下信息:工程或项目的哪些方面可能重大地影响河流航行、水文或水质,这一结论的技术依据,以及提议对规划或工程项目的改变。上述信息一旦发出,两国应当在 180 天之内进行谈判,以便达成协议。①

《国际水道公约》也有类似规定。公约规定,就计划采取的措施发出通知的国家应给予被通知国 6 个月的期限,以便被通知国在此期间对该措施可能对其造成的影响进行研究和评价,而且在被通知国提出请求后,这一期限将延长 6 个月;在这 6 个月或 12 个月的期限内,通知国未经被通知国同意,不执行或不允许执行计划采取的措施。公约还规定,各水道国应就计划采取的措施对国际水道状况可能产生的影响交换资料和互相协商,并在必要时进行谈判。②

在乌拉圭河纸浆厂案中,国际法院认定,根据《乌拉圭河规约》第 9 条规定的"不建设义务",在规约第 7~12 条规定的协商和谈判期间内,乌拉圭没有权利建设或授权建设规划的工厂和港口终端。由于乌拉圭在谈判期满前就授权建设工厂和港口终端,因此它没有遵守规约第 12 条规定的谈判义务。同时法院认为,规约没有明确规定谈判期满后乌拉圭的"不建设义务",也不能从中推导,因此在谈判期满后乌拉圭不承担任何"不建设义务",即乌拉圭有权继续从事规划的工程。③

---

① See Articles 7 - 9, and 11 - 12 of the *Statute on Uruguay River*.
② 参见《国际水道非航行使用法公约》第 11 条的规定。
③ Pulp Mills on the River Uruguay(Argentina v. Uruguay), *Summary of the Judgment of 20 April 2010*, www. icj-cij. org, p. 10.

中国在澜沧江上游进行水电梯级开发,国外学者批评中国是水力霸权国,忽视国际水法规则,既没有加入已有的流域组织机构,也没有就水电开发规划、项目与共同沿岸国进行谈判。①

4. 签订和实施流域水条约

目前世界各国已经签订了 400 多个流域水条约,包括全流域条约和局部流域条约。尽管在条款和细节上可能有很大的不同,流域水条约的框架却大体相同,具体包括:公平和合理地利用和参与;承担不造成重大损害的义务;进行合作和建立联合管理机构;交流数据和信息;优先满足人类基本需求用水和流域生态需水;事先通知计划采取的措施;保护和维护生态系统;应对灾害和紧急情况;和平解决流域水争端,等等。

理论上而言,国际流域沿岸各国应当达成全流域条约,而且条约的范围应当涵盖跨界水资源管理的所有方面,这将促进跨界水资源的最佳利用和保护。但是在实践中,国际水条约经常是局部流域条约,所涵盖的范围通常也很狭窄,这是因为它们通常是为应对个别紧迫事项而达成的,也因为这种条约更易缔结和实施。但是这种形式的条约有其局限性。规范地表水利用的条约可能导致对地下水的过度开发利用,分配水量而不涉及水质的条约可能造成水质恶化等严重问题,促进某一水利用领域发展的条约可能损害其他水利用领域的发展。走出这一困境的可能方法就是将内容宽泛的框架协议与针对个别事项的具体条约相结合。②

我国已经与俄罗斯、哈萨克斯坦、蒙古、朝鲜等境内某些国际河流的沿岸国缔结了一些双边条约,主要是界水利用和保护条约。我国已拟与吉尔吉斯斯坦签订跨界水协定。但是总体而言,我国与共同沿岸国缔结的条约数量较少,层次较低,而且内容粗陋,不能适应我国开发、利用和保护国际河流,解决有关国际纠纷,促进与周边国家睦邻友好,确保地区政治、经济稳定与安全等的需要。

为了维持和发展与共同沿岸国的睦邻友好关系,实现水资源利用的互惠,我国应当与更多沿岸国谈判达成双边或多边条约,甚至可考虑加入或签

① Kai Wegerich & Oliver Olsson, "Late Developers and the Inequity of 'Equitable Utilization' and the Harm of 'Do No Harm'", *Water International* (2010), 35: 6, p. 714.

② Asit K. Biswas, "Management of Transboundary Waters: An Overview", in Olli Varis, Cecilia Tortajada and Asit K. Biswas (Eds.), *Management of Transboundary Rivers and Lakes*, 2008 Springer-Verlag Berlin Heidelberg, p. 41.

订全流域条约。另外需要充实条约的内容,在条约中对水质标准、最小生态需水量、跨界环境影响评价、联合监测、突发事件应急处理、跨界污染责任等重要事宜进行明确规定。

如果我国与共同沿岸国达成全流域条约的条件不具备,可以先与部分沿岸国签订水条约;如果沿岸国之间不能在所有问题上达成一致,则可以先就原则性问题达成框架协议,并建立相应的组织框架,以作为进一步谈判签约的起点。但是框架协议的条款不能含糊不清或前后矛盾,或者对进一步谈判有太多限制,因为这会引起新的冲突。①

5. 建立和运作流域联合管理机构

流域各国应当在主权平等、领土完整、互利和善意的基础上进行合作,使国际流域得到公平合理利用和适当保护。为了进行这样的合作,建立联合机制和成立流域管理联合机构是必不可少的。这种流域联合管理机构通常采取流域委员会的形式。

通过流域联合管理机构这种合作模式对国际流域进行管理,为环境保护和污染控制提供了最全面的基础。首先,这种管理机构为流域各国就水问题进行通知、磋商及谈判,协调处理紧急状态,收集和交换有关水质和环境问题的数据和信息,以及合作进行监测和研究等提供了良好的场所;其次,各种流域联合管理机构的建立和运作有助于国际共同标准的采用、实施。当然,流域联合管理机构的实际管理成效取决于各成员国的经济技术实力及其相互信任和合作程度。

从目前情况看,流域联合管理机构的职能可能是单一的,也可能是多元的。理想的状态应当是多元的,具体包括:收集和分享信息;开展合作研究;制订和执行计划;实施和运行水利或其他项目;建立水质目标和标准;建立和管理监测网络;解决国际水争端。流域联合管理机构最好是包括流域内的所有国家,这样才能覆盖整个流域,否则将导致共享水资源利用、保护和管理的冲突,不能对水资源进行最优化的利用。

由于持续和技术性合作的需要,签订了全流域条约或局部流域条约的国际流域各国,普遍建立了专门的流域联合管理机构。比如《银河流域条约》创立的银河流域国家政府间合作委员会,作为一个机构,促进、协调、跟

---

① Asit K. Biswas, "Management of Transboundary Waters: An Overview", in Olli Varis, Cecilia Tortajada and Asit K. Biswas(Eds.), *Management of Transboundary Rivers and Lakes*, 2008 Springer-Verlag Berlin Heidelberg, p. 39.

进多国活动和为流域一体化发展做出各种努力。1992年咸海流域五国就流域水资源的调节、合理利用和保护问题，签署《在跨界水资源利用和保护的共同管理方面合作的协议》，成立了跨国水利协调委员会，该委员会的主要活动是维护流域水资源的稳定管理，同时解决远景发展问题。① 委员会制定和实施了水资源利用、保护和管理等各方面的大纲。委员会下设阿姆河流域水利联合公司、锡尔河流域水利联合执行机构，这两个水利公司直接执行委员会的决议，管理流域的水量分配，维持供水和放水曲线，管理水质等。两个流域水利公司严格按照委员会的指令，根据所商定的供水路线向各国供水，使流域各沿岸国这些年来没有因用水问题而发生严重冲突，成功地防止了各沿岸国在水量分配方面可能产生的冲突局势。

共同沿岸国之间可以成立双边的管理机构，也可以成立多边的或全流域的管理机构。而且，成立多边或全流域的管理机构并不排除针对特定问题和具体工程项目而成立的双边管理机构。比如南部非洲奥兰治河②的四个沿岸国南非、莱索托、博茨瓦纳和纳米比亚，依据全流域条约《关于建立奥兰治河委员会的协议》，设立了全流域管理机构——奥兰治河流域委员会，而此前南非和莱索托已于1986年联合成立了莱索托高地水资源委员会，负责莱索托高地联合水利工程的实施和运行；纳米比亚和南非已于1992年建立了常设水资源委员会，专门处理奥兰治河共享水资源的问题。银河流域的子流域皮科马约河，起源于玻利维亚，从东向西流经阿根廷，后又形成阿根廷和巴拉圭的边界。阿根廷和巴拉圭成立了双边委员会，负责处理两国河流边界事宜，同时三个沿岸国还建立了一个三边委员会。在这种情况下，双边管理机构应当与多边或全流域管理机构建立适当的联系和协调机制，以避免前者的活动游离于多边或全流域管理机构之外，而削弱多边或全流域管理机构的职能或作用，损害其他沿岸国的利益。

我国根据与俄罗斯、哈萨克斯坦、蒙古等国签订的双边水条约，分别建立了双边委员会对界河进行管理。但是这些委员会的权力非常有限，难以有效地发挥共同管理界河、促进界河最佳和可持续利用的作用，应当强化它们的地位，拓展它们的职能范围。

---

① 1999年召开的咸海流域跨界水资源问题国际会议，决定制定《咸海流域可持续发展公约》。

② 奥兰治河全长2 300公里，流域面积100万平方公里，为非洲长河之一，水资源量丰富，发源于莱索托，被莱索托称为 Senqu，依次流经南非、博茨瓦纳和纳米比亚。

四、三项基本原则之间的关系

公平和合理利用原则、不造成重大损害原则和国际合作原则都是限制领土主权理论的体现，是对国家主权的限制。公平和合理利用原则侧重于跨界水资源的利用，不造成重大损害原则侧重于跨界水资源的保护。在这三项原则中，公平和合理利用原则具有首要的、核心的地位，国际合作原则是公平和合理利用原则和不造成重大损害原则实施的保障。如果公平和合理利用原则与不造成重大损害原则发生冲突，前者应当优先适用。[①]

第二节　保护跨界水生态系统：正在
形成中的国际水法基本原则

在地球表面，流域具有不可替代的生态功能。以河流流域为例，它不仅支持河流内及其两岸走廊的生态系统，而且以其干流和不同等级的支流组成地球表面的各个水系，是地球水循环的陆面主要通道，它为陆地的各个生态系统输送物质和能量，也是陆地和海洋交换物质和能量的通道。形象地说，它是地球表层的脉络。[②] 保护流域生态系统是内国水法的基本原则，保护跨界水生态系统也正在形成为国际水法的基本原则。从单纯强调国际流域水资源的利用，到日益关注和重视对国际流域水资源的保护和水生态系统的维护，这是国际水法从 20 世纪末以来突出的发展特点或趋势。

一、国际文件关于保护跨界水生态系统的规定

生态系统是指植物、动物和微生物群落和它们的无生命环境交互作用形成的、作为一个功能单位的动态复合体。[③] 保护跨界水生态系统作为一项正在形成中的国际水法原则，反映了国际流域各国对流域水生态系统健康的关注和流域可持续发展的愿望，也是共同利益理论的体现。国际流域

---

① 详见何艳梅著：《国际水资源利用和保护领域的法律理论与实践》，法律出版社 2007 年版，第 177—180 页。
② 钱正英：《人与自然和谐共处——水利工作的新理念》，载《文汇报》2004 年 7 月 4 日第 5 版。
③ 参见《生物多样性公约》第 2 条的规定。

各国在开发利用流域水资源时,不仅要综合考虑人口、经济、社会的需要,还要考虑地理、水文、气候、生态和其他自然因素等,将水量分配和利用与水质保护和水生态系统维护结合起来。水生态系统的保护范围很广,既包含水体本身,也包括与其有密切联系的陆地部分,即沿岸/缓冲区。同时应当指出,跨界水生态系统的保护受到很多因素的制约,其中突出的因素有两个:一是经济、财政条件,二是国家利益和整个流域利益的协调。

《国际水道公约》《赫尔辛基公约》、南共体《关于共享水道系统的议定书》《多瑙河保护和可持续利用合作公约》《保护莱茵河公约》《因科马蒂和马普托水道临时协议》《湄公河流域可持续发展合作协定》《柏林规则》等国际条约和软法文件确认了这一原则。虽然目前学界对于保护跨界水生态系统是否是各国公认的、具有普遍意义的国际水法基本原则这一点还存在争议,但是全球性、区域性和流域水条约中不断出现这种规定,反映出各国政府对确保跨界水生态系统完整性的认同,反映出国际社会对国际流域的开发、利用和保护进行综合管理的愿望和趋势。

或许作为国际水法形成基础的美国水法与《国际水道公约》所编纂的现代国际水法最大的差异,就是两者关注环境保护的程度。美国水法几乎不涉及环境保护,而《国际水道公约》则反映了国际社会近年来对环境的关注,用很大的篇幅关注和解决保全和保护环境的事项,主要表现在以下几方面:(1) 公约强调将水道作为共享自然资源的理念,要求水道国保护、保全和管理国际水道及其水,特别是保护水道的生态系统[①];(2) 公约所列举的公平和合理利用的要素清单,包括"水资源的保全、保护、开发和利用的经济性",[②]也可以认为是更强调环境保护,而不是现行利用;(3) 公约用专章规定了生态系统的保护和保全,将很大的注意力集中在污染的预防和控制,甚至连河口湾都被包括在保护的范围内[③]。公约的这些条款,标志着将环境关注融入国际水资源法的重大进步。

《国际水道公约》第 20 条和第 22 条作出了保护和保存国际水道生态系统的规定,这两条规定是分别借鉴联合国《海洋法公约》第 192 条和第 196条而制定的。根据国际法委员会的注解,"保存"特别地适用于"处于原始的或未受损害的条件下的淡水生态系统",这些生态系统必须"在它们的自然

---

① 参见公约第 1 条第 1 款的规定。
② 参见公约第 6 条第 1 款的规定。
③ 参见公约第 23 条的规定。

状态下尽可能地"得到维持。① 国际法委员会还指出,保护和保存国际水道生态系统"为可持续发展提供了必要的基础"。但是《国际水道公约》在国际水道生态系统保护的范围和程度方面的规定是很模糊的,没有明确是只要保护他国的生态系统,还是主要保护水道国自己的生态系统,还是两个都保护。而以生态系统为本位的《赫尔辛基公约》则作出了更明确的规定,其第2条第2款和第3条关于跨界水体生态系统的保护、恢复、生态系统方法的适用的规定,②都被置于明显旨在防治跨界损害的条款中,随后所有的监测和污染控制条款也都集中在跨界损害而不是国内损害上。③ 依据《赫尔辛基公约》的规定而谈判达成的《多瑙河保护和可持续利用合作公约》、《保护莱茵河公约》等,也是以生态系统为本位。④《关于共享水道系统的修正议定书》规定,缔约国应当个别地或在适当时联合保护和保全共享水道的生态系统,并具体规定了预防、减少或控制污染、防止外来或新物种入侵、保护和保全水环境三项措施。⑤《因科马蒂和马普托水道临时协议》规定,为了预防、减少和控制地表和地下水的污染,为后代的利益保护和增强水和相联系的生态系统的质量,缔约方应当单独地,以及在适当情况下,联合地发展和采取技术、法律、行政和其他合理措施。⑥《湄公河流域可持续发展合作协定》也规定全面保护流域生态系统,它要求缔约方保护湄公河流域环境、自然资源、水生生物以及"生态平衡",并且避免或减少有害影响。⑦《柏林规则》规定了国家采取所有适当措施,保持维护水生态系统所必需的生态完整

---

① 国际法委员会年刊(1994),第二部分,第119页,转引自〔英〕帕特莎·波尼、埃伦·波义尔:《国际法与环境》(第二版),那力、王彦志、王小钢译,高等教育出版社2007年版,第298页。

② 《赫尔辛基公约》第2条第2款(b)项明确规定保持生态完整是跨界水体利用的目的之一,第2条第2款(d)项、第3条第1款(d)项和(i)项分别规定了缔约方应当采取适当措施保护和恢复生态系统、满足生态系统的需要、应用生态系统方法等义务。

③ 〔英〕帕特莎·波尼、埃伦·波义尔:《国际法与环境》(第二版),那力、王彦志、王小钢译,高等教育出版社2007年版,第299页。

④ See Article 2(3) and (5) of *the Convention on Cooperation for the Protection and Sustainable Use of the River Danube*, and Articles 2,3 and 5 of *the Convention on the Protection of the Rhine*.

⑤ See Article 4(2) of *the Provised Protocol on Shared Watercourse Systems in the Southern African Development Community Region*.

⑥ See Art. 4 (a) of *the Tripartite Interim Agreement between the Republic of Mozambique and the Republic of South Africa and the Kingdom of Swaziland for Cooperation on the Protection and Sustainable Utilization of the Water Resources of the Incomati and Maputo Watercourses*.

⑦ See Articles 3 and 7 of *the Agreement on Cooperation for the Sustainable Development of the Mekong River Basin*.

的义务。①

但是,保护跨界水生态系统的义务并不意味着对生态系统只能保护,不能开发。根据可持续发展原则,这实际上要求一种平衡,即把经济、社会发展和生态保护相结合。南共体《关于共享水道系统的议定书》及其《修正议定书》明确规定,缔约国应当在为了提高人民生活标准而进行的资源开发与环境的保全和改善之间维持适当的平衡,以促进可持续发展。②

二、公平和合理利用原则与保护跨界水生态系统原则之间的关系

从实然的角度来讲,公平和合理利用着重于对跨界水资源的利用,不涉及生态系统的保护。但是从应然的角度来说,公平和合理利用原则包含了保护跨界水生态系统原则,因为合理利用就是可持续利用,而可持续利用就是在保护跨界水资源和水生态系统前提下的利用。笔者之所以将保护跨界水生态系统单列为一项原则,是为了强调沿岸国承担保护跨界水生态系统的义务。

三、中国的措施建议

保护跨界水生态系统作为一项正在形成中的国际水法基本原则,应当引起我国决策者、政策制定者和执行者的重视。事实上,我国在自己境内国际河流的上游开展的很多水利规划、项目和工程,之所以遭受下游国和环保主义者的质疑和批评,除了没有履行信息交流、通知、协商、环境影响评价等义务之外,主要是担心这些规划、项目和工程对下游国和流域生态系统造成损害。我国以后在国际流域开发利用活动中,应当通过单独或者与其他沿岸国共同采取措施,注意保护流域生态系统,维护流域的系统性、整体性,重视维护和恢复流域的自然功能和生态平衡,注意将单纯防治流域污染转向保护和恢复流域生态,并将流域水资源与湿地、陆地、海洋环境保护、生物多样性保护等相结合。具体内容将在第五章详述。

---

① See Article 22 of *Berlin Rules on Water Resources*.
② See Article 2(3) of the *Protocol on Shared Watercourse Systems in the Southern African Development Community Region* and Article 3(4) of the *Provised Protocol on Shared Watercourse Systems in the Southern African Development Community Region*.

第五章　中国跨界水资源与水生态 系统保护的法律措施建议

国际水资源法的发展趋势之一,就是从单纯注重跨界水资源的利用,发展到同时注重跨界水资源及其生态系统的保护。而流域的准公共物品属性和外部性,以及流域整体性与流域各国主权和利益之间的冲突,是跨界水资源与水生态系统保护面临的重大挑战或障碍,需要共同沿岸国通过共同及各自努力,采取切实有效的措施予以应对。我国在跨界水资源开发利用活动中,应当努力采取一系列国际法和国内法措施,保护跨界水资源及水生态系统。

第一节　跨界水资源与水生态系统的保护

一、跨界水资源的保护

跨界水资源的保护,是指国际流域各国通过采取各种措施,对跨界水资源进行合理开发利用,改善并保护水质,以满足流域各国及其人民不断增长的需要。保护跨界水资源是公平和合理利用原则、不造成重大损害原则的必然要求和体现,是沿岸国的义务,也是跨界水资源管理的重要组成部分。水资源管理包括水资源的开发、利用、保护、分配、调节和控制。水既是环境,也是资源,保护水资源就是保护水环境,因此两者可以互换,不必明确划界。

（一）跨界水资源利用与保护的关系

跨界水资源的利用与保护是两个不同的问题,它们各自的侧重点不同。前者致力于对跨界水资源在不同国家、地区、部门和用途之间的分配和使用,后者则致力于维持和改善水质,努力增加可利用的水量。

跨界水资源的利用与保护也有密切关系。任何作用于空间的活动都具有环境意义,对资源的任何利用都涉及环境客体与环境媒介。因此,对资源利用问题的回答总是与资源保护联系在一起。事实上,合理利用水资源是水资源保护的中心任务和必然要求。跨界水资源利用与保护有着相同的根源,即国家主权与管辖权。它们都是跨界水资源管理的主要内容,其目标都是确保从水量和水质两方面满足各种合理的用水需求。

(二)跨界水资源保护的具体措施

跨界水资源保护的具体措施既包括跨界环境影响评价、监测、预防和控制跨界水污染等实体性措施,也包括信息公开、通知、协商等程序性措施。其中程序性措施作为国际合作的途径,已在第四章第一节详述,以下仅论及实体性措施。

1. 跨界环境影响评价

环境影响评价(EIA)已经被证明是环境管理的各种手段中最为有力的工具之一,[①]是最重要的预防措施,它是风险预防原则在宏观战略规划和项目建设中的具体体现。该制度一般要求对所有可能对人类环境产生影响的政策、规划、活动的可以预见的环境影响进行研究和评估,并要求公众参与评价过程,评价的结果对决策者有指导和参考作用,因而往往与各国的环境标准结合在一起。[②]

环境影响评价制度最初由美国 1969 年《国家环境政策法》所确立,但是仅指对战略的环境影响评价。[③] 现今,百余个发达和发展中国家已经制定了本国的环境影响评价法,许多国际文件都采纳了这一制度,[④]并将其适用范围扩展到具体建设项目。

为了保护跨界水资源,避免对其他沿岸国造成重大损害,国际流域各沿岸国开展的水利规划、项目或工程应当事先进行跨界环境影响评价。根据《柏林规则》的规定,对于可能对跨界水资源的环境和可持续利用造成重大影响的项目、计划和活动,规划国应当对其实施事先和持续性的评估。[⑤] 1998 年《葡萄牙与西班牙河流流域保护与可持续利用合作公约》第 15 条规

---

① 〔美〕William P. Cunningham & Barbaba Woodworth Saigo 编著:《环境科学:全球关注》(上册),戴树桂等译,科学出版社 2004 年版,第 343 页。

② 万霞著:《国际环境保护的法律理论与实践》,经济科学出版社 2003 年版,第 287 页。

③ 美国《国家环境政策法》第 4332 条规定,联邦政府之所有机关进行可能对人类环境产生影响之规划及决定时,应当进行环境影响评价。

④ 比如《关于共有自然资源的环境行为之原则》《里约宣言》《赫尔辛基公约》《关于预防危险活动的跨界损害的条款草案》《柏林规则》和《跨界含水层法条款草案》。《越界环境影响评价公约》则是规范跨界环境影响评价活动的专门协议。

⑤ See Article 29 of *Berlin Rules on Water Resources*.

定,缔约方有义务采取措施,预防、消除、减轻和控制跨界影响。当出现下列情况之一时,项目或活动应当进行跨界环境影响评价:根据河流水文网络测量,距边界的距离小于 100 公里时,无论位于上游还是下游,除非另有明确的建议;直接或由于项目累积作用对水流规律造成重大影响;排放了条约中明确列出的污染物。① 美国和加拿大 1909 年缔结的《界水条约》设立了国际联合委员会,它作为在跨界水资源管理方面最为成功的双边机构之一,一直通过非正式程序推动跨界水资源开发中的环境影响评价制度,这种灵活机制在确保两国对跨界水资源的公平和合理利用、环境保护和可持续利用上发挥了不可忽视的作用。②

联合国欧经委 1991 年通过的《跨界环境影响评价公约》(即《埃斯波公约》)是关于跨界环境影响评价的专门性条约,已于 1997 年生效,虽然是对欧经委成员国及其组织开放,但是一些非欧经委成员国已表示有意成为缔约国。欧经委已先后于 2001 年、2004 年通过了公约修正案,允许联合国非欧经委成员国成为缔约国,虽然目前尚未生效,③但是这意味着这种区域性条约向全球性条约发展的趋势。根据该公约的规定,公众参与成为跨界环境影响评价程序中必不可少的组成部分,而且受影响国家的民众与规划国的民众享有同等的参与机会。④

跨界环境影响评价的具体内容可由进行评价的国家在国内法中规定,但是这种评价不仅应当包括对其他国家人身、财产和经济活动的影响,也应当包括对其他国家生态环境的影响。这种对生态环境的影响评价包括生态完整性评价,即生态环境质量现状的评价和生态完整所受影响的评价。生态完整即生态系统结构和功能的完整性,是生态系统维持各生态因子相互关系并达到最佳状态的自然特性。生态完整性也可以理解为生态系统的健康程度。⑤《柏林规则》规定,生态完整是指足以确保水环境的生物、化学和

① 国际大坝委员会编:《国际共享河流开发利用的原则与实践》,贾金生、郑璀莹、袁玉兰、马忠丽译,中国水利水电出版社 2009 年版,第 40 页。

② 孔令杰:《跨国界水资源开发中的环境影响评价制度研究》,载《跨界水资源国际法律与实践研讨会论文集》,2011 年 1 月 7—9 日,第 241 页。

③ *Introduce to Espoo Convention*, http://www.unece.org/env/eia/eia.html, visited on Feb. 10, 2012.

④ See Art. 2 (6), Art. 3 (8) and Art. 4 (2) of *the Convention on Environmental Impact Assessment in a Transboundary Context (Espoo Convention)*.

⑤ 成文连、刘钢等:《生态完整性评价的理论和实践》,载《环境科学与管理》2010 年第 4 期,第 162 页。

物质完整的水和其他资源的自然状况。①

　　根据联合国环境规划署《关于环境影响评价的目标和原则》和《埃斯波公约》的规定,环境影响评价报告的内容一般应当包括:规划活动的基本情况、可能造成的环境影响、规划活动的替代方案、可减轻环境影响的有关措施、现有科技的不足及应进一步获取的信息、规划活动实施后环境影响评价的监督与可能造成的跨界损害等。② 根据《柏林规则》的规定,评价内容还包括对现行或未来经济活动的影响、对文化或社会—经济状况的影响,以及对水资源利用的可持续性的影响。③

　　国际法院近年对其所审理的国际水争端案的判决,对跨界环境影响评价有专门的、较详细的论述。在乌拉圭河纸浆厂案中,国际法院指出,缔约方为了严格遵守《乌拉圭河规约》第41(a)和(b)条之下的义务,"为了保护和保全水环境的目的,针对可能造成重大损害的活动,他们必须开展环境影响评价。"在这个意义上,规约第41(a)条之下的保护和保全水环境的义务,必须根据近年来已经获得如此多国家承认的环境影响评价制度来解释。法院认为,如果拟议的工业活动,尤其是关于共有资源的活动可能存在产生重大不利跨界影响的风险,开展环境影响评价现在可以被认为是一般国际法之下的一项要求。而且,如果规划可能影响河流水文或水质的工程的国家没有对这种工程的潜在影响开展环境影响评价,不能认为已经实施了应有注意以及它暗含的警惕和预防义务。④

　　在乌拉圭河纸浆厂案中,国际法院认为,《乌拉圭河规约》和一般国际法都没有明确环境影响评价的范围和内容,而且阿根廷和乌拉圭也不是关于跨界环境影响评价的《埃斯波公约》的缔约方。阿根廷所提出的用以支持其主张的 UNEP《关于环境影响评价的目标和原则》,对缔约方也不具有约束力。但是它作为国际技术机构发布的指南,根据《乌拉圭河规约》第41(a)条的规定,缔约方必须顾及。但是该文件仅规定"对环境影响的评估应当在一定程度上与其可能的环境重要性相称",对于评估的内容没有给予任何指示。因此,法院认为各国有权在其国内立法或对项目的授权程序中决定环

---

　　① See Article 3(6) of *Berlin Rules on Water Resources*.
　　② See Principle 4 of *UNEP EIA Goals and Principles* and Annex 2 of *Espoo Convention*.
　　③ See Article 29(2) of *Berlin Rules on Water Resources*.
　　④ Pulp Mills on the River Uruguay(Argentina v. Uruguay), *Summary of the Judgment of 20 April 2010*, www. icj-cij. org, p. 18.

境影响评价所需要的具体内容,顾及拟议开发的性质和重要性,对环境的可能不利影响,以及在开展这种评估时实施应有注意的需要。法院认为,必须在项目实施之前进行环境影响评价。之后,法院认为缔约方在履行环境影响评价这一实体性义务时,应当注意两点:第一,这种评估是否应当有必要顾及将要建立的工厂所处河流河段的接受能力,考虑可能的替代场所;第二,可能受到影响的人口,该案中包括阿根廷和乌拉圭沿岸人口,是否应当或者事实上已经在环境影响评价情形下参与磋商。①

2. 监测

监测是保护水资源,防止和减轻损害的关键步骤。美国与加拿大的《大湖水质协定》含有关于监测的详尽规定。《赫尔辛基公约》第 11 条规定,沿岸国应当制订和实施监测跨界水体环境,包括洪水和跨界影响的联合方案,并制订和实施有关监测方案、测量程序等的统一标准。欧盟《水框架指令》的目标之一是在流域内建立综合的监测和管理系统,1998 年成立的多瑙河国际保护委员会为了执行这一指令,在整个多瑙河流域实施了事故预警预报系统,针对污水、洪水和冰川采用遥感系统进行实时监控,对各类事故进行预报和发出警报。尽管多瑙河流域覆盖了 18 个国家,但在各流经国家的支流和主干流上都有三级监测站,实时传送数据到委员会的事故预警预报系统中。监测系统一旦发现污染现象,就会逆向追寻"罪魁祸首"。因此,监测系统在多瑙河流域的环境管理和跨国(州)协调中发挥了基础性的技术支持作用。

特莱尔冶炼厂案的仲裁法庭在其裁决中承认,监测是防止和减轻损害的关键步骤,并要求美国和加拿大各方监测特莱尔冶炼厂未来的跨界空气污染情况。

在乌拉圭河纸浆厂案中,国际法院将监测作为一项持续性义务。法院认为,乌拉圭有义务根据规约第 41 条持续监测纸浆厂的运营,确保纸浆厂遵守乌拉圭国内规章以及缔约双方根据规约建立的双边联合机构——CARU 规定的标准。缔约方有义务继续通过 CARU 进行合作,有义务使CARU 在连续的基础上行使规约授予它的权力,包括其监测河流水质、评估纸浆厂的运营对水环境的影响的职能,以促进河流的公平利用,同时保护河

① Pulp Mills on the River Uruguay(Argentina v. Uruguay), *Summary of the Judgment of 20 April 2010*, www.icj-cij.org, p. 19.

流的环境。法院认为,一旦项目工厂开始运营,甚至必要时在项目的整个生命周期,都应当开展其对环境影响的持续监测。①

3. 预防和控制跨界水污染

污染是指人为地将具有有害影响的物质或能量直接或间接地引入水环境。地表水和地下水质受到许多污染源的威胁。常见的污染源如下:自然污染源、农林污染源、城市污染源、矿山与工业污染源、水管理失误等。污染是造成损害的重要原因,预防重大跨界损害必然要求预防和控制跨界水污染。《赫尔辛基规则》、《赫尔辛基公约》、《欧盟综合污染控制指令》、《国际水道公约》、《柏林规则》、《乌拉圭河规约》、《跨界含水层法条款草案》等都有预防和控制污染的规定。② 正如国际法院在多瑙河盖巴斯科夫大坝案的判决中强调,并在乌拉圭河纸浆厂案中重申的,"在环境保护领域,由于环境损害经常不可逆转的特点,以及对这类损害进行修复的机制的固有限制,警惕和预防是需要的。"③而"国家确保其管辖和控制范围内的活动尊重其他国家或国家控制范围之外的区域的环境的一般义务,现在是关于环境的国际法律文献的一部分"。④

预防和控制跨界水污染的义务,是一项关于发生在各沿岸国管辖和控制之下的所有活动的应有注意的行为义务。这是一项不仅牵涉到制定适当规则和采取适当措施的义务,而且是在实施和运用对公共和私人经营者的行政控制方面一定程度的警惕的义务,比如监管这些经营者所从事的活动,以保障其他沿岸国的权利。⑤

二、跨界水生态系统及其保护

水生态系统是指由水生生物群落与水环境共同构成的具有特定结构和

---

① Pulp Mills on the River Uruguay(Argentina v. Uruguay), *Summary of the Judgment of 20 April 2010*, www. icj-cij. org, p. 19, p. 22.

② 参见《赫尔辛基规则》第 5 条、《赫尔辛基公约》第 2 条、《国际水道非航行使用法公约》第 21 条、《柏林规则》第 27 条、《乌拉圭河规约》第 41 条、《跨界含水层法条款草案》第 11 条等的规定。

③ *Judgment of I. C. J. Reports 1997*, p. 78, Para. 140; Pulp Mills on the River Uruguay (Argentina v. Uruguay), *Summary of the Judgment of 20 April 2010*, www. icj-cij. org, p. 16.

④ Legality of the Threat or Use of Nuclear Weapons, *Advisory Opinion*, *I. C. J. Reports 1996（Ⅰ）*, p. 242, Para. 29; Pulp Mills on the River Uruguay(Argentina v. Uruguay), *Summary of the Judgment of 20 April 2010*, www. icj-cij. org, p. 17.

⑤ Pulp Mills on the River Uruguay(Argentina v. Uruguay), *Summary of the Judgment of 20 April 2010*, www. icj-cij. org, p. 17.

功能的动态平衡系统。水生生物群落包括自养生物(藻类、水草等)、异养生物(各种无脊椎和脊椎动物)和分解者生物(各种微生物)群落。各种生物群落及其与水环境之间相互作用,维持着特定的物质循环与能量流动,构成了完整的生态单元。水生态系统内部各要素之间相互联系、相互制约,在一定条件下,保持着自然的、相对的平衡关系,称为生态平衡。生态平衡维持着正常的生物循环,一旦排入水体的废物超过其维系平衡的"自净容量"时,生态系统就会失衡,不仅会威胁各水生生物群落的生存,也威胁到人类的生存和发展,因为生态系统向人类提供供给服务、调节服务、文化服务、支持服务等各种服务。

(一)跨界水生态系统保护与跨界水资源保护的关系

跨界水生态系统就是国际流域水生生物群落与水环境共同构成的具有特定结构和功能的动态平衡系统。水资源就是水环境,跨界水生态系统包含了跨界水资源,跨界水资源是跨界水生态系统的一个因子,而且是其关键因子。跨界水生态系统保护是在跨界水资源保护的基础上,对沿岸国提出的更高的要求,是保护跨界水生态系统原则的要求和体现。

(二)跨界水生态系统保护的具体措施

根据南共体《关于共享水道系统的修正议定书》、《因科马蒂和马普托水道临时协议》、《赫尔辛基公约》和《乌拉圭河规约》等的规定,保护跨界水生态系统的具体措施包括以下几方面。

1. 预防、减少和控制水污染

国际流域各国有义务独自或在必要时联合采取措施,保护跨界水生态系统,重点放在预防、减少和控制水污染方面。保护国际流域的水质不受污染,是维持流域生态功能的必要条件。沿岸国可以采取以下措施预防、减少和控制水污染。

(1)沿岸国应当个别地或者在适当情况下联合地采取措施,预防、减少和控制有可能对其他沿岸国或其环境造成重大损害的共享水域的污染和环境恶化。根据《赫尔辛基公约》的规定,这些措施包括跨界环境影响评价、预警预报系统、监测或联合监测等。[①]

(2)沿岸国应当,应任一国或多国的要求,协商以达成预防、减少和控制共享水域污染的相互同意的措施和方法,诸如:建立共同水质目标和标

---

① 参见《赫尔辛基公约》第6、9、11、14条的规定。

准；开发和应用预防、减少和控制污染和环境恶化的技术和惯例；建立被禁止、限制、调查或监测进入共享水域的物质的清单。①

2. 预防外来或新物种入侵

沿岸国应当采取所有必要的措施，预防外来或新物种进入共享水域，如果这种物种可能伤害水域生态系统，而导致对其他沿岸国的重大损害。②对于已经侵入共享水域的外来物种，流域水条约也应当规定具体的应对方案。但这是目前流域水条约所没有涉及的。

3. 保护和保全水环境

沿岸国应当个别地，或者在适当情况下与其他国家合作，采取一切必要的措施保护和保全共享水域的水环境，包括河口湾的水环境，顾及普遍接受的国际规则和标准。③

4. 确保生态需水

生态需水是指为了维持生态系统的功能或者维持生态平衡所需要使用的水量，是一个状态值。国际流域各国必须把生态环境作为一个重要的用水户，确定流域的生态需水量，确保流域生态需水，以维护流域生态平衡。20 世纪 90 年代以来缔结的区域性水条约、多边水条约和双边水条约，对国际流域污染的预防、减少和控制等都有详细的规定，并确定适用国际环境法中的重要原则，如污染者负担和预防原则等，但是对生态系统保护中的生态需水或环境流量问题还缺乏详细的规定。这一方面是由于对跨界水生态系统保护问题不够重视，另一方面也是因为流域生态需水量的确定是一个技术难题，需要进行科学和深入的研究。当前国际社会对水生态系统保护问

① See Article 4(2) of *the Provised Protocol on Shared Watercourse Systems in the Southern African Development Community Region*, Article 3 of *the Helsinki Convention* and Article 8(1) of *Tripartite Interim Agreement between the Republic of Mozambique and the Republic of South Africa and the Kingdom of Swaziland for Cooperation on the Protection and Sustainable Utilization of the Water Resources of the Incomati and Maputo Watercourses*.

② See Article 4(2) of *the Provised Protocol on Shared Watercourse Systems in the Southern African Development Community Region*, and Article 6 (3) of *Tripartite Interim Agreement between the Republic of Mozambique and the Republic of South Africa and the Kingdom of Swaziland for Cooperation on the Protection and Sustainable Utilization of the Water Resources of the Incomati and Maputo Watercourses*.

③ See Article 4(2) of *the Provised Protocol on Shared Watercourse Systems in the Southern African Development Community Region*, Article 6(1) of *Tripartite Interim Agreement between the Republic of Mozambique and the Republic of South Africa and the Kingdom of Swaziland for Cooperation on the Protection and Sustainable Utilization of the Water Resources of the Incomati and Maputo Watercourses*, and Article 41 of *the Statute on Uruguay River*.

题已经有一些量化研究,比如世界大坝委员会 2000 年的《水坝与发展:新的决策框架》报告中就大型水坝对生态系统的影响问题的阐述,世界自然保护联盟 2003 年出版的《环境流量:河流生命》一书中有关环境流量的概念和管理问题的探讨。预计生态需水量的研究、确定和保障将是以后流域管理的重点。

5. 多元协作措施

由于跨界水生态系统是一个包括湿地、陆地、海洋、气候、生物多样性等在内的综合生态系统,因而这些领域的多边环境协议与跨界水生态系统保护和流域管理具有重要的联系。从实践来看,《湿地公约》、《海洋法公约》、《气候变化框架公约》、《生物多样性公约》以及《防治荒漠化公约》等多边环境协议,近年来呈现出相互之间及与国际水条约在跨界水生态系统保护方面进行协作配合的发展趋势。①

第二节　中国跨界水资源与水生态系统保护的法律措施建议

一、中国跨界水资源与水生态系统保护的现状

我国《水法》第 4、30、40 条等都明确提出了保护水资源与水生态系统的要求,这一要求应当适用于国际河流在我国境内的河段。实践中政策制定者和执行者也采取了一些保护跨界水资源和水生态系统的措施。

(一)中国跨界水资源保护现状

为了保护跨界水资源,中国与东北和西北地区国际河流的沿岸国签订了界水利用和保护协定,开展了信息交流、水质监测等工作。尽管中国日益重视对跨界水资源的保护和管理,但是这项工作仍然处于初级阶段,还存在很多突出问题,主要表现在水质污染严重,水污染事故频发,造成跨界影响和损害的水污染事故也偶有发生。发生这些污染事故的主要原因是:对跨界水资源重在开发利用,忽视和缺乏流域利用和保护的整体规划和必要的环境监测,环境影响评价流于形式,很多建设项目是先开工以后再补环境影

① 参见胡文俊:《国际水法的发展及其对跨界水国际合作的影响》,载《水利发展研究》2007 年第 11 期,第 66 页。

响评价手续;众多污染企业为取水方便而毗邻河流沿岸;发生污染事件以后的信息交流不畅,等等。2005 年松花江水污染事件[①]就充分暴露了中国在跨界水资源保护方面存在的这些问题。

自松花江水污染事件发生以后,我国中央和地方政府加强了对国际河流的信息通报和交流工作,但是污染预防和控制措施仍不得力。特别是西方金融危机以后,我国为了刺激经济发展,对投资和生产领域的环境保护要求有所放松,导致连续发生一些污染事件,有的还对邻国造成了损害。发生在 2010 年夏季的松花江物料桶污染事件即是明证。[②]

2010 年 11 月,中国出台水资源管理新政,即《中共中央国务院关于加快水利改革发展的决定》,被称为是"史上最严格的水资源管理新政"。根据该决定,今后水资源管理将划定"三条红线",分别是用水总量控制、用水效益控制、河流纳污总量控制。[③] 这是中国在水资源危机面前出台的最严厉的管理措施,希望它们是三条堪比 18 亿亩耕地的红线,能够得到切实实施,也希望这一新政的"光辉"能够照耀在国际河流在我国境内的河段身上。

(二)中国跨界水生态系统保护现状

随着我国人口的快速增长和经济社会的高速发展,生态系统尤其是水生态系统承受着越来越大的压力,出现了水源枯竭、水体污染和富营养化等问题,河道断流、湿地萎缩消亡、地下水超采、绿洲退化等现象也在很多地方发生。为了扭转这一局面,20 世纪 90 年代初以来,中国开展了科学研究、

---

① 2005 年 11 月 13 日,位于第二松花江干流吉林省吉林市的中国石油吉林化学公司双苯厂发生爆炸事故,造成大量苯污染物进入松花江水体,引发流域重大水污染事件。苯污染物形成 100 多公里的污染带流经吉林、黑龙江两省,在我国境内历时 42 天,行程 1 200 公里,于 12 月 25 日进入中俄界河黑龙江。参见姬鹏程、孙长学编著:《流域水污染防治体制机制研究》,知识产权出版社 2009 年版,第 172 页。

② 吉林省两个化工厂的七千多只物料桶受暴雨影响冲进松花江。

③ 《中共中央国务院关于加快水利改革发展的决定》指出,水是生命之源、生产之要、生态之基。该决定规定,实行最严格的水资源管理制度。这一制度包括以下内容:一是建立用水总量控制制度:确立水资源开发利用控制红线;建立取用水总量控制指标体系;加强相关规划和项目建设布局水资源论证工作;严格执行建设项目水资源论证制度;严格取水许可审批管理;严格地下水管理和保护;强化水资源统一调度;建立和完善国家水权制度。二是建立用水效率控制制度:确立用水效率控制红线;加快制定区域、行业和用水产品的用水效率指标体系;加快实施节水技术改造;抓紧制定节水强制性标准。三是建立水功能区限制纳污制度:确立水功能区限制纳污红线;建立水功能区水质达标评价体系,完善监测预警监督管理制度;加强水源地保护,依法划定饮用水水源保护区,强化饮用水水源应急管理;建立水生态补偿机制。四是建立水资源管理责任和考核制度:严格实施水资源管理考核制度;加强水量水质监测能力建设,为强化监督考核提供技术支撑。

水资源综合规划编制、工程实施和制度实施等多项提高水生态系统服务功能①的行动,并且与俄罗斯开展了跨界水质水体联合监测和生物多样性保护方面的合作,这些行动和合作使局部地区水生态系统得到保护、改善和修复,但是全国水生态系统包括跨界水生态系统失衡的总体态势尚未根本扭转。②

二、中国跨界水资源与水生态系统保护的法律措施建议

我国跨界水资源与水生态系统保护的法律措施有很多,为了论述的方便,笔者将其划分为国际法措施和国内法措施两大类。

（一）国际法措施

1. 信息交流

我国已经与印度、越南、湄委会等签署报汛信息协议,向这些国家和国际组织提供雅鲁藏布江、澜沧江等河流汛期和水文资料。我国还与俄罗斯和哈萨克斯坦建立了突发事件应急通知和报告制度。我国应当保持和加强与相邻国家和沿岸各国的信息交流与合作,尤其是在跨界水污染突发事件发生以后,应当快速反应,及时向可能受影响的国家通报,并单独或联合采取有效措施控制污染。

2. 联合监测

我国可与共同沿岸国进行合作,或者单独投资配备先进的仪器设备,培养高素质高水平的技术人才,建立国际河流水环境监测网,加强水环境监测工作。可以在国际河流流域的干流配备专业水质监测船,以显著提高应对突发性污染事件的能力和快速反应能力。

中国已经与俄罗斯开展了跨界水质水体联合监测和保护工作。1997年11月,中俄两国元首在北京签署《联合声明》,指出两国将在保护和改善环境状况、共同防治跨界污染等方面开展合作。根据该声明,中国与俄罗斯于2006年签署了《关于成立中俄总理定期会晤委员会环保分委会的议定书》,以及《关于跨界水体水质联合监测谅解备忘录》。环保分委会作为两国

---

① 根据有关研究,将水生态系统服务功能分为社会经济服务功能和自然生态服务功能两大类,其中前者包括供水、水产品提供、水力发电、内陆航运、休闲娱乐、文化美学等,后者包括调蓄洪水、生物多样性维护、净化环境、物质输移、气候调节等。

② 参见《探索生态系统管理新道路——国合会 2010 年年会政策研究报告论点摘登》,载《中国环境报》2010 年 11 月 16 日第 4 版。

级别最高的环境保护合作机制,陆续建立了三个工作小组,其中之一即是跨界水质水体联合监测及保护工作小组。① 该小组在跨界水联合监测方面开展了一些合作。其实在 2003 年,黑龙江与俄罗斯的哈巴罗夫斯克边疆区达成界河联合监测意向,在同江东港、抚远等地开展地区间的联合监测。中俄双方于 2006 年进一步签署了《关于中俄跨界水体水质联合监测计划》,将联合监测扩大到额尔古纳河、黑龙江、乌苏里江、绥芬河、兴凯湖,涉及五处跨界水体,中俄跨界水体水质联合监测也由地方层面上升为国家行为,监测结果由国家级部门进行交换。② 2007 年年始至 2010 年年底,中俄双方共组织完成了 12 次跨界联合监测任务。2010 年,双方将联合监测发展为例行监测。③

3. 流域生物多样性保护合作

我国可以与共同沿岸国就国际流域生物多样性保护问题进行合作。我国已经与黑龙江和绥芬河流域的沿岸国俄罗斯进行了这方面的合作,并且取得了积极成效。前已述及,中俄总理定期会晤委员会环保分委会下设跨界自然保护区及生物多样性保护工作小组,在这一小组的工作框架下,我国三江(是指黑龙江、乌苏里江和绥芬河)国家级自然保护区管理局先后与俄罗斯大赫黑契尔、巴斯达克、百隆斯基三个国家自然保护区签订了《共同联合保护乌苏里江、黑龙江流域自然环境合作协议》。1996 年,中俄两国签署了《中俄关于兴凯湖自然保护区协定》,中俄兴凯湖自然保护区混合委员会成立,中俄界湖兴凯湖成为我国与俄罗斯共同保护的自然风景区。黑龙江境内的八岔岛、洪河自然保护区也分别与俄罗斯巴斯达克、联邦兴安斯基自然保护区签订了双边合作协议。④

4. 实施跨界环境影响评价

尽管跨界环境影响评价已经获得国际社会的普遍承认,但是就目前而言,国际社会尚无成文立法将跨界水资源开发利用中的跨界环境影响评价明确列为一项强制性的法律义务,也未列明环境影响评价的启动标准、范

---

① 其他两个是污染防治和环境灾害应急联络、跨界自然保护区及生物多样性保护工作小组。
② 参见李平、李庆生、吴殿峰:《靠实干赢得理解和信任》,载《中国环境报》2010 年 2 月 2 日第 2 版。
③ 参见李庆生、吴殿峰:《黑龙江对俄环保合作提速》,载《中国环境报》2011 年 1 月 5 日第 1 版。
④ 吴殿峰:《中俄拓展环保合作领域,共同关注污染防治和环境灾害应急联络》,载《中国环境报》2011 年 8 月 24 日第 1 版。

围、内容和具体程序等事项。根据《国际水道公约》第 12 条的规定,规划国有相当大的自由裁量权,来决定是否有必要对其规划和项目可能造成的跨界环境影响进行评估,即没有给规划国设立强制性的进行跨界环境影响评价的义务。

我国在开发利用跨界水资源的过程中可能会遇到有关沿岸国提出跨界环境影响评价的挑战,而产生矛盾和冲突。另外,很多开发项目需要通过环境影响评价,才能吸引国际资金的支持。基于现行国际法和我国国情,我国可以采取以下应对措施:不断完善我国的环境影响评价制度,在开发跨界水资源的活动中尽量实施跨界环境影响评价程序;在与其他沿岸国达成的流域多边或双边水条约中,明确跨界环境影响评价的义务、内容和程序等。①

5. 寻求流域生态补偿

根据公平和合理利用原则,我国作为某些国际河流的上游国,如果因为需要维护河流流域的生态系统平衡而影响我国的开发利用,或者我国放弃了开发权利,因而损失了经济发展机会,我国可以积极寻求中下游国家给予生态补偿。为此,我国应当重视对国际流域生态补偿理论的研究,确定补偿的原则、标准、方法、程序等。

6. 签订和实施流域水条约

我国需要继续与更多的沿岸国谈判签署双边或者多边的流域水条约,明确规定保护跨界水资源和水生态系统的原则和具体措施,并建立流域保护或管理委员会负责对跨国河流流域的保护与管理。

(二)国内法上的措施

毋庸讳言,跨界水资源与水生态系统保护的国际法律制度和规范尚不成型,还处于形成过程中。为了促进我国经济与社会的可持续发展以及与邻国友好关系的开展,同时为相应国际法的形成积累实践经验和作出贡献,我国应当积极完善国内立法并严格执行,稳步推进国内水资源和水生态系统保护工作。

1. 严格执法

当前我国已经初步建立起门类较齐全的环境资源法律体系,环境资源

---

① 孔令杰:《跨国界水资源开发中的环境影响评价制度研究》,载《跨界水资源国际法律与实践研讨会论文集》,2011 年 1 月 7—9 日,第 246 页。

法律法规繁多,各类水资源法律法规也林林总总,其中有些法律法规固然有必要根据形势的发展进行修改,但是笔者认为当务之急不是立法和修法,而是严格执法!尤其要严格执行《环境影响评价法》、《水污染防治法》、《清洁生产促进法》、《循环经济促进法》等法律法规,对流域内的开发利用规划和建设项目进行客观和科学的环境影响评价,并根据评价结果决定建设项目的存改废;加强国际河流流域沿岸污染综合治理力度,强化工业污染防治,积极推进清洁生产,大力发展循环经济。

2. 流域生态环境影响评价和生态系统管理规划

流域生态环境影响评价是指对组成流域生态系统的各要素的生态环境影响程度进行整体性研究,评价生态影响的敏感性和主要受影响的保护目标,以决定保护的优先次序。因此,该评价的基本对象是流域生态系统及其各个组成部分,评价内容是环境容量研究和分析。① 之后可以根据全国生态保护与建设规划及流域生态环境影响评价的结果,制定流域生态系统管理规划和生态系统服务政策。由于任何一种生态系统服务的变化必将影响到其他服务的状况,因此针对单一的生态系统服务制定政策时,必须考虑对其他相关生态系统服务的影响。②

3. 流域主体功能分区

流域的地域分异性特点,要求对流域进行主体功能区划管理。主体功能区确定对流域生态安全至关重要,有助于从产业结构、布局本源上解决环境污染和生态破坏问题。国务院已于2010年6月审议并原则通过了《全国主体功能区规划》,各地的主体功能区规划也在制定过程中。根据《全国主体功能区规划》,原则上不同区域按照开发方式可分为优化开发、重点开发、限制开发和禁止开发四类;按照开发内容,可分为城市化地区、农产品主产区和重点生态功能区三类。

我国2011年《国民经济和社会发展十二五规划纲要》第19章专门规定了"实施主体功能区战略"的要求和政策,目的是"按照全国经济合理布局的要求,规范开发秩序,控制开发强度,形成高效、协调、可持续的国土空间开发格局"。根据该章的规定,实施主体功能区战略需从以下四方面

① 王英伟、安伟伟、杨成江、李东亮:《生态环境影响评价中经济评价方法研究》,载《环境科学与管理》2010年第12期,第96页。
② 《探索生态系统管理新道路——国合会2010年年会政策研究报告论点摘登》,载《中国环境报》2010年11月16日第4版。

着手。

一是优化国土空间开发格局。统筹谋划人口分布、经济布局、国土利用和城镇化格局,引导人口和经济向适宜开发的区域集聚,保护农业和生态发展空间,促进人口、经济与资源环境相协调;对人口密集、开发强度偏高、资源环境负荷过重的部分城市化地区要优化开发;对资源环境承载能力较强、集聚人口和经济条件较好的城市化地区要重点开发;对具备较好的农业生产条件、以提供农产品为主体功能的农产品主产区,要着力保障农产品供给安全;对影响全局生态安全的重点生态功能区,要限制大规模、高强度的工业化、城镇化开发;对依法设立的各级各类自然文化资源保护区和其他需要特殊保护的区域要禁止开发。

二是实施分类管理的区域政策。基本形成适应主体功能区要求的法律法规和政策,完善利益补偿机制;中央财政要逐年加大对农产品主产区、重点生态功能区,特别是中西部重点生态功能区的转移支付力度,省级财政要完善对下转移支付政策;实行按主体功能区安排与按领域安排相结合的政府投资政策;修改完善现行产业指导目录,明确不同主体功能区的鼓励、限制和禁止类产业;实行差别化的土地管理政策,科学确定各类用地规模,严格土地用途管制;对不同主体功能区实行不同的污染物排放总量控制和环境标准;相应完善农业、人口、民族、应对气候变化等政策。

三是实行各有侧重的绩效评价。按照不同区域的主体功能定位,实行差别化的评价考核:对优化开发的城市化地区,强化经济结构、科技创新、资源利用、环境保护等的评价;对重点开发的城市化地区,综合评价经济增长、产业结构、质量效益、节能减排、环境保护和吸纳人口等;对限制开发的农产品主产区和重点生态功能区,分别实行农业发展优先和生态保护优先的绩效评价,不考核地区生产总值、工业等指标;对禁止开发的重点生态功能区,全面评价自然文化资源原真性和完整性保护情况。

四是建立健全衔接协调机制。完善区域规划编制,做好专项规划、重大项目布局与主体功能区规划的衔接协调;研究制定各类主体功能区开发强度、环境容量等约束性指标并分解落实;完善覆盖全国、统一协调、更新及时的国土空间动态监测管理系统,开展主体功能区建设的跟踪评估。

我国流域主体功能分区应在国务院确立的全国主体功能区和省级政府确立的主体功能区的基础上进行,而全国主体功能区划和省级主体功能区划的制定需要考虑流域主体功能区划要求和特点。

　　巴西政府已着手进行巴西境内的亚马逊河流域可持续发展的研究,对该流域进行主体功能区划。政府完成了生态区和经济区的划分工作,并对该区域的环境进行了诊断,建立了电子计算机数据库。由巴西总统任主席的亚马逊全国理事会,批准了统一开发亚马逊的国家政策,以对水资源的多重用途进行统一管理,保持当地气候条件。[①]

　　4. 流域生态功能分区

　　国际环境管理已从污染控制向生态管理方向发展,生态管理的目标是维持生态系统的完整性,要求对生态系统进行分区管理,并以此为基础制定生态评价标准、生态恢复方案以及适当的经济发展与环保策略,对水资源进行可持续的利用和管理。流域生态功能分区是在以流域生态系统的各种影响因子为指标体系的基础上建立的,是流域生态系统管理的基础和前提。

　　流域生态功能分区将流域生态系统按照其服务功能的不同进行划分,并分别进行相应的管理。这样可以把生态系统的各种价值发挥到最大,有利于经济社会可持续发展与生态环境保护。[②] 2011 年《国务院关于加强环境保护重点工作的意见》提出,国家编制环境功能区划,在重要生态功能区、陆地和海洋生态环境敏感区、脆弱区等区域划定生态红线,对各类主体功能区分别制定相应的环境标准和环境政策。[③] 而实施生态红线的应有之义和基本需求,就是生态功能区划先行。

　　当前我国流域管理主要集中于污染控制,而缺乏生态管理的意识,即将流域硬性地按照行政区划划分为不同的区域,按照区域内污染情况进行监管与控制。这方便了管理者,但是大大降低了生态系统各种服务功能的发挥,不利于对流域生态系统的维护。

　　可喜的是,已有流域管理者进行了生态功能区划的尝试和努力。已于2011 年 9 月正式实施的《伊犁河流域生态环境保护条例》,对伊犁河流域进行了生态功能区划。该条例将伊犁河流域划为生物多样性保护生态功能区、水源涵养与生物多样性保护生态功能区、绿洲农业生态功能区、草原牧

---

　　① 〔加〕Asit K. Biswas 编著:《拉丁美洲流域管理》,刘正兵、章国渊等译,黄河水利出版社2006 年版,第 38—39 页。

　　② 马溪平、周世嘉、张远等:《流域水生态功能分区方法与指标体系探讨》,载《环境科学与管理》2010 年第 12 期,第 62—63 页。

　　③ 《国务院关于加强环境保护重点工作的意见》(国发〔2011〕35 号),第二部分第(十一)段。

业、绿洲牧业生态功能区、谷地草原牧业生态功能区等,分别采取不同的生态保护措施。①

5. 流域生态补偿

生态补偿又称为生态效益补偿、生态环境补偿等,是一种使外部成本内部化的环境经济手段。它是指通过对损害(或保护)环境资源的行为进行收费(或补偿),提高该行为的成本(或收益),从而激励损害(或保护)行为的主体减少(或增加)因其行为带来的外部不经济性(或外部经济性),达到保护环境资源的目的。②

流域生态补偿机制就是国家和生态保护受益地区对由于保护流域整体生态系统的良好和完整而失去发展机会的地区以优惠政策、资金、实物等形式的补偿制度,其实质是流域上中下游地区政府之间部分财政收入的再分配过程,目的是建立公平合理的激励机制,使整个流域能够发挥出整体的最佳效益。这是一种需要基于流域主体功能区划和生态系统服务功能而构建的生态补偿机制。

(1) 生态系统保护问题的本质——生态补偿的理论分析

关于生态问题本质的探讨,存在一个认识演变的过程,即由自然本身逐渐向人与自然的关系演变。第一种认识,生态问题的本质是自然自身的问题,人作为生态系统中的一部分,没有能力也不可能独立于生态系统之外对其进行干预。第二种认识,人与自然的关系成为生态问题本质的新诠释,实现人与自然的和谐成为新共识。这两种认识都有其理论和实践支撑,都有其科学性和可行性,也都在相应的时期得到了认同和支持,但是在这两种思路指导下的生态保护实践工作却比较薄弱。生态不语,而生态系统所在地的"人"就成了其代言人,若将生态问题的本质定义为人与自然的关系,难免让"人"既是运动员又是裁判员,出现角色上的自相矛盾。

---

① 条例第13条规定,按照《新疆生态功能区划》基本框架,将伊犁河流域划为婆罗科努山南坡生物多样性保护生态功能区,哈尔克他乌—那拉提山水源涵养与生物多样性保护生态功能区,伊犁河谷平原绿洲农业生态功能区,喀什河、巩乃斯河河谷平原草原牧业、绿洲牧业生态功能区,昭苏盆地—特克斯谷地草原牧业生态功能区。生物多样性保护区、水源涵养区,应当采取人工造林、退耕还林(草)、封山抚育、森林管护等措施,恢复森林植被。绿洲农业生态功能区,应当对河滩地和低阶地上的盐渍化和沼泽化土地加强排水工程建设,防治水土流失和荒漠化。草原牧业、绿洲牧业生态功能区,应当加强林草植被保护,旱地退耕还草,防治水土流失。谷地草原牧业生态功能区,应当加强草原保护,退耕还草,实施草畜平衡管理,加快牧民定居,建立人工草料地。

② 王龚博、王让会、程曼:《生态补偿机制及模式研究进展》,载《环境科学与管理》2010年第12期,第89页。

生态系统保护的问题表面上是人与自然的关系,但是从根本上来看是人与人之间的关系,即受益者与保护者之间、少数人与多数人之间、获益区域与建设保护区域之间,以及当代人与后代人之间的关系。而这种关系的核心则是利益均衡问题,这就是关于生态系统保护问题的本质的第三种认识:生态问题的本质是人与人的关系,核心是利益平衡。这样,解决生态系统保护问题的途径也就跃然纸上,即平衡利益,而平衡利益的手段之一就是补偿。可以说,补偿是解决生态保护问题的关键手段。[①]

(2)我国流域生态补偿现状

我国最早的生态补偿实践开始于 1983 年,即云南省对磷矿开采征收覆土植被及其他自然环境破坏恢复费用。20 世纪 90 年代中期,生态补偿实践进入了高峰期,广西、福建等省(区)县市开始试点,并初见成效。但是在实践过程中,仍然存在生态价值难以用货币衡量、生态补偿内容不明确、补偿对象不明确以及行业、部门之间的条块分割等问题。

2010 年,我国生态补偿的法规、政策以及实践三方面得到同步推进。当年 4 月,由国家发改委牵头,11 个部委参与的《生态补偿条例》起草工作正式启动。当年 12 月,国务院将《生态补偿条例》正式列入立法程序。《国民经济和社会发展十二五规划纲要》明确指出:"按照谁开发谁保护、谁受益谁补偿的原则,加快建立生态补偿机制。加大对重点生态功能区的均衡性转移支付力度,研究设立国家生态补偿专项资金。推行资源型企业可持续发展准备金制度。鼓励、引导和探索实施下游地区对上游地区、开发地区对保护地区、生态受益地区对生态保护地区的生态补偿。积极探索市场化生态补偿机制。加快制定实施生态补偿条例。"[②]

我国流域生态补偿的研究和实践始于 20 世纪 90 年代初期,其内容主要包括上中下游跨区域调水的生态补偿、上中下游生态环境效益补偿等,采取的补偿方式主要有:财政转移支付;建立生态补偿基金;水权交易;异地开发;排污权交易等。[③] 中国首个生态补偿机制方案——《三江源生态补偿机制总体实施方案》已于 2010 年年底酝酿出台。如果方案获得通过,长江、

---

① 参见曹俊:《生态补偿立法破冰而行》,载《中国环境报》2010 年 12 月 29 日第 7 版。
② 参见《国民经济和社会发展十二五规划纲要》第 25 章("促进生态保护和修复")第三节(建立生态补偿机制)的规定。
③ 详见赵光洲、陈妍竹:《我国流域生态补偿机制探讨》,载《经济问题探索》2010 年第 1 期,第 6—7 页。

黄河、澜沧江的下游省区将为源头省份支付生态补偿费。

（3）流域生态补偿立法和制度建议

我国现行《水污染防治法》第七条规定，国家通过财政转移支付等方式，建立健全对位于饮用水水源保护区区域和江河、湖泊、水库上游地区的水环境生态保护补偿机制。这为我国流域生态补偿机制的建立提供了法律保障。但是我国流域生态补偿工作明显滞后。我国尚需要以法律明确流域生态补偿的原则、主体、对象、范围、方式及标准等。关于这方面的内容，学界已有相当多的研究，其中不乏真知灼见者。① 结合我国流域生态补偿的实际情况，笔者这里只强调两点：一是国务院尽快出台《生态补偿条例》，条例的内容应当总结我国以往工作中的成功经验和教训，适当借鉴国外制度，同时注重公众意见；二是对不同情况采取不同的补偿方式，或者是资金补偿、实物补偿等"输血型"补偿方式，或者是政策补偿、技术补偿等"造血型"补偿方式。其中资金补偿包括财政转移支付、环境资源税费、建立生态补偿基金等；实物补偿包括粮食补贴、机械设备补贴等；政策补偿包括生态标记、项目支持、异地开发、信贷优惠等；技术补偿包括技术投入等。

6. 流域生态系统保护和修复

为了扭转我国流域生态系统面临的严峻形势，阻止流域生态系统的进一步恶化，为经济社会发展提供生态安全保障，我国迫切需要开展流域生态系统的保护与修复工作。我国《国民经济和社会发展十二五规划纲要》第25章（"促进生态保护和修复"）专门规定："坚持保护优先和自然修复为主，加大生态保护和建设力度，从源头上扭转生态环境恶化趋势。"2011年《国务院关于加强环境保护重点工作的意见》提出："加强青藏高原生态屏障、黄土高原—川滇生态屏障、东北森林带、北方防沙带和南方丘陵山地带以及大江大河重要水系的生态环境保护；推进生态修复，让江河湖泊等重要生态系统休养生息……"②笔者认为，可以采取以下几方面的措施。

（1）流域水资源一体化管理

前已述及，我国应当对国际河流流域循序渐进地开展一体化管理，这有利于流域水生态系统的保护和修复，实现流域可持续发展。根据政府间主义理论，我国首先可以在界河流域和国际河流流经我国境内的各省份之间

① 参见赵光洲、陈妍竹：《我国流域生态补偿机制探讨》，载《经济问题探索》2010年第1期，第6—11页。

② 《国务院关于加强环境保护重点工作的意见》（国发〔2011〕35号），第二部分第（十一）段。

实现一体化管理。

（2）流域生态系统管理

生态系统管理是在对生态系统组成、结构和功能过程加以充分理解的基础上，制定适应性的管理策略，以恢复或维持生态系统整体性和可持续性。流域水资源开发利用、生物多样性、气候变化、土地退化、海洋环境等相互关联，需要进行跨自然要素、跨行政部门的综合管理。流域水资源开发会影响生物多样性，而流域上游大量截水灌溉会造成天然水系萎缩，下游水量减少，河流断流，湖泊干涸，植被衰败死亡，土地沙漠化加剧，上游耕地次生盐碱化，这种无序的水资源利用造成水资源、土地资源双重浪费和退化。大量的森林砍伐不仅会影响生物圈，而且会影响气候条件，包括附近区域和流域的水量平衡，特别是在热带雨林地区。总体上讲，森林砍伐将改变流域水量，会导致水汽大量减少，从而减少降雨量，导致长时间干旱季节的出现，这样将引起水力发电潜能降低。为了避免热带雨林被大量砍伐，拉丁美洲亚马逊河流域的管理机构已经不允许用牧场来取代森林，而且还规定在亚马逊地区进行项目开发时，项目所在地点 50％ 以上的原始森林必须得到保护。①

有学者甚至直言，水的生态系统管理方法是基于以下理念：水、生物多样性和环境保护需要建立跨学科、跨部门和跨机构的机制，这些机制主要是指建立在特定流域内人民的需要之上的行动和投资战略，这些机制集中于向下游生态系统分配充足的水，以便这一生态系统能够继续向人民生计和经济发展提供关键服务。②

中国在对流域水资源进行一体化管理和流域生态系统管理时，可以考虑吸收世界银行、全球环境基金、亚洲开发银行等全球或区域融资机制的资金支持。当然，流域水资源一体化管理和流域生态系统管理理论尚不成熟，实践也刚起步，需要进行深入研究和探索。

（3）生态水利

在河流上修筑水库、大坝等水利工程对于满足发电、防洪、灌溉、供水等

---

① 参见〔加〕Asit K. Biswas 编著：《拉丁美洲流域管理》，刘正兵、章国渊等译，黄河水利出版社 2006 年版，第 20、43 页。

② Odeh Al-Jayyousi & Ger Bergkamp, "Water Management in the Jordan River Basin: Towards an Ecosystem Approach", in Olli Varis, Cecilia Tortajada and Asit K. Biswas (Eds.), *Management of Transboundary Rivers and Lakes*, 2008 Springer-Verlag Berlin Heidelberg, pp. 115－116.

需求,保障社会安全和经济发展具有巨大的作用。但是水库和大坝对于河流生态系统的胁迫也是客观存在的事实,不容回避。总体来看,中国水库和大坝建设大大提高了流域生态系统的社会经济服务功能,而降低了自然生态服务功能。但是由于调蓄洪水、供水、水力发电、减少温室气体排放和发展低碳经济等需要,继续建设水库和大坝是中国未来一定时期的必然选择。

在流域水利工程建设中,不仅需要正视水利工程对流域生态系统的负面影响,更重要的是持续研究流域生态系统补偿的技术、政策和管理措施问题,探索生态环境友好的大坝建设新模式。[①] 水利部出台的《关于水生态系统保护与修复的若干意见》指出,水资源保护和水生态系统保护工程是水利基本建设工程的重要组成部分。在流域和区域水资源规划、防洪规划、水电开发规划等工作中,重视水生态系统保护工作,逐步将水功能区保护目标从单纯的水质要求拓展为水质、水量和生态保护要求。水生态系统保护和修复工作要制定规划和计划,将水生态系统保护和修复的理念、措施落实到规划、管理、工程建设、监测评价等各个环节中。这要求我国流域水利工程的规划、设计、运行、管理要向绿色方向发展,建设生态友好型的水利工程。

(4) 流域生态保护规划

为了解决流域水利建设可能带来的诸多问题,我国应当制定并实施流域生态保护规划。与现有的区域生态保护规划、生态功能区规划、主体功能区规划不同,流域生态保护规划是狭义的,主要是指对水域里的水生生物和鱼类的栖息地、产卵场和觅食处,沿岸淹没范围内的土地、聚集的动物,以及生物多样性等进行保护的规划。

流域生态保护规划应当用以指导水利规划。只有制定完善的流域生态保护规划,规划环境影响评价方可明确水利建设涉及区域珍稀生物保护状况和价值,明确和统筹提出规划河段上、下游和流域干、支流的生态保护规划方案,提出明确的保护范围和工程影响替代生态的保护区。流域生态保护规划,无疑是落实"生态优先、统筹考虑、适度开发、确保底线"的基础工作。[②]

(5) 流域生态系统监测与评估

我国应当加强流域生态系统监测与评估,提高对流域生态系统管理的

---

① 邓铭江、教高:《新疆水资源战略问题研究》,水规总院水利规划与战略研究中心编:《中国水情分析研究报告》2010年第1期,第9页。

② 参见陈凯麒:《把好水电开发生态保护关》,载《中国环境报》2011年11月28日第2版。

科技支撑能力。建议在国际河流流经我国境内的全流域建立生态系统监测网,开展三年或五年一次的流域生态系统状况评估,并且根据监测和评估结果及时采取或调整生态系统保护措施。

(6)自然修复

保护或修复流域生态系统,可以通过人工修复的方法,即建设或利用已有的工程措施。水利部出台的《关于水生态系统保护与修复的若干意见》指出,除了水土保持、节水及节水灌溉和水污染防治等工程措施外,生态补水工程、生物护坡护岸工程、生态清淤与内源治理工程、环湖生态隔离带工程、河道曝气、前置库、河滨生态湿地等都是水生态系统保护和修复工程。同时应当充分发挥大自然的自我修复能力。自然本身蕴含着神奇的力量,不同地区形态各异的生态环境和每一种生态形式都是自然选择的结果,都有它存在的必然,而不只是为了适合人类居住的需要。最好的生态保护,就是让自然自己休养生息,尽量减少人类活动对自然的干预和破坏。如果违背自然规律,动用工业文明的科技力量,强行介入现有的生态模式和生态环境的自我调整过程,寄希望在短期内实现环境的完全改观,极有可能带来另一场生态灾难。①

7. 公众参与

部门协调与公众参与机制是生态系统管理的基本保障。生态系统管理的成功取决于各级政府部门在生态保护与建设中的有效协调,以及企业、社区、非政府组织等各类社会团体的广泛参与。确保公众参与可以集思广益,增强流域管理政策和措施的合法性、有效性和执行力。

在全球化的今天,全球治理作为一种解决生态环境等全球性问题的有效方式,是最高层次的跨界治理框架,获得日益广泛的承认。全球治理的单位不仅仅是国家和政府,其主体或基本单元,即制定和实施全球规制的组织机构,主要有三类:一是各国政府、政府部门及亚国家的政府当局;二是正式的国际组织,即政府间国际组织;三是非正式的公民社会组织或称为非政府组织。

根据政治学中的政策网络理论,在公共政策决策过程中,政府与其他利益成员之间,应当在平等、互利、开放的基础上,构建制度化的互动模式,对各自关心的相关议题进行对话与协商,以追求政策利益的最大化和均衡化。

---

① 郭钦:《引水是生态修复的捷径吗?》,载《中国环境报》2011年1月11日第4版。

在政策的制定过程中,政策网络内的行动主体不仅是政府或官僚,还包括专家学者、利益团体、公民社会等各类主体。后者的利益和诉求也应得到表达,政府不应占据官僚化的强势地位,应当与他们保持绝对的平等,通过协商、谈判、合作等方式确保其参与决策,而不是依靠公权力来强制性、单方面地形成公共决策。①

《生物多样性公约》2000 年缔约方大会第五次会议通过的决议之一《生态系统方式》,提出了综合生态系统管理的 5 项实施性导则和 12 项原则。②综合生态系统管理的 12 项原则非常强调非政府组织、公众、原住民、当地社区等参与生态系统管理。比如原则一规定:"确定土地、水及其他生命资源管理目标是一种社会选择。"原则二规定:"应将管理下放到最低的适当层级。"原则 12 规定:"生态系统方式应当要求所有相关的社会部门和科学部门参与。"

长期以来,我国政府和流域管理部门对公众及利益相关者参与流域管理缺乏重视,甚至有打压现象,这导致流域管理效率低下,流域管理制度执行力差等问题,极其不利于生态系统维护和社会稳定与和谐。虽然近十多年来,公众参与获得了一定的发展,非政府组织开始在公共事务上拥有了一些参与权和话语权,③但是这种参与的广度和深度亟须加强。

我国对水资源和水生态系统的利用、保护和管理工作,应当借鉴全球治理、政策网络和综合生态系统管理的理论视角和行动逻辑,充分调动中央政府、省市政府、私营企业、非政府组织、社区组织、个人等各方力量,构筑一个既保持各级政府的治理能力,又充分发挥各方作用、平衡各方利益、切实有效的协调与治理体系。④

我国政府和环保部门在促进公众参与方面已有实质动作。为了积极培

---

① 陶希东著:《中国跨界区域管理:理论与实践探索》,上海社会科学院出版社 2010 年版,第 63 页。

② 详见蔡守秋著:《河流伦理与河流立法》,黄河水利出版社 2007 年版,第 197—199 页。

③ 比如非政府组织对怒江流域水电开发决策的参与。2003 年,我国《环境影响评价法》正式实施,倡导公众参与的国家环保总局在北京主持召开了"怒江流域水电开发活动生态环境保护问题专家座谈会"。正反双方针锋相对,不久就拉开了怒江建坝反对浪潮。这是中国非政府组织、媒体第一次正式介入国家职能部门的研讨会,而且是在一项工程未决之前。之后民间环保组织通过上书、考察、签名、利用名人效应等诸多方法,促使国家高层于 2004 年作出暂缓修建十三级水电站的批示。参见彭彭:《从口号、启蒙到绿色风暴——中国环保理念变迁简史》,载《南方周末》2011 年 8 月 25 日第 14 版。

④ 陶希东著:《中国跨界区域管理:理论与实践探索》,上海社会科学院出版社 2010 年版,第 84 页。

育与扶持环保社会组织健康、有序发展,促进各级环保部门与环保社会组织的良性互动,发挥环保社会组织在环境保护事业中的作用,环保部 2010 年 12 月出台《关于培育引导环保社会组织有序发展的指导意见》,规定培育引导环保社会组织的基本原则是积极扶持,加快发展;加强沟通,深化合作;依法管理,规范引导。《意见》计划制定培育扶持环保社会组织的发展规划;转变思想观念,拓展环保社会组织的活动与发展空间;建立政府与环保社会组织之间的沟通、协调与合作机制;加强环保社会组织的人才队伍建设;促进环保社会组织的国际交流与合作等。① 《伊犁河流域生态环境保护条例》也鼓励公众参与。②

---

① 　环境保护部 2010 年《关于培育引导环保社会组织有序发展的指导意见》,载《中国环境报》2011 年 1 月 18 日第 2 版。

② 　条例第 10 条规定,鼓励公民、法人和其他组织参与伊犁河流域生态环境保护工作。

第六章 中国国际河流水资源公平和合理利用的模式及相关建议

国际河流水资源作为跨界水资源的主体,其开发利用问题是近年来国际社会关注的热点。我国国际河流的开发、利用和保护问题,应当从国际法和比较法的视角进行全面、深入和系统研究。公平和合理利用原则是国际水资源法的基本原则,本章试图对其在实践中的运用模式与新发展进行实证分析和比较,提出一些建议,以为我国国际河流的开发、利用和保护,为水利、环保、能源等实务部门的决策提供必要的启迪、参考和借鉴。

第一节 国际河流水资源公平和合理利用模式的实证分析与比较

用单一的标准对跨界水资源的利用和管理进行相互比较是不科学,也是不现实的。因为不同的国际流域有不同的地理和环境特征,政治、组织和法律框架,水需求、利用模式和水利用效率,以及经济和管理能力。此外每一流域的权力关系也是不对等的。这意味着,应当谨慎地处理知识和经验从一个流域向另一个流域的转移,特定流域的利用和管理计划应当尽可能在适当考虑和评估自身特点和特定需求后形成,而不是照搬其他流域的利用和管理模式。但是,不同国际流域水资源的利用和管理经验,可以作为我国国际河流利用和管理决策的背景信息。为了适应当地的条件,形成这些流域的利用模式和制度,在适当和相关时,这些外来经验可以被特别参考和借鉴。

许多国际河流的沿岸国依据公平和合理利用原则,对共享水资源进行了或者正在进行开发利用。笔者对一些典型利用实例进行了研究和比较,为了论述的方便和我国借鉴之必要,将这些实例分门别类,概括出目前国际社会对国际河流水资源公平和合理利用的两种普遍模式:水量分配模式和

96

合作开发模式。

一、水量分配模式及其利弊

水量分配模式是指国际流域中的两国或多国（多见于两国之间）对共享水资源水量的单纯分配，即流域两国或多国之间根据其达成的水条约和事先确定的准则，将流域内所有可确定的水资源量进行分配和使用。

国际流域水资源开发利用的关键问题是水量的分配。对公平和合理利用原则的最简单的运用，就是对共享水资源水量的单纯分配，这可以称为公平和合理利用的"初级阶段"。水量分配模式又可分为三种情况：一是确定各国的用水量；二是根据水系的地理情况划分用水范围；三是前两种方法的结合。

（一）确定各国的用水量

美国与墨西哥对科罗拉多河的利用、埃及和苏丹对尼罗河水的分配、印度与孟加拉国对恒河水的分配即属于这种情况。根据美国与墨西哥于1944年达成的《科罗拉多河条约》，上游的美国每年定期释放一部分水给下游的墨西哥，保证墨西哥每年从科罗拉多河获得一定的水量。埃及和苏丹1959年《充分利用尼罗河水的协定》规定，两国通过修建阿斯旺大坝，以3：1的比例分享尼罗河水。印度与孟加拉国1977年《关于分享在法拉卡的恒河水和增加径流量的协定》规定，上游国印度通过其在法拉卡修建的大坝，定期释放一部分恒河水给下游的孟加拉国。具体做法是，在旱季分配给孟加拉国63％的流量，但条件是孟加拉国同意调节布拉马普特拉河水补充恒河流量。1996年，双方在谈判与妥协的基础上签订了为期30年的新协定，保证孟加拉国在最需要水的3—5月份获得50％的流量，在特别干旱的季节上升到80％。①

（二）根据水系的地理情况划分用水范围

印度与巴基斯坦对印度河水的利用即属于这种情况。两国于1961年签订《印度河水条约》，确定了印巴两国在印度河流域的用水范围：流域西部三条河流，即印度河干流和杰卢姆河、奇纳布河划归巴基斯坦使用，东部三条河流，即萨特累季河、比斯河和雷维河划归印度使用。②

---

①　陈西庆：《跨国界河流、跨流域调水与我国南水北调的基本问题》，载《长江流域资源与环境》2000年第2期。

②　参见《印度河水条约》第2条和第3条的规定。

（三）确定用水量与划分用水范围相结合

美国与墨西哥对里奥格兰德河的利用、西班牙和葡萄牙对共享水域的利用,是将前两种方法相结合,即确定用水量与划分用水范围结合起来使用。根据美墨《科罗拉多河条约》,圣胡安河等一部分支流的用水权全部划归墨西哥,贝各斯河等另一部分支流的用水权全部划归美国,孔恰斯河等一部分支流的水量,由墨西哥与美国按 2∶1 的比例分享,格兰德河主河道剩余水量由两国平均分享。①

西班牙和葡萄牙共享杜罗河等五条河流,两国水关系的历史开始于 1864 年签订的规范河流水电开发的条约,其后又在该条约基础上先后签订了四项协议,即 1912 年《信息交流协议》、1927 年《杜罗河国际河段水电用水调节协议》、1964 年《杜罗河国际河段及其支流水电用水调节协议》、1968 年利马河、米尼奥河、塔古斯河、瓜迪亚纳河及其支流的水电用水调节协议。这些协议的基础是:两国按等权以 1∶1 的比例平等分配和使用水量,但是明确了水电开发的具体河段和落差。两国平等分配共享水资源的要点如下:杜罗河的国际共享河段为两国平分;塔古斯河的边界河段完全分配给西班牙;瓜迪亚纳河的上游边界段分配给葡萄牙,因为这段河将会受到葡萄牙境内水利项目的影响,而下游因为不具有水力发电的价值而没有分配;瓜迪亚纳河的 Chanza 支流分配给西班牙;允许西班牙从杜罗河的支流图阿河调水到米尼奥河流域;两国在米尼奥河上联合建设了水电站,来平衡水量分配;每个国家承担其各自的成本。② 协议还规定建立西班牙和葡萄牙国际委员会,负责对两国所有共享河流流域进行管理。

（四）水量分配模式的利弊

水量分配模式不需要流域国间进行密切合作和具有完善的水管理条款及机制,各国在其水资源分配份额内可以比较自由地利用,而无需考虑沿岸国的共同利益或对他国的影响,可以避免漫长的谈判协商过程和一些难以处理的国家间利害关系。但是这种利用模式破坏了流域的整体性,无法获得最佳的利用和最大的综合效益,不利于全流域的系统开发和可持续发展。在这种模式之下,有些水条约往往只注重对水量的分配,而忽视了对水质的

---

① 参见何大明、冯彦著:《国际河流跨境水资源合理利用与协调管理》,科学出版社 2006 年版,第 70 页。

② 国际大坝委员会编:《国际共享河流开发利用的原则与实践》,贾金生、郑璀莹、袁玉兰、马忠丽译,中国水利水电出版社 2009 年版,第 31 页。

保护,造成严重水污染,从而给下游国造成重大损害,或者因情势发生变化而引发新的用水矛盾和冲突,比如《科罗拉多河条约》《印度河水条约》《关于分享在法拉卡的恒河水和增加径流量的协定》、西班牙与葡萄牙开发共享河流的协议;有些水条约的谈判和缔结未经全流域沿岸国的参与,只是部分沿岸国对全流域水资源的瓜分,剥夺了其他沿岸国公平分享水资源的权利,引起他们的不满和抗议,并引发水资源争端,比如埃及和苏丹《充分利用尼罗河水的协定》。这些做法均背离了公平和合理利用原则。在跨界水资源分配协议的谈判、缔结和实施过程中,应给所有流域国公平参与的机会,将水量和水质统筹考虑,预防和减少水污染。

水条约在实施过程中出现了问题之后,应当重新协商签订和实施新的条约。比如,美国亚利桑那州在 20 世纪 50 年代大量抽取科罗拉多河水,并将灌溉渠中含盐量很高的水引入该河,造成该河含盐量急剧增加,使墨西哥的农业受到严重损失。两国经过多年谈判,于 1973 年签署了《关于永久彻底解决科罗拉多河含盐量的国际问题的协定》。根据该协定,美国修建河水淡化工程和补充水量,保证流入墨西哥的水量及正常的含盐量。

二、合作开发模式及其利弊

合作开发模式是指国际流域的两国或多国(多见于双边合作)为满足各自的水需求,就某一个专门开发项目所涉及的水资源进行水益分配并签订水条约,通过建设和运营该专门项目,合作开发流域水资源。这一模式可以看作是国际流域水资源公平和合理利用的"中级阶段"。

合作开发又分为项目水益公平分配和下游收益公平分享两种情况。

(一)项目水益公平分配

项目水益公平分配的特点是,共享水资源的国家在"共担风险,共享收益"的原则之下,在国际河流流域联合建设和运营水利工程,公平分担工程建设和运营成本,并且公平分享工程运营所带来的水益。

1. 巴西与巴拉圭联合开发伊泰普水电站项目

伊泰普水电站是巴西和巴拉圭在属于银河流域的巴拉那河上建设的一项联合水电工程,被认为是两国"工程外交"的一个杰作。两国通过该水电项目的合作,既解决了其历史遗留的针对领土和巴拉那河的争端,又使双方获得了巨大收益。

20 世纪 60 年代,巴西在经历了两次电力能源危机之后,决定同巴拉圭合作建设水力发电项目。在共同的能源利益面前,巴西和巴拉圭两国经过联合研究和协商,于1966年确定在巴拉那河上建造伊泰普大坝。该大坝位于巴西西南部与巴拉圭和阿根廷的交界处。两国确立了联合开发水电项目的基本原则:共担风险;平等分享电力项目收益;寻求相互满意的财政平衡;双方都能以合理的价格优先从对方国家获取消费不完的多余电力。在这些基本原则确定以后,两国设立了一个共同技术委员会开展可行性研究,形成了开发方案。因为200公里长的水库将覆盖有争议的边界线,共同技术委员会建议在将要成立的伊泰普两国电力公司的监督下,将有争议的领土作为两国生物保护区。这种创新思路解决了两国长期以来的边界纠纷,也使伊泰普水电开发协议最终签订。水电站投入运营后,因为水电的大量供应而给两国带来巨大收益,两国还因电站建设和运行中应用高科技而提升了科技能力。两国毗邻地区同样享有伊泰普工程带来的其他收益,特别是旅游业的收益。①

2. 不丹与印度对布拉马普特拉河支流的水电联合开发

不丹与印度同为布拉马普特拉河流域的沿岸国。两国在跨界河流管理方面的合作是发展中国家中最成功的典范之一。这种合作的成就证明,只要有开明的领导、政治意愿、相互信任和信心,所有相关国家都可以从跨界水资源合作开发中获得可观的收益。遗憾的是,尽管不丹与印度的合作已给双方带来重大收益,这种合作成就在印度次大陆也鲜有人知,更别说整个世界了。

位于喜马拉雅山区的不丹,在1961年发起第一个发展计划时,在南亚的人均收入最低,也是发展中国家中最低的。由于它位于高山地区,农业发展潜力很有限,然而,高山地形也赋予这个国家独特的优势,特别是其水电潜能。不丹认识到水是其主要的自然资源,它只有明智和有效地开发其水资源,才能摆脱贫困,获得经济和社会发展。由于不丹几乎所有的水都具有跨界性质,而且该国缺乏投资资本和充分的技术和管理知识,有限而居住密集的人口也决定了它不能充分享用水电开发所获取的收益(意即满足了本国的用电需求后还有剩余)。因此,它除了与共同沿岸国印度紧密合作开发水能资源以外别无选择,而合作开发水电也对急需能源的印度有益。印度

① 国际大坝委员会编:《国际共享河流开发利用的原则与实践》,贾金生、郑璀莹、袁玉兰、马忠丽译,中国水利水电出版社2009年版,第54—58页。

的电力需求近年来以每年 8%～9% 的速度递增。

于是,从 1980 年开始,在与比其强大得多的印度的紧密合作下,不丹发起了开发在通萨河(布拉马普特拉河的支流)的旺楚(Wangchu)瀑布的水电潜能的计划。在两国广泛协商之后,印度同意在楚克哈(Chukha)建设水电项目,其中 60% 的份额是不丹许可印度开发,40% 的份额是印度贷款给不丹。该项目 1988 年开始建设,取得了巨大成功,不丹 1993 年就通过项目自身运作还清了贷款,而且后来项目的发电能力也提高了。因为印度对规划和建设该项目的贡献,两国之间的协议是,项目运营所产生的电力将首先用来满足不丹的国内需求,不丹用不完的多余电力卖给印度。不丹从向印度销售电力中获得的收入不仅毫无困难地偿清了建设楚克哈项目所付的债务,而且有充足的盈余资助其他开发活动,并支持一些社会服务。此外,电力也为不丹的工业化提供了强大动力。由于楚克哈项目的建设使双方都获益,两国一致同意将合作努力扩大到其他新建水电项目上。这种相互合作实现了双赢,促进了地区经济发展,巩固了地区和平与稳定。由于与印度的水电联合开发,不丹现在人均收入仅次于斯里兰卡,位居南亚地区第二位。①

3. 匈牙利与斯洛伐克对多瑙河段的梯级水电开发

20 世纪 50 年代初,匈牙利与捷克斯洛伐克开始研究对两国边界区域多瑙河段进行多目标开发的可能性。1977 年,两国最终达成《关于盖巴斯科夫—拉基玛洛堰坝系统建设和运营的条约》,规定作为"联合投资",由两国以各自的成本在各国领土内开展大坝建设项目,并且平等地分享水电、航行、防洪等收益。条约规定,盖巴斯科夫—拉基玛洛梯级水电站由双方共同负责设计和施工;工程的大部分位于捷克斯洛伐克领土,匈牙利要承担一部分在捷克斯洛伐克领土上的工程建设,以确保费用平均分担;发电收益由双方平均分享,与工程投资的比例相同(1∶1),而不考虑两国水能资源贡献的大小(55∶45,捷克斯洛伐克贡献较大);主要的共同建筑(挡水堰、引水渠、电站等)将成为双方共同财产,共同建筑物的剩余部分(大坝、运河、相关结构等)将归相应国拥有和运行;双方将共同运行梯级水电站,运行费用也由双方共同承担;工程建设和运行必须以不触犯渔业利益和不危害环境或水

① Asit K. Biswas, "Management of Ganges-Brahmaputra-Meghna System: Way Forward", in Olli Varis, Cecilia Tortajada and Asit K. Biswas (Eds.), *Management of Transboundary Rivers and Lakes*, 2008 Springer-Verlag Berlin Heidelberg, pp. 146-148.

质为前提,双方对可能造成的损失负全责;发电之外的其他效益将被视为"国家"利益,不能用于补偿;固定两国原来不稳定的边界线(也由此改变了多瑙河的主航道),因此条约签订也使主航线得以确定。① 1978 年,条约生效,双方开始履行条约,在各自领土内建设大坝,但是由于匈牙利以该工程将导致在条约达成当时不能预见的环境损害为理由,中止执行条约,引发两国纷争,联合工程项目无果而终。

(二)下游收益公平分享

下游收益公平分享是指上游国为了下游国的利益而进行水电开发或其他活动,并得到相应补偿和收益。这种利用模式的显著特点是,上游国与下游国共享项目收益,但是项目风险由下游国独自承担。一般是下游国出于增加水电效益或水量供应的目的,主动向上游国提出合作要求,与上游国进行协商并签订条约后,在上游国境内建设和实施水利工程项目,上下游国家共享该水利工程的额外收益。只要下游国有充分的诚意与上游国分享额外收益,上游国就有合作开发的动力。这一模式是美国与加拿大《哥伦比亚河条约》创立的。

1. 哥伦比亚河水电开发项目

哥伦比亚河源于加拿大,是加拿大与美国之间的界河,也是北美第四大河流,河水落差较大,使水力发电成为流域的最佳利用途径之一。《哥伦比亚河条约》以公平利用原则为基础,创立了跨界水资源合作开发和利用的独特模式,解决了两国之间长达 20 年的哥伦比亚河水争端。根据条约的规定,上游国加拿大为了提高美国在哥伦比亚河下游建设的水电站的发电效益和提高下游的防洪效益,而同意在自己领土内兴建三个大坝。为此,加拿大有权分享下游所增加的水电效益的一半,并得到美国一次性支付的防洪效益费用。加拿大为了美国的利益而对在其境内所建设和运营的蓄水项目略有利用,但是也得到了补偿:一半的水电额外收益,以及美国避免洪水损害的金钱价值。加拿大不需要这些电力,可以将其返销给美国。

2. 莱索托高地跨流域调水项目

莱索托高地跨流域调水项目的目的是确保南非获得源于莱索托上游的

① 国际大坝委员会编:《国际共享河流开发利用的原则与实践》,贾金生、郑璀莹、袁玉兰、马忠丽译,中国水利水电出版社 2009 年版,第 65—66 页。

水量,向南非的城市和工业地带供水。莱索托高地属于莱索托、南非和纳米比亚共享的奥兰治河的一部分。南非和莱索托 1986 年签订《莱索托高地水项目条约》,同年 10 月生效,条约规定上游国莱索托建设大坝设施,南非为确保自己获得源于莱索托上游的水量,同意负担在莱索托建设的大坝设施的绝大部分成本,包括移民安置。这些设施除了调节上游水源到南非的流量,还向莱索托提供水力发电。① 为此双方还成立了莱索托高地水资源委员会,专门负责莱索托高地水利工程的实施和运行。

（三）合作开发模式的利弊

上述项目水益公平分配和下游收益公平分享的实例可以带给我们许多启示。首先,只要上下游国家都有合作开发和分享收益的诚意,它们都能从共享水资源的公平和合理利用中获得收益,实现双赢;其次,流域各国必须彼此进行合作,通过协商和谈判达成流域水条约,确立公平和合理利用原则,为跨界水资源的公平和合理利用提供法律依据。

合作开发模式具有很多优点。这种模式能够兼顾合作各方的利益,可以使河流开发利用最优化,取得规模开发的经济效益,促进各国的积极合作精神。大多数国际河流上游是山区,较之平坦的下游地区,山区的径流量较大,蒸发率较低,并且具有更好的建坝地形条件。考虑到这些地形和水文方面的优势,在河流上游地区单独建坝或者上下游同时建坝一般会产生更好的经济效益,每个伙伴国都可以从增加的贮存和水电能力、水资源的可得性、泄洪及改进的航行中获益,降低建造、运营和维持必要工程的成本。这种开发模式通常可以满足合作方的用水需要,不需要考虑全流域综合规划与全流域水分配,但是要求合作各方进行密切的合作,需要有足够的财力支撑,而且受流域内其他开发项目或其他国家用水的影响。这一模式也有一些明显的缺陷,一是过分向经济利益倾斜,容易忽视流域水质保护和生态系统维护,可能造成严重的生态损害;二是忽视和损害流域其他国家的利益,不利于流域各国的睦邻友好和多边合作关系的开展。美国与加拿大之间的哥伦比亚河条约体制是公平分享水益的样板,但是根据条约所建立和运营的大坝却使数百种太平洋鲑鱼灭绝或濒临灭绝。而不丹与印度的水电联合

---

① Dr. Patricia Wouters, "The Legal Response to International Water Scarcity and Water Conflicts", http://www. dundee. ac. uk/cepmlp/waterlaw, last visited on May 23, 2009; Richard Paisley, "Adversaries into partners: International Water Law and the Equitable Sharing of Downstream Benefits", *Melbourne Journal of International Law*, Oct. 2002, p. 288.

开发,也被环保主义者指责破坏了不丹的生态环境。因此,为了避免造成不可逆转的生态损害,引发伙伴国之间或者它们与其他沿岸国的争端,在联合开发利用以前,应当就联合项目对伙伴国和其他沿岸国或流域生态系统造成的损害进行影响评估,并且作出适当安排。

匈牙利与捷克斯洛伐克在 1977 年条约生效后开始履行条约,分别在各自领土内建设大坝,但是匈牙利以该工程将导致在条约达成当时不能预见的环境损害为理由,中止执行条约。对此,捷克斯洛伐克(解体后)的继承者斯洛伐克制定并实施临时解决方案,单方面分流多瑙河水,双方为此发生争端,将争端提交国际法院解决。国际法院于 1997 年作出判决,要求双方继续履行条约义务,但是双方可以根据现实情况重新谈判和合作。为了遵守法院的判决,双方立即开始谈判,并达成了一份都能接受的框架协议,解决了各时期发电收益的共享和费用分担问题。然而后来匈牙利的政权更迭影响了框架协议的签署和争端的最终解决。匈牙利新政府拒绝履行框架协议和 1977 年条约,两国的合作开发工程无限期中止。[1]

巴西与巴拉圭两国之间联合开发水电项目的伊泰普协议签订于 1973 年,并进入实施阶段。但是该协议排除了下游国阿根廷的参与,没有考虑阿根廷的利益。1979 年,在项目实施方案最终确定之前,在阿根廷的要求下,三国签订了"三方协议",根据协议制定了未来水电站的详细运行章程,以不影响下游的航运为条件。章程还规定了水电站正常运行期间的河流最小流量和最大允许水位波动。1982 年水电站竣工,并于 1984 年开始发电,目前一直运行良好。[2]

第二节 公平和合理利用原则的新发展与 国际河流一体化管理

受到可持续发展理念和国际环境法的影响,公平和合理利用原则也在不断地发展,从《国际水道公约》、《柏林规则》等国际文件和相关实践来看,呈现出以下发展趋势:从以限制领土主权理论为基础,到限制领土主权理论和共同利益理论并重;从强调权利到权利与义务并重;日益重视对人类基

① 国际大坝委员会编:《国际共享河流开发利用的原则与实践》,贾金生、郑璀莹、袁玉兰、马忠丽译,中国水利水电出版社 2009 年版,第 21 页。

② 同上书,第 56—58 页。

本需求的满足；更加关注生态需水；公平参与原则得到确立和运用。① 在这种新的发展形势下，需要对国际河流水资源进行一体化管理。

一、公平和合理利用原则的新发展

（一）日益受到共同利益理论的影响

生态系统是现代社会存在和发展的真正基础。共同利益理论以生态系统为本位，强调流域各国对共享水资源拥有共同利益。共同利益理论的实质是：不仅是在自然、地理方面，更重要的是在生态环境方面，将整个流域作为一个整体来看待，对流域及其水资源进行一体化管理。"一体化管理"与流域可持续发展的目标具有很大的相似性。对流域及其水资源进行一体化管理，是对流域水资源进行公平和合理利用，以取得最佳和可持续的效益的唯一途径。笔者认为，一体化管理应当包含以下一些要素：流域各国共享流域水资源，对流域水资源享有平等的管辖权、利用权、水益权和补偿权；通过所有沿岸国的合作和参与，制定并实施全流域利用和保护规划、方案、协议等；签订和实施全流域条约，建立和运作全流域的联合管理体制和机构；推行流域生态系统管理，即将水资源的管理与水生生物、陆地、森林、海洋等其他资源的管理适当结合。

《国际水道公约》关于国际水道"最佳和可持续的利用和受益"、"公平合理地参与国际水道的利用、开发和保护"等内容，显然以共同利益理论为指导。公约第 3 条第 4 款规定，两个或两个以上水道国之间缔结的水道协定，可就整个国际水道或其任何部分或某一特定项目、方案或使用订立，除非该协定对一个或多个其他水道国对该水道的水的使用产生重大不利影响，而未经它们明示同意。这显然受到了共同利益理论的影响。公约第 5 条引入了公平参与的概念和原则，同样也是受到共同利益理论的启发。

《柏林规则》的很多规定显然也以共同利益理论为指导。《柏林规则》第 3 条第 19 款规定，可持续利用是指对水资源的一体化管理，以确保为了当代和将来后代的利益有效利用和公平获得水，同时保全可更新资源，将不可更新资源维持在可能合理的最大限度。规则第 10 条第 2 款显然受到了共同利益理论的影响，它规定流域国对国际流域水的利用不应对其他流域国

---

① 详见何艳梅著：《国际水资源利用和保护领域的法律理论与实践》，法律出版社 2007 年版，第 96—101 页。

的权利或运用造成重大不利影响,除非有后者的明确同意。规则第12条第2款规定实现国际流域最佳和可持续的利用和受益,第10条第1款确立了公平参与的权利,这些都体现了共同利益理论的特点。

国际法院在多瑙河盖巴斯科夫大坝案的判决中也对共同利益理论作了阐述,认为《国际水道公约》的通过为共同利益原则的加强提供了证据。

(二)更加关注人类基本需求

人类对水资源存在饮用、生态系统维护、农业灌溉、航行、渔业、工业生产、娱乐等各种需求,而且由于水资源的日益短缺和不断受到污染,这些需求之间具有很强的竞争性,甚至排他性。为了对水资源进行合理利用和有效保护,需要在这些竞争的需求之间适当分配水资源。国际河流的沿岸国对河流水资源的分配和利用更加关注人类基本需求,甚至将人类基本需求放在优先的地位,这体现了最低限度的公平。① 所谓基本需求,前国际劳工局局长布兰查德作出的解释是"一个社会应当为最贫穷阶层规定的最低生活标准"。② 而对于广大发展中国家来说,最低限度的公平除了生存权之外,还应包括发展权。

《国际水道公约》第10条以模棱两可的语言规定了人类基本需求用水的优先权。它首先在第1款规定"国际水道的任何使用均不对其他使用享有固有的优先地位",这与《赫尔辛基规则》第6条的规定是一致的。但是第2款的规定是对《赫尔辛基规则》的超越,"假如某一国际水道的各种使用发生冲突,应参考第5~7条加以解决,尤应顾及维持生命所必需的人的需求"。公约文本所附的"谅解声明"(statement of understanding)指出,在满足人类基本需求时,应当特别注意提供为维持人类生命所必需的水,既包括饮用水,也包括为防止饥饿生产食物所需的水。

---

① 公平概念不仅是一个历史范畴,随着社会的发展而不断地演变,而且具有复杂的内部结构,因理想程度不同而分为若干层次。其中最低层次的、理想成分最少的公平原则或模型称为"最低限度的公平"。这种公平的特点是:(1)关心社会中的每一个人,是对最低限度的人格权利的确认;(2)是人类对自身生存和发展的社会条件的起码要求,是社会安定与动乱的临界点;(3)具有较强的独立性。一方面,其实现往往不以牺牲其他价值为代价,因为它代表着该时代的文明普及的边缘。另一方面,如果其实现同其他价值发生冲突,那么它作为最低限度的价值标准应得到优先的满足和保障,即最低限度的公平是不可侵犯的价值标准;(4)最低限度的公平同人道主义、人权观念密切联系在一起,可以说就是人道主义的基本要求,就是最基本的人权,即生存权。参见谢鹏程著:《基本法律价值》,山东人民出版社2000年版,第213—214页,第220页。

② 谭崇台主编:《发展经济学》,上海人民出版社1989年版,转引自谢鹏程著:《基本法律价值》,山东人民出版社2000年版,第218页。

　　《柏林规则》明确了"人类基本需求"的含义,并赋予其优先地位。规则第14条第1款明确规定,在决定公平和合理利用时,国家应首先分配满足人类基本需求的水;第2款规定,其他利用或其他种类的利用不应享有固有的优先地位。这些条款借鉴了《国际水道公约》第10条的语言,但是与公约的"欲抱琵琶半遮面"不同,它态度鲜明地赋予人类基本需求用水以优先地位,而且已在第2条第20款对人类基本需求的含义作了清楚的界定:维持生命所必须的人的需求是指"为人类生存而直接利用的水,包括饮用、做饭和卫生的需要,以及为了维持家庭生计直接需要的水"。

　　2001年《波恩国际淡水会议行动建议》①建议四指出,对水资源应当做出公平和可持续的分配,首先是满足人的基本需求,然后是生态系统的需求,最后是包括粮食安全在内的经济方面的各种需求。

　　(三)更加关注生态需水

　　生态需水是指为了维持生态系统的功能或者维持生态平衡所需要使用的水量,它是一个状态值。它与生态用水的概念有所不同,生态用水是指生态系统在自然发展过程中实际消耗的水资源总量,后者是一个动态的概念。② 为了维持生物多样性,维护生态系统的基本功能,区域生态需水存在一个临界值,即最小生态需水量。一旦生态用水量低于最小生态需水量,将导致当地的生态系统破坏,甚至崩溃,造成生物多样性减少,甚至物种灭绝。

　　国际流域各沿岸国以往过分强调自身对水的需求,而忽视了流域在维持其自然生态系统时对水的最基本需求,造成了严重的生态恶化。这一现象正在发生些微改变,有趋势表明跨界水资源的分配和利用更加关注生态需水,甚至应当被赋予优先地位。南共体《关于共享水道系统的修正议定书》明确提出了环境利用,③即为了养护和维持生态系统的用水。④它所列举的公平和合理利用的要素清单,在地理、水文、气候等自然要素之外增加了"生态"这一自然要素,还增加了"有关水道国的环境需要"、"对共享水道水资源的保全、保护、开发和利用的经济性以及采取这些措

　　①　会议的主题是"水——可持续发展的关键"。
　　②　孙江云:《从可持续发展角度来探讨生态需水和生态用水》,载《环境科学与管理》2010年第8期,第107页。
　　③　议定书第3(2)条规定:"共享水道资源的利用应当包括农业、家庭工业、航行和环境利用。"
　　④　议定书第1(1)条规定,环境利用是指为了养护和维持生态系统的用水。

施的成本"等要素。① 《因科马蒂和马普托水道临时协议》附件明确规定了家庭、牲畜、工业、生态需水等的优先地位。②

《柏林规则》将水文地质、可持续性和环境损害最小化等因素列入要素清单。《柏林规则》第 13 条所列举的决定公平和合理利用的要素多达 9 项，在《赫尔辛基规则》第 5 条的基础上，根据《国际水道公约》第 6 条作了修订。与《国际水道公约》所列举的要素清单相比，它有以下变化：一是增加"水文地质"一词（hydrogeological）以反映对地下水的更大关注，这种关注在《赫尔辛基规则》和《国际水道公约》中几乎不存在；二是增补"拟议或现行利用的可持续性"；三是增补"将环境损害降至最低程度"。可持续性是《柏林规则》特别强调的一项"适当努力的义务"，它要求将水看做是生态系统的一部分，只有适当注意生态系统各部分之间内在的相互联系，才能对水资源进行有效利用和管理。③《柏林规则》第 7 条④和第 12 条等也提出可持续利用和管理水资源的义务。

为了维护流域生态系统的正常功能，确保流域生态用水需要，沿岸各国应当通过充分的调查研究、协商和合作，确定该流域的最小生态流量，并在扣除该流量和人类基本需要用水量后，对流域水资源的剩余量进行开发利用，避免流域过度开发及其可能产生的生态损害。

某些国际条约已有这方面的规定。西班牙和葡萄牙 1998 年达成的《西班牙和葡萄牙国际委员会条约》，明确规定了最小生态需水量。因为双方已经达成共识，确保一定流量可使河流发挥水文及环境功能，同时也为双方当前和将来水资源利用奠定坚实的基础。根据条约规定，双方同意需要特别关注环境保护和维持两国可持续发展必需的水资源利用之间的平衡，防止可能影响水资源或由水导致的风险，保护依靠水源的水生和陆地生态系统。为此，协议特别重视跨界环境影响评价、水质标准、最小流量等制度的建设。协议确定了一个最小流量即保证流量，规定上游国必须把保证流量作为其

① See Article 3(8)(a) of *the Provised Protocol on Shared Watercourse Systems in the Southern African Development Community Region*.

② Alvaro Carmo Vaz & Pieter Van der Zaag, *Sharing the Incomati Waters: Cooperation and Competition in the Balance*, SC - 2003/WS/46, pp. 46 - 47.

③ International Law Association Berlin Conference (2004), *Commentary on Article 7 of Berlin Rules on Water Resources*, http://www.asil.org/ilib/waterreport2004.pdf, last visited on Aug. 8, 2009.

④ 《柏林规则》第 7 条规定，国家应当采取所有适当措施，可持续地管理水。

未来资源规划的基础,只要最小流量没有受到威胁,上游国家可自主进行它希望以及认为最合适的资源利用;下游国也必须将其发展建立在这一保证流量的基础上。[①]《因科马蒂和马普托水道临时协议》为了确保两个水道系统的生态需水,保护水道及其生态系统,也在附件中列明了两个水道及其支流的最小流量值。[②]

（四）关注对跨界水资源的潜在利用

沿岸各国对跨界水资源的分配应当以需求为基础,这种需求既包括现行需求,也包括潜在需求。因为每个沿岸国的水权都应当得到尊重,即使它现在还没有行使这一权利的条件。同一流域的各国之间往往处于不同的发展阶段,对水资源的利用程度也不同。在对跨界水资源进行分配和利用时,应当适当考虑后发展沿岸国对水资源的未来需求。例如在澜沧江—湄公河流域,老挝的水资源贡献量最大,其社会经济发展水平目前较低,水利用率也极低。但是老挝有丰富的土地资源,未来的用水量会大增,其他沿岸国在对流域水资源进行分配和利用时应顾及其潜在利用,保证其水资源使用权。其他沿岸国可以先行使用,但在其需要时应当给予保证。这样既可以根据当前的需求开发利用水资源,也可以为将来的水资源再分配留有余地。[③]

某些全球性水条约、区域性水条约和流域性条约都表达了对跨界水资源潜在利用的关注。《国际水道公约》列举的公平和合理利用的要素清单,与《赫尔辛基规则》的要素清单相比有一些变化,其中之一即是公约第 6 条第 1 款(e)项增加了一项需要考虑的要素,即水道国对水的潜在利用。这一补充规定的目的是为了保护潜在利用国的利益,在水道现行使用和潜在使用之间求得平衡,是落实《里约宣言》等有关国际文件中的发展权,即"求取发展的权利必须实现"。南共体《关于共享水道系统的议定书》及其《修正议定书》列举的公平和合理利用的要素清单,也包括水道国对水的潜在利用。[④]《因科马蒂和马普托水道临时协议》是《关于共享水道系统的议定书》

①　国际大坝委员会编:《国际共享河流开发利用的原则与实践》,贾金生、郑璀莹、袁玉兰、马忠丽译,中国水利水电出版社 2009 年版,第 61—63 页。

②　Alvaro Carmo Vaz & Pieter Van der Zaag, *Sharing the Incomati Waters: Cooperation and Competition in the Balance*, SC-2003/WS/46, p. 47.

③　参见何大明、冯彦著:《国际河流跨境水资源合理利用与协调管理》,科学出版社 2006 年版,第 78、81 页。

④　See Art. 2 (7) of *the Protocol on Shared Watercourse Systems in the Southern African Development Community Region* and Art. 3 (8)(a) of *the Revised Protocol on Shared Watercourse Systems in the Southern African Development Community Region*.

这一伞式条约之下的流域性协议,该协议的显著特征,是允许三个沿岸国对因科马蒂水道的水资源的消耗性利用有重大增加,包括为了马普托城(莫桑比克的首都)将来对水的需求而预留的水。① 协议明确规定,缔约方确立的水分配体制已经考虑了"任何现行的和可合理预见的水需求"等因素。②

(五)公平参与原则的确立和运用

为了实现流域各国的共同利益,需要对流域水资源进行一体化管理。为此应当确保所有沿岸国都能够参与对话,其合理利益都能够得到适当考虑,即所谓的"公平参与"。公平参与的程度取决于国家能力、国家意愿和国际体系(或格局、制度、秩序等)。其中前两者是影响参与的主观因素,是"内因",后者是影响参与的客观因素,是"外因"。③

公平参与概念之下的基本思想是:为了实现公平和合理利用,沿岸国必须通过个别地或联合地采取措施,彼此之间就流域利用进行经常合作。参与流域条约的谈判和缔结可以加强合作机会,也可以为整个流域水资源的开发吸引国际资金。如果只有部分沿岸国参与了国际流域条约的谈判和缔结,公平参与意味着这种条约的谈判、缔结和他们对水资源的分配和利用必须考虑到其他沿岸国的利用情况和需要,给予其参与这些条约谈判的机会。

《国际水道公约》确立了公平参与的原则。公约第 5 条的标题即为"公平和合理的利用和参与",内容由两个条款组成④。根据第 1 款的规定,水道国在公平和合理利用水道的同时应履行充分保护水道的义务,并考虑有关水道国的利益,公平和合理利用的目的是实现水道最佳和可持续的利用和受益。这体现了对国际水道利用与保护的统一,权利与义务的统一,有关

---

① See Article 9(5) of *the Tripartite Interim Agreement between the Republic of Mozambique and the Republic of South Africa and the Kingdom of Swaziland for Cooperation on the Protection and Sustainable Utilization of the Water Resources of the Incomati and Maputo Watercourses*.; Alvaro Carmo Vaz & Pieter Van der Zaag, *Sharing the Incomati Waters: Cooperation and Competition in the Balance*, SC - 2003/WS/46, p. 46.

② Article 9(3) of *the Tripartite Interim Agreement between the Republic of Mozambique and the Republic of South Africa and the Kingdom of Swaziland for Cooperation on the Protection and Sustainable Utilization of the Water Resources of the Incomati and Maputo Watercourses*.

③ 参见宋秀琚著:《国际合作理论:批判与建构》,世界知识出版社 2006 年版,第 93、96 页。

④ 第一款规定:水道国对国际水道的公平和合理利用"应着眼于与充分保护该水道相一致,并考虑到有关水道国的利益,使该水道实现最佳和可持续的利用和受益"。第二款规定:"水道国应公平合理地参与国际水道的使用、开发和保护。这种参与包括本公约所规定的利用水道的权利和合作保护及开发的义务。"

水道国之间利益的平衡,以及共同利益理论的影响;第 2 款同样受到共同利益理论的影响,体现了权利与义务的统一。根据第 2 款的规定,公平参与是公平利用原则的发展,而且是与之相联系的,这种参与既包括开发和利用水道的权利,也包括在开发和利用水道时进行保护和合作的义务。公约第 4 条规定,每一水道国均有权参加适用于整个国际水道的任何协定的谈判,以及参加任何有关的协商,这也体现了公平参与的原则。南共体《关于共享水道系统的修正议定书》借鉴了公约的这些条款,它规定,水道国应当公平和合理地参与共享水道的利用、开发和保护,这种参与既包括利用水道的权利,也包括在水道保护和开发方面进行合作的义务。①《因科马蒂和马普托水道临时协议》显然受到公约和《关于共享水道系统的修正议定书》的影响和指导,它明确规定应适用公平和合理的利用与参与原则。②《柏林规则》第 10 条确立了公平参与的权利。该条第 1 款明确规定公平参与是一项权利,但是这一权利受到限制:参与国的行为必须是公平、合理和可持续的。③国际法院在多瑙河盖巴斯科夫大坝案的判决中,援引规定了公平参与义务的《国际水道公约》第 5 条第 2 款,以支持其关于匈牙利和斯洛伐克必须重新确立联合机制的判决。④

二、公平和合理利用原则的新发展与国际河流一体化管理

公平和合理利用原则的新发展,流域可持续发展的需要,要求沿岸各国突破原有的水量分配、合作开发等模式,创立国际河流水资源公平和合理利用的新模式——流域一体化管理模式,即将各国际河流流域作为一个整体进行统一管理,对流域水资源进行统一分配。特别是公平参与原则的确立和运用,这是流域各国实现一体化管理和共同利益的必要基础。人类所面临的水危机其实是水管理的危机,解决国际河流水问题的最终出路将是流域一体化管理。一体化管理的大致做法是,对于国际流域水资源的分配,应

---

① See Art. 3 (7) (b) of the *Revised Protocol on Shared Watercourse Systems in the Southern African Development Community Region*.

② 《因科马蒂和马普托水道临时协议》第 3 条第 2 款规定:"为本协议的目的,《南部非洲发展共同体关于共享水道系统的议定书》的一般原则应予适用,尤其是(a) 可持续利用原则;(b) 公平和合理的利用与参与原则;(c) 预防原则;(d) 合作原则。"

③ 《柏林规则》第 10 条第 1 款规定,流域国有权利公平、合理和可持续地参与国际流域水的管理。

④ *Judgment of 25 September 1997*,1997 ICJ No. 92,para. 147.

当将维持人类基本需求和维持生态系统的最基本功能优先考虑，首先给予满足，然后在扣除这些需水量后，估算用于发挥经济效益的可利用水量，由各沿岸国根据对水量的贡献程度、在先利用情况、用水需求等各种因素，顾及不发达沿岸国对水资源的未来需求，通过协商后予以分配。① 1992 年，联合国环境与发展大会通过的《21 世纪议程》指出："资源有各种用途，最好能统筹规划和管理其所有用途，一方面要考虑环境、社会、经济等所有因素，另一方面要全面考虑环境和资源的所有组成部分，综合考虑有利于进行适当选择和权衡利弊，从而最大限度地提高资源的可持续生产力和扩充其用途。"

流域一体化管理模式要求流域各国通过签订全流域条约，建立全流域管理机构，认可并实施流域整体开发规划和方案，为满足各沿岸国的水需求而进行流域水分配。这一分配方案有效实施的关键在于：规划和方案的完备程度，各沿岸国的信任与合作程度，是否有较为完善的流域法律与管理机制，技术、资金的支撑能力等。②

一体化管理可以称作公平和合理利用的"高级阶段"，也应当是每个国际流域开发利用和管理的理想和目标。国际河流水资源开发利用的世界趋势已经证明，这一理想并非遥不可及：国际河流沿岸国不断从单方面开发合作向多方面，甚至全方位开发合作发展；沿岸国对共享水资源可持续开发的关注和寻求水资源最优利用的联合努力不断增加，这些关注和努力被纳入有关合作开发的法律体制；有关水资源保护的行动计划被通过，这具有突破性意义，尽管数量很少且不具有约束力；国际河流联合管理体制及机构不断得到改善和加强，③尤其是在南部非洲、南美洲和欧洲的某些国际河流流域。

三、国际河流一体化管理实例

（一）南部非洲国际河流一体化管理进程

南部非洲地区有三个突出特征：第一，它包含至少 15 条国际河流流

① 参见何大明、冯彦著：《国际河流跨境水资源合理利用与协调管理》，科学出版社 2006 年版，第 27 页。

② 冯彦、何大明、包浩生：《澜沧江—湄公河水资源公平合理分配模式分析》http://ep.newzgc.com/html/2006/5717. htm,2010 年 8 月 22 日访问。

③ 参见何大明、冯彦著：《国际河流跨境水资源合理利用与协调管理》，科学出版社 2006 年版，第 72 页。

域,著名的如因科马蒂河、马普托河、林波波河、奥兰治河、赞比亚河、库内纳河(Cunene)等。这些河流虽然跨越不同政治边界,但是相互之间形成了不同类型的水文联系。第二,该地区4个经济最发达的国家,即南非、纳米比亚、津巴布韦和波茨瓦纳,都是水短缺的国家,用水量接近它们可得水资源的极限。普遍的水短缺很可能在不久的将来限制它们的经济发展潜力,于是水资源管理就被提升到了关乎国家安全的高度。如果水资源管理不力,将成为未来冲突的动因。第三,这4个国家也彼此关联,因为它们是奥兰治河和林波波河流域的共同沿岸国。而这两个河流流域对每个沿岸国都具有战略重要性,它们的经济活动在很大程度上依靠这两条河流提供支撑。[①]为了在区域层面管理跨界水资源,南部非洲地区达成了《关于共享水道系统的议定书》,为南部非洲地区的跨界水资源管理提供了基本框架。

因科马蒂河、马普托河、林波波河和奥兰治河都曾经是存在安全风险的河流,有的共同沿岸国之间存在敌对关系,甚至爆发过武力冲突。然而随着国际关系的正常化,在共同利益的驱动下,这些河流流域的沿岸国都缔结了全流域条约,建立并运作全流域管理机构。

1. 林波波河流域一体化管理进程

林波波河从上游往下游依次流经波茨瓦纳、南非、津巴布韦和莫桑比克四个沿岸国。其中波茨瓦纳是上游国,气候干燥;南非和津巴布韦是中游国,林波波河的主航道形成它们之间的边界。该河对各沿岸国都具有战略重要性。它是波茨瓦纳大量人口的生计所在;它维持南非许多采矿业和农业,还是南非克鲁格国家公园的重大生态资源;它是津巴布韦唯一可依赖的水源;它是莫桑比克居住在干燥地区的大量高密度人口的唯一可依赖的水源。而该河流域的水资源已被分配殆尽,面临着在不同用水部门之间重新分配水、水质管理(治理非点源污染)、代际公平(保证克鲁格国家公园的生态流量)、国际公平(莫桑比克长期遭受水分配的不公平)、种际公平(南非历史上长期处于不利地位的农民有重新分配水和获取政府支持的需要)等各种问题。

林波波河水管理体制的历史可以追溯到1926年,南非和当时的殖民国葡萄牙就所谓的“共同利益”河流(包括库内纳河、因科马蒂河、马普托

① Anthony Turton, "The Southern African Hydropolitical Complex", in Olli Varis, Cecilia Tortajada and Asit K. Biswas (Eds.), *Management of Transboundary Rivers and Lakes*, 2008 Springer-Verlag Berlin Heidelberg, pp. 35 - 36.

河、林波波河等)签订第一个用水协议,1964 年又签署了第二个用水协议。1967 年斯威士兰加入第二个用水协议。1983 年,南非、斯威士兰和莫桑比克三国签署协议,成立了三方常设技术委员会,负责管理科马蒂河、马普托河和林波波河。但是津巴布韦被排除在外,因为当时津巴布韦与南非关系紧张。

由于三方常设技术委员会排除了津巴布韦,并且管理范围过大(同时管理三条不同的河流),因此运作效果并不理想,于是 1983 年南非和波茨瓦纳谈判设立了一个双边体制,成立了联合常设技术委员会。1984 年南非和莫桑比克签署和平协议,使南非和莫桑比克关系正常化。随着国际关系的稳定,水资源的联合开发变得可行,于是在 1986 年,4 个沿岸国共同建立了全流域管理机构——林波波河流域常设技术委员会。2003 年,所有沿岸国达成了全流域的协议,即《关于建立林波波水道委员会的协议》,成立了林波波水道委员会,该流域管理体制的演变最终形成。这种演变说明,在达成更有包容性的全流域协议之前,沿岸国会谈判达成双边安排;一旦国际关系正常化的政治气候形成,就更易谈判达成全流域安排。①

2. 奥兰治河流域一体化管理进程

奥兰治河从上游往下游依次流经莱索托、南非和纳米比亚,并形成南非和纳米比亚的边界,但是两国对这一边界存在争议。上游国莱索托对南非的经济依赖程度很高,而南非对奥兰治河的经济依赖程度很高。下游沿岸国纳米比亚,其南部地区的经济活动高度依赖奥兰治河。波茨瓦纳较为特别,它没有为奥兰治河贡献流量,没有利用该流域的地表水,但是它是奥兰治河的沿岸国,这是因为诺色波(Nossob)和莫洛坡(Molopo)这两条河形成波茨瓦纳与南非的边界,虽然这两条河都对奥兰治河没有水力贡献。波茨瓦纳利用其法律权利,从事一个"正常"沿岸国的所有活动,大打水文政治牌,这样也打开了将来从"莱索托高地水项目"得到水供给的大门。这种供给目前在技术上是可行的,但是可能太昂贵而不够现实。

奥兰治河流域也面临着水短缺、水量再分配、水质恶化等问题。不过幸运的是生态需水问题得到了重视。1998 年南非《国家水法》规定,特定水共享体制中协议的最小生态流量必须得到遵守。这一规定体现了对资源保护

---

① Anthony Turton, "The Southern African Hydropolitical Complex", in Olli Varis, Cecilia Tortajada and Asit K. Biswas (Eds.), *Management of Transboundary Rivers and Lakes*, 2008 Springer-Verlag Berlin Heidelberg, pp. 48 – 50.

与资源利用的平衡。

南非和莱索托于 1978 年创建了联合技术委员会,以调查签订条约(即后来的《莱索托高地水项目条约》)的可行性。该条约于 1986 年签订,规定了复杂的水共享方案。条约创立了联合常设技术委员会、莱索托高地开发管理局等机构。在该条约和项目实施期间,两国签署了各种新协议,每个都处理特定的事宜。1999 年,联合常设技术委员会被升级为"莱索托高地水委员会"。随着冷战的结束,南非从各种地区解放战争中解脱出来,而纳米比亚的独立已成事实。于是,1999 年南非和纳米比亚建立了常设水委员会,实施了联合灌溉项目。而纳米比亚一旦独立,奥兰治河流域的所有沿岸国就开始了建立奥兰治河委员会的谈判,并在 2000 年结出果实,4 个沿岸国签署了《关于建立奥兰治河委员会的协议》,成为南共体《关于共享水道系统的修正议定书》之下建立的第一个全流域体制。因此,很多不同的体制随着时间而演变,但是最初的焦点是作为地区霸权国的南非与其他沿岸国的双边安排。当各种条件都具备时,谈判达成全流域体制也就水到渠成。而《莱索托高地水项目条约》后来成为科马蒂流域水管理局成立和《因科马蒂和马普托水道临时协议》达成的基础。

3. 因科马蒂和马普托河流域一体化管理趋势

因科马蒂河从上游国南非流经斯威士兰,后又流回南非,两国称为科马蒂河(Komati),使南非成为科马蒂河的上游国兼下游国。然后到达下游国莫桑比克,始称为因科马蒂河(Incomati)。马普托河(Maputo)同样从南非流经斯威士兰,到达下游国莫桑比克。在因科马蒂和马普托水道项目开发工程和伊泰普大坝建设过程中,下游国莫桑比克未参与上游国的水电开发项目,但是积极参与项目方案设计或协议的签订,从而维护了自己的利益。

南非和斯威士兰对于在科马蒂河开发联合项目的可行性进行了共同研究,制定了科马蒂河的优化开发方案,并最终达成了共享水资源与共同投资的协议。协议规定,在南非和斯威士兰的科马蒂河上各建一座大坝,南非的大坝只为南非及莫桑比克供水,而斯威士兰的大坝可同时为三个国家供水。但是这项研究及随后签订的协议有个缺点,缺乏下游国莫桑比克的参与,因为当时该国发生了严重的国内冲突,并且与南非关系紧张。后来经过谈判,莫桑比克在 1992 年签署了协议,同意在南非和斯威士兰的科马蒂河上建造两座大坝,但是前提条件是它能够参加整个因科马蒂河和马普托河开发项目的联合研究,并且确保它能够得到一定的跨境来水流量。在通过 1983 年成立的全流域组织机构——三方常设技术委员会对因科马蒂河和马普托河进行联合研究的基础上,并且根据南共体《关于共享水道系统的修正议定书》的规定,三个沿岸国于 2002 年 8 月签署了《因科马蒂和马普托水道临时协议》。这是一个所有沿岸国参加的全流域协议,是在沿岸国国内局势稳定、国际关系正常化之后签署的。

协议规定,确保今后共享流域内所有基础设施的建设都应当事先通过研究和评价,以及在信息交流、监测和控制水污染方面的合作,以保护流域所有国家不会因为项目开发或其他活动遭受重大的不利影响。[1] 该协议反映了三国经济与社会发展中公平和合理地利用共享水道、公平参与共享水道的管理,以及保护水环境的原则,以免上游国家对共享河流的过度开发,为下游国莫桑比克提供了保护。此后三方开始实施该临时协议,并且进行了一系列详细研究,以最终达成两条河流水资源全面开发和利用的长期协议。[2] 其中因科马蒂河的综合协议已经完成,马普托河的综合协议预计在近期完成。[3]

因科马蒂和马普托流域三国的合作程度较高,出现了一体化管理的趋势,这其中有很多原因。

首先,是地理和水文因素。因科马蒂流域的地理和水文特点将三国的水需求和将来发展紧紧联结在一起,使它们形成特定的依赖关系。在这种情况下,三国有发展睦邻友好关系的明显压力,即使经济发展水平、政治意识形态等有所不同。当然合作首先在科马蒂流域的斯威士兰和南非展开,这两国关系良好,之后才逐渐扩及整个流域。

其次,是政治进程和大国作用。南非作为地区和流域大国,也是流域的上游国,但是面对较弱的下游国,并没有一味地满足自己的水需求,而是顾及到了下游国斯威士兰和莫桑比克的利益。当然这其中也有一个过程。直到 1991 年三国水务部长级会议协议(即 Piggs Peak 协议)签订以前,南非对跨界水资源的开发在很大程度上忽视了莫桑比克的需要,但是对斯威士兰却采取了更谨慎的态度,顾及了斯威士兰的利益。Alvaro Carmo Vaz &

---

① See Articles 4 – 13 of *the Tripartite Interim Agreement between the Republic of Mozambique and the Republic of South Africa and the Kingdom of Swaziland for Cooperation on the Protection and Sustainable Utilization of the Water Resources of the Incomati and Maputo Watercourses.*

② 国际大坝委员会编:《国际共享河流开发利用的原则与实践》,贾金生、郑璀莹、袁玉兰、马忠丽译,中国水利水电出版社 2009 年版,第 15、28、30 页。

③ 具体情况可参见 www.dwaf.gov.za。

Pieter Vander Zaag 认为,这是因为南非既是斯威士兰的上游国,也是其下游国,否认斯威士兰的用水权将会直接影响南非在科马蒂河的可得水量。然而随着三国 1983 年签署协议成立了三方常设技术委员会,南非与莫桑比克于 1984 年签署和平协议,结束紧张关系,南非展示了它在负责任邻居方面所扮演的新角色,三国终于 1991 年达成了水务部长级会议协议。协议中南非和斯威士兰承认,莫桑比克是它们对科马蒂河的双边开发项目中的利益当事方。尽管该协议是在世界银行的压力(只有莫桑比克接受斯威士兰的马古戈(Maguga)大坝,世界银行才会资助这一项目),以及和平的新时代的曙光之下签署的,它同样也植根于协议达成之前的双边和三方的谈判。之后的发展也证明南非履行了考虑下游国利益的承诺。南非《国家水法》明确规定生态需水的优先地位,2002 年签署的《因科马蒂和马普托水道临时协议》也是三赢的产物。当然这一进程中南共体也起了重要作用,因为新南非热切地想展示它在南部非洲地区的新面孔。

最后,《因科马蒂和马普托水道临时协议》充分考虑了三国不断增加的水需求,允许三个沿岸国消耗性用水的份额增加,允许建设更多的大坝和抽取更多的水,实现了"非零和博弈",避免了对日益稀缺的水量的日益增加的竞争性需求可能引发的冲突。当然,未来随着流域可用水量的日益减少,如果不及时调整用水方案,可能会带来新的用水冲突,从而影响一体化进程。[1] 这是后话。

(二) 南美洲国际河流一体化管理的努力

南美洲的银河流域是世界上最大的五个流域之一,它由许多相互联系的子流域组成。这些子流域包括巴拉那河、巴拉圭河(巴拉那河的支流)、乌拉圭河、蒂萨河(巴拉那河的支流)、皮科马约河(巴拉圭河的支流)、萨拉多河(巴拉那河的支流)、拉普拉塔河(源头在巴拉那河和乌拉圭河)。这些子流域各有丰富的特征,但是它们都到达共同的终点——拉普拉塔河。

银河流域各沿岸国虽于 1969 年达成了全流域条约,即《银河流域条约》,但是在 1970—1990 年代,各沿岸国相互之间订立了很多双边条约,诸如巴西、巴拉圭 1973 年的《巴拉那河水电开发条约》,阿根廷、巴拉圭 1971 年的《巴拉那河联合技术委员会协议》,阿根廷、巴西、巴拉圭 1979 年的《关

---

① Alvaro Carmo Vaz & Pieter Van der Zaag, *Sharing the Incomati Waters: Cooperation and Competition in the Balance*, SC - 2003/WS/46, pp. 48 - 49, pp. 52 - 53.

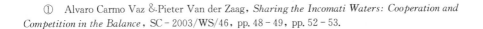

于巴拉那河计划的协议》,阿根廷、乌拉圭 1975 年的《乌拉圭河规约》。这些条约都各自成立了双边委员会对有关水域进行管理。这种各自为政的局面,会损害其他流域国的利益,不能取得最佳和可持续的水资源利用效益,不利于对全流域生态系统的维护,甚至不能获得国际金融机构的资助。

20 世纪末以来,银河流域国家开始了子流域甚至全流域一体化管理的努力。就子流域一体化管理而言,1998 年在全球环境基金的资助下,上巴拉圭河流域开始发起潘塔纳湿地和上巴拉圭河流域一体化水系管理规划。该规划项目的目的是探索该地区生态系统恶化的原因,并且计划和实施可持续发展的措施。皮科马约河流域的阿根廷、玻利维亚和巴拉圭于 1995 年成立了"上流域三国委员会",其管理范围主要是玻利维亚领土内的河流流域,集中于水质项目,以及通过总体规划评估上流域的水资源。此前,阿根廷和巴拉圭于 1994 年成立了双边委员会,管理形成两国边界的河段。[①] 在欧盟的发起下,皮科马约河流域的三个沿岸国正在为 2000 年开始的皮科马约河流域项目开展一体化管理和总体规划。该项目集中于水质恢复、污染和沉积物控制。[②] 就全流域一体化管理而言,阿根廷、玻利维亚、巴西、巴拉圭和乌拉圭于 2003 年开始了一项监测和控制气候变化对银河流域的影响,以及改进社会、经济、环境和自然方面的可得数据的项目,该项目由全球环境基金资助。[③]

(三)欧洲国际河流一体化管理实例

莱茵河是全球管理最好、解决环保问题最成功的一条国际河流。为了防治日趋严重的跨界污染问题,1950 年 7 月,莱茵河流域的瑞士、德国、法国、卢森堡和荷兰五国共同成立流域污染防治机构——莱茵河防治污染国际委员会,以防止流域水污染,保护水质,从整体上促进莱茵河生态系统保护和可持续发展。该委员会组织通过了《防治化学污染公约》、《防治氯化物污染公约》、《防洪行动计划》、《莱茵河 2000 年行动计划》等一系列公约和计

① Lillian del Castillo labored, "The Rio de la Plata River Basin: The Path Towards Basin Institutions", in Olli Varis, Cecilia Tortajada and Asit K. Biswas (Eds.), *Management of Transboundary Rivers and Lakes*, 2008 Springer-Verlag Berlin Heidelberg, pp. 279-283.

② Kai Wegerich & Oliver Olsson, "Late Developers and the Inequity of 'Equitable Utilization' and the Harm of 'Do No Harm'", *Water International* (2010), 35: 6, pp. 285-286.

③ Lillian del Castillo labored, "The Rio de la Plata River Basin: The Path Towards Basin Institutions", in Olli Varis, Cecilia Tortajada and Asit K. Biswas (Eds.), *Management of Transboundary Rivers and Lakes*, 2008 Springer-Verlag Berlin Heidelberg, p. 284.

划,各国对这些公约和计划协调行动,严格执行。因为这些国家是法治国家,"各成员国对污染的认识都很明确,认为流域是指一条河的集水区,一个流域就是一个大的生态系统,彼此息息相关。"这才是莱茵河流域管理给我们的最大启示。[1]

西班牙和葡萄牙对共享水资源的开发和管理,已经从单纯分享水量,追求经济效益,转而重视水质保护和流域可持续发展。两国从 20 世纪 60 年代开始,经历了政治、经济和社会方面的深刻变化,对水资源利用的需求增加,引起河流状况改变,跨部门甚至跨领土对水的竞争加剧并导致水质逐渐恶化,水日益成为两国宝贵而稀缺的资源。此外,两国于 1986 年加入了欧共体,需要遵守欧共体制定的环境和水质标准,并加强两国之间的合作。在所有这些背景下,两国确定了以下合作和协议的基础:需要确保水质和水环境的保护,强化信息交流制度,共同规划和管理流域水资源,进行跨界环境影响评价,建立共同认可的水资源评估模式。在此基础上,两国参考《欧盟水框架指令》,经过反复谈判和协商,于 1998 年 11 月签订了双边条约,就联合管理机构的建立和职责、信息交流义务、预防跨界影响、水资源保护的目标和水质标准、确保最小流量、洪水和干旱等紧急情况下的应对措施等作了详尽规定,还包括一个必须受到特别监视的污染物清单。[2] 该条约已于 2000 年 1 月生效。

第三节　中国国际河流水资源公平和合理利用模式之选择及相关建议

公平和合理利用原则及其新发展,尤其是公平参与原则的确立和一体化管理的趋势,对中国境内国际河流各沿岸国的权利平衡和争端解决具有重要的现实意义。

一、中国国际河流水资源开发利用和保护现状

中国作为境内大多数国际河流的上游国,对这些河流有一定的影响能

---

①　陶希东著:《中国跨界区域管理:理论与实践探索》,上海社会科学院出版社 2010 年版,第 105—107 页。
②　国际大坝委员会编:《国际共享河流开发利用的原则与实践》,贾金生、郑璀莹、袁玉兰、马忠丽译,中国水利水电出版社 2009 年版,第 33 页,第 61—63 页。

力。这些河流的开发、利用、保护和管理,影响着我国近1/3国土的可持续发展,以及我国与东南亚、南亚、东亚和中亚地区的区域稳定与合作关系。因为对《国际水道公约》中规定的强制性争端解决办法等持反对态度等原因,中国在联大会议通过该公约时投了反对票。但是该公约所规定的公平和合理利用、不造成重大损害和国际合作原则,是跨界水资源利用和保护的习惯法原则,具有一般国际法的效力。而且我国正在实施《水法》、《水污染防治法》、《水土保持法》、《环境影响评价法》、《清洁生产促进法》、《循环经济促进法》、《环境保护法》等法律法规,它们也适用于国际河流在我国境内河段的利用和保护。我国在跨界水资源的利用和保护工作中有义务遵守这些原则和国内立法。

中国国际河流总数多,分布地区分散,这些河流流域具有丰富的水、土、林、矿、能源等资源,生物和文化多样性突出,对我国未来经济和社会的可持续发展具有举足轻重的作用。① 而且,中国国际河流的开发利用不仅关系到边疆的发展和环境保护问题,更是地缘政治和国际关系问题。尽管中国国际河流众多,且多为国际大河,但是由于这些河流多处于高山峡谷,或者沿岸国众多,有的甚至还没有解决边界纠纷,加之某些开发规划或活动受下游国和环保组织的反对或抵制,开发利用较为困难,因此总体开发利用程度较低,除了澜沧江之外,水资源利用量不超过5%。② 另外,国际河流开发利用与保护之间的矛盾,对包括我国在内的发展中国家的影响是较为突出的。目前澜沧江流域进行了有限开发,建立并运营了一些梯级电站,其中小湾电站的开发因为受到下游国的质疑,亚洲开发银行不愿提供贷款,而自行开发建设;怒江流域的干流梯级水电开发规划还没有通过环境影响评价,社会争议也非常激烈,目前还没有正式进行水电建设。

另外,我国与邻国也开展了一些交通和经济领域的合作。比如,我国与湄公河流域沿岸国开展的湄公河次区域经济合作,与图们江流域沿岸国共建的经济技术开发区,在伊洛瓦底江流域开展的中缅边境贸易合作等,都引世人注目。但是由这些沿岸国的经济发展程度所决定,当前这种合作开发的主流仍是以"趋利"为宗旨的经济合作,以"避害"为宗旨,符合流域可持续

---

① 刘丹、魏鹏程:《我国国际河流环境安全问题与法律对策》,载《生态经济》2008年1期,第17页。

② 姬鹏程、孙长学编著:《流域水污染防治体制机制研究》,知识产权出版社2009年版,第82页。

发展的合作,比如跨界水污染防止和控制、生物多样性保护、紧急情况的应对、维护流域生态安全等,尚未给予足够的重视。[1] 我国作为很多国际河流的上游国,境内发生的某些水污染事件殃及或影响了中下游国,遭到这些国家的抗议,影响睦邻友好和地区稳定与安全。比如,2000 年伊犁河水污染,哈萨克斯坦就此向中国驻哈大使馆交涉;2001 年西藏易贡地区发生的泥石流溃坝事件和 2004 年西藏帕里河发生的堰塞湖事件,造成中印两国关系紧张;2005 年松花江水污染事件,俄罗斯向中国提出交涉。尤其是在两国存在边界纠纷时,相互之间缺乏了解和信任,这些突发事件更易引起两国关系的紧张和敌对。西藏易贡地区发生的泥石流溃坝事件,甚至被印度媒体渲染成中国攻击印度的生态武器。[2]

尽管我国也与某些国际河流的共同沿岸国签订了一些流域水条约,但是都是双边条约。这些条约的内容也较为单一、粗漏,缺乏水质标准、确保最小生态需水量、确保人类基本需求用水、跨界环境影响评价等核心内容。我国既没有与他国签订或加入已有的多边条约,也没有建立或加入相应的多边流域管理机构,更没有全流域的一体化开发条约、规划和机构,这与共同利益理论的要求,与世界跨界水资源开发利用趋势有相当的差距。

我国与共同沿岸国对国际河流的合作开发程度较低,是有很多原因的,包括国家安全的考虑,坚持国家主权的传统观念,作为上游国的用水优势地位,等等。而且,这些共同沿岸国也太多强调它们自己的利益。但是正如前述,我国应当遵守公平和合理利用原则,同时顾及共同利益理论,加强与共同沿岸国的合作,这不仅是我国的大国战略所需,也是我国的经济发展、睦邻友好、边疆稳定所需。

二、中国国际河流水资源公平和合理利用的模式及相关建议

我国国际河流开发、利用和保护面临的任务比较艰巨,我国应当以限制领土主权理论和共同利益理论为指导,在遵守国际水法的基本原则——公平和合理利用和参与、不造成重大损害、国际合作等的基础上,注意开发过程中与共同沿岸国的睦邻友好,做到既满足自身需要,又兼顾共同沿岸国的

---

[1]　参见何大明、冯彦著:《国际河流跨境水资源合理利用与协调管理》,科学出版社 2006 年版,第 30 页。

[2]　何海榕:《国际水法国际化趋势下对中国国际河流实践的反思》,载《跨界水资源国际法律与实践研讨会论文集》,2011 年 1 月 7—9 日,第 69 页。

利益与需要。同时坚持开发与保护相平衡,既保障我国水资源安全,又维护流域生态系统的平衡。

（一）坚持睦邻友好方针

尽管经过三十多年的改革开放,中国取得了令世人瞩目的经济发展成就,政治实力也不断发展壮大,但是中国仍是发展中国家,对外应当保持谨慎,要继续坚持邓小平提出的"韬光养晦"路线,在区域层面继续坚持睦邻友好方针,在全球层面坚持和平发展、互利共赢战略。我们一定要想清楚:只有安定邻国、稳固周边、深化本地区的合作进程,中国才能建设有利于自身发展的良好环境,才有迈向全球强国高地的坚实台阶。① 我国《国民经济和社会发展十二五规划纲要》第 53 章("积极参与全球经济治理和区域合作")指出:"深化同周边国家的睦邻友好和务实合作,维护地区和平稳定,促进共同发展繁荣。"

（二）循序渐进地开展一体化管理

我国既是很多国际河流的上游国,也是某些国际河流的中下游国,应当注意维护自己负责任大国的国际形象,遵守国际水法的基本原则,同时在开发、利用和保护跨界水资源的过程中,尽量贯彻共同利益理论,与沿岸各国进行数据和信息交流,制定和实施全流域条约,建立并运作全流域管理机构,以实现睦邻友好和区域安全与稳定,实现对共享水资源的最佳和可持续的利用和受益。当然,对国际河流流域进行一体化管理以实现流域各国的共同利益,这只是一个美好的远景,现实中不可能一蹴而就。特别是流经较多国家的大型国际流域,比如澜沧江—湄公河流域和雅鲁藏布江—布拉马普特拉河流域,期望这些流域一步到位地实现一体化管理极其不现实。我国需要脚踏实地地开展有关工作。

一体化管理可以通过以下先易后难、循序渐进的路径来实现:数据和信息交流——签订局部流域水条约——建立和运作局部流域联合管理机构——单纯的水量分配——进行联合开发——签订全流域水条约——建立和运作全流域管理机构——进行流域一体化管理。我国可以根据自身的现实情况,先与有关沿岸国建立信息共享和交流机制,之后再达成双边或多边水条约,建立局部流域联合管理机构,单纯地进行水量分配,或者联合进行

---

① 王逸舟:《做一个强大而谦逊的国家:中国急需新东亚战略》,载《南方周末》2010 年 12 月 23 日第 35 版。

水利工程开发,在条件成熟时再达成全流域水条约,建立和运作全流域管理机构,最终实现一体化管理。

我国也可以综合考量境内各国际河流的沿岸国数目、沿岸国之间的信任与合作程度、法律与管理机制及资金与技术状况等,结合各河流的水文、地理、地质、气候、生态、资源禀赋等情况,借鉴美洲和欧洲的科罗拉多河流域、巴拉那河流域、莱茵河流域等成功的流域管理方法,分别采取水量分配、合作开发、一体化管理等各具特色的开发利用模式。比如在鸭绿江、黑龙江、珠江等界河或有条约基础或我国是中下游的河流流域,进行合作开发甚至一体化管理,而在澜沧江—湄公河、怒江—萨尔温江、雅鲁藏布江—布拉马普特拉河等多国河流或没有条约基础或我国是上游国的河流流域,进行水量分配。

当然,尽管可以根据国际实践概括出跨界水资源公平和合理利用的通用模式,但是人类社会的活动是很具体的人文现象,某一具体国际流域水资源的利用也受到多种因素的影响,诸如流域地理、地质和水文状况,沿岸国国内和国际政治形势及社会、民族状况,各沿岸国对水的现行利用和潜在需求,各沿岸国国内法律等,绝非只有这几种模式就可以"包打天下"。我们可以充分发挥国民融会变通、求同存异的经世谋略和处事智慧,探索出新型的利用模式。

（三）对流域水电开发规划和项目进行环境和社会影响评价和后评价,将环境和社会影响降至最低

我国流域水电开发从规划阶段就应当将环境保护和社会稳定作为重要的考虑因素,在整个开发进程中严格履行国家有关环保、移民法律和规定,进行缜密的科学论证,充分考虑和照顾下游国家利益,制定和实施严格的环保和移民安置措施。

我国水力资源蕴藏量非常丰富,号称世界第一。但是我国目前水电开发的程度还比较低,只有20%,水力发电在整个发电当中占的比例也只有24%。在应对全球气候变化、发展可再生清洁能源的大背景下,我国水力发电还有很大的潜力。特别是我国境内国际河流的上游河段,水能资源丰富,具有优良的电站建设条件与优势。开发利用这些国际河流是我国发展经济和满足能源需求所必需的,但是必须做到环保先行,同时确保社会稳定。2010年10月《中共中央关于制定国民经济和社会发展第十二个五年规划的建议》明确提出:"在保护生态的前提下积极发展水电。"而2011年《国民

经济和社会发展十二五规划纲要》第 11 章第 1 节("推进能源多元清洁发展")指出:"在做好生态保护和移民安置的前提下积极发展水电……"

我国当前的主要矛盾是污染物排放压力比较大,而能源需求居高不下,因此把水电放到突出的位置上来。火电最主要的环境影响是污染物的排放,而水电的主要影响是水生生态的变化。火电厂一旦停产,新增污染物排放也随之终止;而大坝一旦筑成,即使在不发电的情况下,对河流原水文情态的影响也已经形成,而且难于逆转。河流水资源的功能是多元的,包括饮用、灌溉、养殖、发电航运、调节生态和局域气候、旅游观瞻、工业用水等。衡量一条河流水资源的开发强度,应当综合考虑,而不能以某个单一指标来衡量。不同的开发功能之间有同一性,也有排斥性。应当最大限度地发挥河流水资源的综合功能,而不是突出某一项功能,忽略其他。

水电开发需要截流兴修大坝,众所周知,大坝建设和运营具有两面性,一方面,可以提高水源供水能力,用于防洪、发电、发展水产养殖等多种用途;另一方面,影响水量和河流的流动性,影响水资源的灌溉、航运等用途,影响淡水和海洋生态系统,导致众多淡水栖息地和物种的丧失。另外大坝建设要侵占大量的土地,涉及农田被淹、移民搬迁、景观破坏等,可能影响社会稳定。因此,为了防止引起严重环境和社会后果,在建坝时必须研究对流域和坝区居民和周围生态系统的影响,并且采取必要的防护措施,以将环境和社会影响降至最低。

我国水电开发在规划设计阶段就应当进行多目标分析,综合考量经济、社会、政治、环境等所有相关变量和因素,而不是仅仅强调其经济效益,尤其是梯级水电开发。笔者建议,我国在对河流流域进行梯级水电开发之前和开发的整个过程中,进行流域性水电开发环境和社会影响评价和后评价,在评价过程中确保原住民、环保社会组织、公众等各方的参与,采取切实有效的风险预防和损害预防措施,将水电开发的环境和社会影响降至最低。

我国目前根据《环境影响评价法》、《建设项目环境影响评价条例》、《国家重点建设项目后评价暂行办法》、《大型水利工程项目后评价实施暂行办法》等法律、法规和规章的规定,对单个水利水电项目进行环境影响评价和后评价。我国法律规定了流域水电开发需要制定规划,《环境影响评价法》要求对规划进行环境影响评价。国务院还于 2009 年颁布了《规划环境影响评价条例》,规定国务院有关部门、设区的市级以上地方人民政府及其有关部门,对其组织编制的土地利用的有关规划和区域、流域、海域的建设、开发利用规划,以及工业、农业、畜牧业、林业、能源、水利、交通、城市建设、旅游、自然资源开发的有关专项规划,应当进行环境影响评价。① 2011 年《国务院关于加强环境保护重点工作的意见》要求:"严格执行环境影响评价制度;凡依法应当进行环境影响评价的重点流域、区域开发和行业发展规划以及建设项目,必须严格履行环境影响评价程序……建立健全规划环境影响评价和建设项目环境影响评价的联动机制……"②

但是对于河流水电开发规划环境影响评价审查,我国没有专门的文件进行规定和限制,更没有开展过相关工作。为了做好河流水电规划报告及规划环境影响报告书的审查工作,明确审查原则、审查程序和组织形式,保障审查的客观性、公正性和科学性,促进水电开发健康有序推进,国家发展改革委员会和环境保护部制定并于 2011 年 10 月发文实施《河流水电规划报告及规划环境影响报告书审查暂行办法》。③ 该办法的发布实施,意味着水电建设项目的环境影响审批的前置条件是其所在流域开发规划环境影响评价通过审查,这将极大地推动我国水电开发的健康有序发展。

我国于 2006—2008 年在两个内河流域开展了流域性的水电环境影响后评价试点工作。④ 近年来,为了推动规划环境影响评价有效实施,促进水电开发健康有序发展,在环境保护部和相关部门的严格要求和积极推动下,澜沧江中下游、大渡河干流、金沙江中游、金沙江上游等主要河流(河段)已陆续开展了水电开发的规划环境影响评价工作。另一方面,我国水电事业快速发展,流域梯级开发规划和工程热火朝天,这些规划和工程由于其潜在或现实的环境和社会影响而备受争议和非议。因此,我国应当尽快落实上述文件规定,切实开展流域性环境和社会影响评价和后评价工作。

巴西与巴拉圭联合开发的伊泰普水电站项目取得了显著的经济效益,而且工程决策者和建设者将工程的环境影响和社会影响降至最低的努力是最值得称道的。伊泰普工程建设和运营中采取的减轻环境影响的主要措施是:水库由一个大约 10 万 hm² 的保护区包围,略小于 13.5 万 hm² 的水库面积,保护区内的植树造林和其他环境项目伴随着水电站的建设、竣工和运

---

① 参见《规划环境影响评价条例》第 2 条的规定。
② 《国务院关于加强环境保护重点工作的意见》,第一部分第(一)段。
③ 《河流水电规划报告及规划环境影响报告书审查暂行办法》,发改能源[2011] 2242 号文。
④ 其一是贵州乌江水电开发环境影响后评价,其二是黄河上游龙羊峡至刘家峡河段水电梯级开发环境影响后评价。参见张虎成、陈国柱、罗友余:《流域水电开发环境影响后评价实践与思考》,载《环境科学与管理》2010 年第 8 期,第 176 页。

营,一直在持续进行;发电站的运行以不影响下游的航运为条件,发电站的详细运行章程还规定了发电站正常运行期间的河流最小流量和最大允许水位波动,以避免对下游国阿根廷和流域生态系统的不良影响。减轻社会影响的主要措施是,给予移民适当的补偿,允许他们在同一地区重新安家,其中约有84%的人成功买下了比自己原有的土地大50%的新土地,对于那些在原居住地没有土地的移民,则在本国其他地区为他们提供土地和资产;另外还在当地建立了高水平教育设备和科技中心,为当地社区提供培训。①这些做法值得我国在国际河流的开发利用中借鉴。

我国对国际河流流域的水电开发规划和项目不仅要评价对本国环境和社会的影响,还要评价跨界环境影响。这也有利于我国争取国际组织或基金对水电项目的资金支持。目前几乎所有由多边发展银行或其他国际发展机构资助的基础设施项目,都需要进行环境影响评价程序,以便评估其潜在的国内、跨界和全球环境影响。在这种国际规则与实践的背景下,我国需要充分了解和研究跨界水资源利用规划和项目之跨界环境影响评价的有关国际法规则与国际实践,以吸引更多国际资金。

(四)水权交易

水权交易是指水与其他能源或商品的交易。例如,以牺牲土地控制换取对水的控制,以水换取能源或发展援助,以上游污染控制或分配水量的减少换取下游航道的改善。

在考虑水分配问题时,仅仅聚焦于水量可能将水分配问题转化为零和游戏:一当事方的获得就是另一当事方的损失。如果不是单纯地聚焦于水量,而是采取经济方法,聚焦于水的经济收益,将水与其他商品或金钱交换,将使不同国家感觉受惠,②从而可以更好地避免利益冲突,实现双赢。

通过水权交易等方式,可以从更广泛的需求角度,有效地解决水分配问题。比如咸海流域的吉尔吉斯斯坦保证下游的乌兹别克斯坦和哈萨克斯坦灌溉用水和水力发电,而乌兹别克斯坦和哈萨克斯坦则分别提供一些能源作为回报。咸海流域的下游国乌兹别克斯坦、哈萨克斯坦和上游国吉尔吉

---

① 国际大坝委员会编:《国际共享河流开发利用的原则与实践》,贾金生、郑璀莹、袁玉兰、马忠丽译,中国水利水电出版社2009年版,第57—58页。

② Asit K. Biswas, "Management of Transboundary Waters: An Overview", See Olli Varis, Cecilia Tortajada and Asit K. Biswas (Eds.), *Management of Transboundary Rivers and Lakes*, 2008 Springer-Verlag Berlin Heidelberg, p. 39.

斯斯坦三国政府多次开会讨论水与能源的交换方式,并于1998年签署了政府间框架协定《关于锡尔河流域水及水能资源的利用协议》,2000年三国又续签了关于纳伦—锡尔河流域水资源利用问题政府间协议。现在锡尔河和阿姆河的水资源分配就是根据该框架协定及跨国水协调委员会每年制定的供水进度表进行的。根据该协定,乌、哈两国向吉提供等量的能源(煤炭、天然气、重油和电)以及其他产品以补偿灌溉用水,而纳伦—锡尔河梯级水电站因在植物生长期放水和托克托古尔水库多年径流调节工程所多发的电能应该供给乌、哈相等的份额。①

我国可与共同沿岸国进行协商,将各自具有比较优势的水权与其他自然资源权属进行交易,进行互补开发。比如上湄公河土地稀缺而水资源相对丰富,而下湄公河土地资源丰富但缺水,如果两者结合,则能取得明显的互补效益,促进上下游国在水分配和水环境保护方面的合作。② 但是这种互补贸易和合作应当着眼于长远,同时考虑到生态系统的平衡。这也是从上述咸海流域水权交易的实践中得出的教训。咸海流域三国根据协议进行水与能源的交换,但是都没有完全履行其所承担的义务,因为现行锡尔河流域水电资源利用模式具有重大缺陷,比如没有无条件遵守相互义务的机制,能源交换相互计算的复杂性等,并且没有形成长期用水的保障。利用锡尔河流域水电资源的协议建立在短期的基础上,主要是考虑水能资源的交换利益,但是没有解决长期计划中根据生态系统的方式平衡利用水资源的过渡问题。③

(五)积极寻求生态补偿

我国作为很多国际河流的上游国,因为生态环境脆弱,或者因中下游国的在先利用的挑战,而面临开发的困境。但是根据公平和合理利用原则,我国作为潜在利用国,享有开发利用的权利。如果因为需要维护河流流域生态系统的平衡而影响我国的开发利用,或者我国放弃了开发权利,因而损失经济发展机会,可以积极寻求中下游国家给予生态补偿。为此,我国应当重视对国际流域生态补偿理论的研究,确定补偿的原则、标准、方法、程序等。

---

① 杨立信编译、刘恒审校:《水利工程与生态环境(一)——咸海流域实例分析》,黄河水利出版社2004年版,第109页。

② 参见何大明、冯彦著:《国际河流跨境水资源合理利用与协调管理》,科学出版社2006年版,第45页。

③ 杨立信编译、刘恒审校:《水利工程与生态环境(一)——咸海流域实例分析》,黄河水利出版社2004年版,第109页。

有学者认为在流域生态补偿方面,在我国还未对生态补偿的内涵与市场范畴有明晰的认识,也未有试点经验之前,与下游国家商谈此方面内容容易使我国陷入被动。[1] 笔者认为,这种看法有一定道理,尽管商谈并不一定使我陷入被动。但是为了避免无的放矢,我国在商谈之前确实应当"做足文章",加强有关理论和制度操作层面的研究,也可以采取"拿来主义",借鉴国内生态补偿尤其是跨省流域生态补偿的理论、立法和实践,争取在国际河流流域生态补偿方面主导制定有关规则。长久以来,我国为了"与国际接轨",常常是别国制定规则,我国亦步亦趋,被动遵守。现在我国有实力、有必要尝试坐在桌边和大家一起制定规则,甚至可以主导制定某些规则,只要这些规则对各利益相关国家都有利,或者对流域发展的大局和长远有利。

(六)关注下游国开发利用动态,积极维护我国与国际河流流域的整体利益

我国作为很多国际河流的上游国,不应永远站在跨界水资源问题的"被告席"上,而是应以更加积极、开放的心态应对跨界水资源问题。我国不仅可以在国际河流位于我国的河段适度进行水电开发等利用活动,同时也应当主动地关注下游国的开发利用动态,积极维护我国利益,甚至是国际河流流域整体的利益。比如对于近年来越南盗沙船频频到湄公河柬埔寨段非法采沙,导致湄公河水位下降,威胁下游航运安全;下游有关国家大量抽取湄公河水灌溉农田,从而造成河口段水位较低,引起海水倒灌等行为;对于下游国计划在湄公河干流修建大坝,而对珍稀鱼类栖息地和渔业资源以及对湄公河航运的潜在影响等,可以考虑指出,有的情况下甚至可以严正批评或抗议。此举可树立我国维护全流域生态系统,而不是仅仅"自扫门前雪"的负责任的大国形象,也有利于我国寻求生态补偿。

(七)国内多部门综合协调管理

20世纪80年代形成的新区域主义理论,作为一种新的政治关系理论,强调不同部门的横向协作,强调"多方面的"、"开放性的"地区联合。[2] 我国现行行政管理体制重视上下级之间的纵向垂直管理,但是同级不同部门之间的横向协调管理意识非常薄弱,而由于同级各行政部门的职能交叉、重叠

128

---

① 马喆:《大湄公河次区域合作中涉我水资源问题分析及对策建议》,载《跨界水资源国际法律与实践研讨会论文集》,2011年1月7—9日,第175—176页。

② 陶希东著:《中国跨界区域管理:理论与实践探索》,上海社会科学院出版社2010年版,第40—41页。

或存在真空,会形成在部门利益面前"多龙治水",而在没有部门利益时相互扯皮的现象。我国国际河流的开发利用涉及外交部、水利部、发改委、国土资源部、能源委、环保部、农业部、林业局、交通部、城乡建设与规划部、旅游局等中央政府各职能部门以及河流所流经各省份及地区政府职能部门,这些部门的职权范围、关注目标、组织架构等不尽相同,彼此间缺乏沟通与协调,造成分头应对或相互扯皮的局面。在通过全国性的行政管理体制改革改变行政管理大环境之前,为了形成合力,提高管理效率,各职能部门应当加强统筹、沟通与协调,共同做好国际河流的开发利用工作,唯有如此才能实现国家利益最大化。

（八）发展国内跨省政府间关系

我国国际河流所流经的各省份地方政府之间,应当加强相互联系和政策协调,共同致力于流域水资源利用和水环境保护。莱茵河流域各国对莱茵河的环境保护不仅有跨国委员会进行协调管理,各沿岸国还设立了跨州（省）的协调委员会。比如德国跨越四州的莱茵河的协调管理由莱茵河上游的巴登符腾堡州主持,各州配合。各州环保部门和洪水应急救援部门,统一协调跨越州界的水环境问题。[①] 我国国际河流流经各省区市的地方政府之间,比如怒江流域的云南和西藏两省（区）、黑龙江流域的黑龙江、吉林和内蒙古三省（区）、鸭绿江流域的吉林和辽宁两省应当加强合作与协调,可以通过设立和运作相应的流域管理机构,也可以通过现有的流域管理机构加强协调。另外,这些省份可以研究建立跨省流域生态补偿机制。

（九）发展跨国地方政府间关系

政府间关系（府际关系）理论是一种政治学理论,这一理论认为政府之间的关系包括利益关系、权力关系、财政关系和公共行政关系。[②] 府际关系既有正式关系,也有非正式关系,有垂直关系,也有平等关系。从行政空间范围的角度,可分为国内政府间关系和国际政府间关系两大类型,其中后者又分为国际中央政府间关系和跨国地方政府间关系。[③] 我国在跨界水资源的利用和保护中既要发展跨国中央政府间关系,也要发展跨国地方政府间

---

① 姬鹏程、孙长学编著:《流域水污染防治体制机制研究》,知识产权出版社 2009 年版,第 89 页。

② 谢庆奎:《中国政府的府际关系研究》,载《北京大学学报（哲学社会科学版）》2000 年第 1 期,第 46 页。

③ 陶希东著:《中国跨界区域管理:理论与实践探索》,上海社会科学院出版社 2010 年版,第 56 页。

关系。20 世纪 80 年代以来,各国政府改革方案中的共同趋势之一,就是地方政府间伙伴关系的建立与发展。在全球化的冲击下,面对日益紧缺和污染的共享资源,流域各国政府及各地方政府需要进行资源和行动的整合,才能发挥综合性作用和效益,通力合作解决共同的经济、社会和环境问题。

　　成立于 1983 年的美加五大湖州长委员会就是一种非正式的跨国地方政府间关系,湖区各州或省通过这一委员会对其相互之间的利益关系进行协调,实现了对五大湖的有效利用和管理。该委员会是负责大湖、圣劳伦斯河以及“流入到大湖的所有河流、池塘、湖泊、溪流及其他水域、支流”的指定机构。① 该委员会是一个非官方的非营利性机构,其宗旨是“在环保前提下鼓励和促进经济发展”。现在的成员包括美国的伊利诺伊州、印第安纳州等 8 个州(成立时仅有 6 个州加入,1989 年又有两个州加入)及加拿大的安大略省和魁北克省。经过先期的谈判与协商,委员会的各成员于 1985 年签署了《五大湖宪章》,共同管理五大湖水资源,确保各地区内保持一定的水位和流量。2001 年,委员会所有 10 个成员追加签署了该宪章的补充条例,即《五大湖区——圣劳伦斯河盆地可持续水资源协议》,该协议禁止美国南部诸干旱州大规模调用五大湖区——圣劳伦斯河盆地的水资源。这一关键协议涉及水资源保护、水量储存利用、水质恢复、生态系统保护等问题,为湖区水资源的有效管理描绘了更加全面的蓝图。委员会下还设有各种独立运作的机构,各州都在委员会常驻地建有办公室,由州长派出的代表直接对州长负责,代表们可以向州长直接汇报工作。与地方政府最高行政长官建立起最直接的信息通道,这是委员会的一个创造,从而确保委员会在实际运行过程中取得了突出的管理效能。另外,委员会还与另一个重要的区域协调机构——美国与加拿大共同成立的国际联合委员会开展合作。②

　　我国国际河流所流经各省份的地方政府,可以借鉴上述美国与加拿大的做法,与共同沿岸国的州、省、邦等开展跨国地方政府间的合作。比如青海、西藏、云南三省(区)与缅甸、老挝等国周边省、邦在澜沧江—湄公河流域事务上的合作,西藏与印度、孟加拉国周边邦、区在雅鲁藏布江—布拉马普特拉河流域事务上的合作,云南、西藏等省区与缅甸、泰国等国周边邦、省、地区在怒江—萨尔温江流域事务上的合作,新疆与哈萨克斯坦周边州在伊

---

① 蔡守秋:《河流伦理与河流立法》,黄河水利出版社 2007 年版,第 203 页。
② 陶希东著:《中国跨界区域管理:理论与实践探索》,上海社会科学院出版社 2010 年版,第 109—113 页。

犁河和额尔齐斯河流域事务上的合作,黑龙江与俄罗斯周边区、州在黑龙江和绥芬河流域事务上的合作,吉林、辽宁省与朝鲜周边道在鸭绿江流域事务上的合作,吉林省与朝鲜、俄罗斯等国周边道、区、州在图们江流域事务上的合作,云南省政府与越南周边省在元江—红河流域事务上的合作等,[①]都是发展跨国地方政府间关系。

---

① 缅甸行政区划:全国分为 7 个省和 7 个邦;老挝行政区划:全国划分为 1 个直辖市和 16 个省;印度行政区划:全国划分为 26 个邦和 7 个中央直辖区;孟加拉国 6 个行政区;泰国行政区划:全国划分为 5 个地区,共有 76 个府;哈萨克斯坦行政区划:全国划分为 14 个州和 2 个直辖市;俄罗斯行政区划:现由 83 个联邦主体组成,包括 21 个共和国、9 个边疆区、46 个州、2 个联邦直辖市、1 个自治州、4 个自治区;朝鲜行政区划:全国划分为 1 个直辖市和 9 个道;越南行政区划:全国划分为 5 个直辖市和 58 个省。资料出处:《世界地理图集》,中国大百科全书出版社 2011 年版。

第七章　中国重要国际河流水资源
开发利用的法律措施建议

　　我国国际河流主要分布在三大区域：西南地区、西北地区、东北地区，本章将对这三大区域的重要国际河流水资源的开发利用问题进行专门探讨并提出建议。

第一节　中国西南地区国际河流水资源
开发利用的法律措施建议

　　中国西南地区国际河流主要有澜沧江—湄公河、雅鲁藏布江—布拉马普特拉河、怒江—萨尔温江等。这些河流均为流经三国或以上的多国河流，中国是这些河流的上游国，境内落差较大，水能资源丰富，因此是我国未来水电开发的重点地区。到 2020 年前后，我国规划的除西藏外的大部分水电工程将开发完毕，重点将逐渐向西藏的金沙江、澜沧江、怒江上游和雅鲁藏布江流域转移。[①] 而 2011 年《国民经济和社会发展十二五规划纲要》第 11 章第 1 节（"推进能源多元清洁发展"）指出："在做好生态保护和移民安置的前提下积极发展水电，重点推进西南地区大型水电站建设……"该规划纲要同时在第 18 章第 1 节（"推进新一轮西部大开发"）指出："加强生态环境保护，强化地质灾害防治，推进重点生态功能区建设，继续实施重点生态工程，构筑国家生态安全屏障……"

　　与欧美 70％的水电开发率相比，中国还不到 30％，属于全球范围内可开发潜力较大的地区。但是中国水力资源相对富集的西南部地区，也是生态环境相对脆弱、生物多样性资源相对富集的地区。水电开发对生态环境

---

　　① 何海宁、江燕南：《三十年低调一朝开启：雅鲁藏布江水电坎坷前传》，载《南方周末》2010 年 12 月 9 日第 13 版。

和当地社区不可能没有负面影响,关键是开发强度必须在环境和社会能够承受的限度内,这需要进行系统分析,并且制定和实施合理的规划。另外,我国对这些河流的开发利用还牵涉到共同沿岸国的利益,需要依据国际水法处理好与它们的水资源分配和水生态系统保护问题。

一、澜沧江—湄公河流域水资源开发利用的法律措施建议

(一)澜沧江—湄公河流域概况

澜沧江—湄公河流域在中国境内称为澜沧江,从中国出境口始称湄公河。该流域分为上流域和下流域两部分。中国和缅甸位于上湄公河流域,占流域总面积的大约 24%。该河流发源于中国青海(青藏高原)的唐古拉山,流经西藏进入云南,于西双版纳傣族自治州流出国境后,继而流经缅甸,形成中国和缅甸的边界,之后又流经老挝西北部,形成缅甸和老挝的边界。上流域在所谓的"金三角"地区(缅甸、老挝和泰国三国交界处)变成为下湄公河流域,河流穿过老挝西南部,形成老挝和泰国的边界,之后向南流经柬埔寨。在柬埔寨首都金边,洞里萨河将湄公河与东南亚最大的湖泊——洞里萨湖连接起来,之后流经越南南部,形成富饶的湄公河三角洲,在越南胡志明市附近注入南海。澜沧江—湄公河流域干流全长 4 880 公里,总面积 79.5 万平方公里,以长度计算是世界第六大河流,就径流量来说是世界第九大河,也是亚洲流经国家最多的国际河流,被誉为"东方多瑙河"。它提供了丰富的淡水资源、渔业、航行、农业灌溉用水等,支持多样的淡水生态系统,也是居住在流域内的七千万人口的生计来源。① 澜沧江在我国境内干流总长 2 129 公里,流经中国青海、西藏、云南三省(区),流域面积 16.48 万平方公里,占全流域面积的 20.7%。

从流域年径流量来看,流域内的水资源可以满足灌溉、水电、航行和旅游等经济增长的需求。但是该流域有明显的季节性,流域的水流量因热带季风气候而发生戏剧性变化,每年 5—12 月份为湿季,巨大流量导致严重洪灾;12 月到次年 4 月份为干季,水量严重短缺,导致家庭用水和农业用水短缺,船舶航行受到限制,并使流域的海湾平原持续遭受盐水入侵。老挝严重依赖河流运输,而干季流量的减少对航行带来不利影响;泰国和越南数十年

---

① Katri Mehtonen, Marko Keskinen & Olli Varis, "The Mekong: IWRM and Institutions", in Olli Varis, Cecilia Tortajada and Asit K. Biswas (Eds.), *Management of Transboundary Rivers and Lakes*, 2008 Springer-Verlag Berlin Heidelberg, p. 209.

来开发了深灌溉系统,而这一系统的利用在干季受到严重限制;越南海湾持续遭受盐水入侵。因此,流域水资源利用的关键问题是干季期间水资源的公平分享和可持续开发。湄公河流域有争议和需要解决的主要问题,也是对流域在干季水资源的分配和利用,以及水生态系统的保护。

近些年来,下游国家对我国境内澜沧江流域水电、航运、矿产开采等开发活动对下湄公河的水量分配、生态、生物多样性保护的影响,我国与下游国之间的水文与水资源信息交流,沿岸各国合作开发与管理等诸多问题极为关注。由泰国、柬埔寨、老挝和越南等4个下游国组成的湄公河委员会,也与中国频繁接触,要求中国提供澜沧江的水文资料和梯级电站规划资料,并试图推动中国加入委员会。中国近几年在电力、环境、交通和人力资源开发等领域与湄公河委员会成员国进行广泛对话和合作。

(二)澜沧江—湄公河流域现行条约和组织框架

澜沧江—湄公河流域的泰国、柬埔寨、老挝和越南等4个下游国有长期的合作历史。早在1957年,在亚洲和远东经济委员会的支持下,4个下游国建立了下湄公河流域调查协调委员会。从1978年开始,由于柬埔寨在委员会的缺席,又建立了湄公河临时委员会。1995年,在联合国开发计划署的指导下,泰、柬、老、越4国达成《湄公河流域可持续发展合作协定》,根据协定建立了湄公河委员会(以下简称"湄委会"),取代了下湄公河流域调查协调委员会和湄公河临时委员会。遗憾的是,上述协定和组织机制缺少两个上游国中国和缅甸的参与。

1.《湄公河流域可持续发展合作协定》的主要内容

协定共分为6章,总共42条。这6章的标题依次为"序言"、"术语的定义"、"合作的目标和原则"、"组织机构"、"解决分歧和争端"、"最后条款"。核心内容是第3章"合作的目标和原则"和第四章"组织机构"。

(1)合作的义务和范围

协定第1条规定,为了使所有沿岸国的多种利用和互利达到最佳,以及降低自然事件和人为活动可能造成的有害影响,条约缔约国在湄公河流域水和有关资源的可持续开发、利用、管理和保全的所有领域进行合作,包括但不限于灌溉、水电、航行、防洪、渔业、浮运木材、娱乐和旅游等。

(2)项目、计划和规划

协定第2条规定,为了促进、支持、合作和协调对各沿岸国的可持续受益有充分潜力的开发,以及预防对湄公河流域水的有害利用,注重并偏重于通过制定流域开发规划而进行的联合和/或全流域开发项目和流域计划(即在制定流域开发规划的基础上,开展联合和/或全流域开发项目和流域计划——笔者注)。

(3) 环境保护和生态平衡

协定第 3 条规定,保护湄公河流域的环境、自然资源、水生生命和条件以及生态平衡,使其免遭任何流域水及相关资源的开发规划和利用造成的污染或其他有害影响,这项规定体现了《国际水道公约》第 20 条"保全和保护生态系统"的思想和第 21 条中"预防、减少和控制污染"的内容。

(4) 主权平等和领土完整

协定第 4 条规定,在主权平等和领土完整的基础上,在湄公河流域水资源的利用和保护中进行合作。《国际水道公约》第 8 条第 1 款有相似规定。

(5) 合理和公平利用

协定第 5 条规定,各沿岸国根据所有相关因素和情况,第 26 条之下规定的"水利用和流域间分水规则",以及下列①和②款的规定,在各自领土上合理和公平地利用湄公河系统的水。

① 在湄公河支流,包括洞里萨湖、流域内利用和流域间分水应当通知联合委员会(湄委会的常设机构之一),向其及时提供对水的拟议利用的信息。根据第二章"术语的定义"之八,"拟议利用"是指湄公河系统的水的确切利用的计划,对干流流量没有重大影响的生活和少量用水除外。

② 在湄公河干流上,在湿季期间,流域内利用应当通知湄公河委员会,向其及时提供对水的拟议利用的信息,流域间分水应由联合委员会事先磋商以达成协议;在干季期间,流域内利用应由联合委员会事先磋商以达成协议,任何流域间分水计划应当经过联合委员会同意。根据第二章"术语的定义"之七,"事先磋商"是指向联合委员会及时提供拟议水利用的信息和额外材料和信息,以便其他沿岸国对该拟议利用对其水利用的影响和任何其他影响进行讨论和评估,并在此基础上达成协定。

第 26 条规定,联合委员会应当依据第 5 条和第 6 条,准备"水利用和流域间分水规则",并向理事会提议以获批准,包括但不限于:① 确定湿季和干季的时间框架;② 设立水文站网,确定和维持各站径流水位要求;③ 确定干季期间干流多余水量的准则;④ 改进利用的监督机制;⑤ 建立从干流进行流域间分水的监督机制。

135

（6）维持干流流量

协定第 6 条第 1 款规定,在分水、贮存或其他永久性活动中维持干流流量方面进行合作,发生历史上严重干旱和/或洪水的情况除外:

① 在干季每个月期间,不少于可接受的最小月天然流量;

② 在湿季期间,确保洞里萨湖产生可接受的天然回流量;

③ 在洪水期间,防止日平均洪峰流量超过天然日平均流量。

第 2 款规定,联合委员会应当根据第 26 条的规定,确定河川径流的分配和水位指南,并对流量维持进行监测和采取必要的措施。

上述这些规定体现了湄公河水量(特别是枯水期水资源)在防洪、渔业、航运、灌溉以及控制海水倒灌中的重要作用。

（7）预防和控制有害影响

协定第 7 条规定,在湄公河流域水资源的开发利用或废物排放中,尽一切努力避免、减轻和消除可能发生的对环境,尤其是水量和水质、河流水生态系统状况和生态平衡的有害影响。如果有确凿证据表明,一个或以上沿岸国对湄公河水的利用和/或向水体的排放对一个或以上沿岸国造成实质性(substantial)损害,该国或这些国家应当立即停止损害行为。

（8）对损害的国家责任

协定第 8 条规定,如果任何沿岸国对湄公河水利用和/或向水体的排放产生的有害影响对一个或以上沿岸国造成实质性损害,有关当事方应当根据关于国家责任的国际法原则,决定所有相关因素、损害的原因和程度、国家对损害应负的责任,并且根据《联合国宪章》,依据本协定第 34 条和第 35 条的规定,友好和及时地以和平方法讨论和解决所有事项、分歧和争端。

（9）航行自由

协定第 9 条规定,在权利平等的基础上,整个湄公河干流应当实行自由航行,而不考虑领土边界,以便运输和通讯以促进地区合作和满意地实施协定之下的项目;湄公河上不应有可能直接或间接损害可航性的障碍、措施、行为和行动。

（10）紧急情况

协定第 10 条规定,任何时候,当某一缔约方发现特别的水量或水质问题已构成需要立即作出反应的紧急情况时,都应当毫不延迟地通知有关各方和联合委员会,并与之直接磋商,以便采取适当的救济措施。

2. 澜沧江—湄公河流域管理的组织框架

根据协定第 11 条的规定,作为协定之下湄公河流域合作的组织框架,为了履行其职责的目的,湄委会拥有国际机构的地位。湄委会的使命是,为了国家的互利和人民的福利,通过制定和实施战略规划和活动,以及提供科学信息和政策建议,促进和协调水和有关资源的可持续管理和开发。第 12 条规定,湄委会由三个常设机构组成,即理事会、联合委员会和秘书处。其中理事会作为决策机构,联合委员会作为执行机构,秘书处则是行政机构。[①]

湄委会仅覆盖流域一部分,但是职能广泛,是一个多目的的联合开发机构,其活动范围包括材料收集、防洪、水电开发、捕鱼、航行和环境事项,[②]具有监督、交流信息等职能。它不仅可调查和协调湄公河下游水资源的综合开发,而且还根据可持续发展的理念,强调对整个湄公河水资源及其相关资源以及全流域的综合开发制订计划并实施管理。但是上游国中国和缅甸没有加入湄委会。1996 年,中国和缅甸成为湄委会对话国,定期参加湄委会与两国举行的对话会。但是湄委会需要将与上游国的这种低层次的技术合作上升到实质层次,因为对于一个寻求促进湄公河这条国际河流流域的可持续发展的流域组织来说,缺乏所有沿岸国的充分参与不可能实现流域的可持续发展。湄委会的 4 个成员国,也是湄公河的下游国,也强烈期待中国和缅甸成为湄委会的成员国。[③]

数年来,湄委会一直在推动那些体现了河流管理的一体化方法的项目。比如,湄委会的"流域开发计划"目前已经进入第二阶段,可被看做是迈向水资源一体化管理的进程。然而,由于中国和缅甸没有包括在流域开发计划内,湄委会很难实现对全流域的一体化管理。而且,湄委会成员国也缺乏在下湄公河流域进行一体化开发的政治意愿,这是因为成员国之间复杂的政治关系、经济发展程度和政治制度的差异、国内政局不稳定、国家组织能力脆弱等多种原因。

除了湄委会之外,湄公河地区也有很多其他国际组织在开展涉水活动,

---

① 参见何大明、冯彦著:《国际河流跨境水资源合理利用与协调管理》,科学出版社 2006 年版,第 142 页。

② See Nurit Kliot and Deborah Shmueli, "Development of Institutional Framework for the Management of Transboundary Water Resources", *Int. J. Global Environmental Issues*, Vol. 1, Nos. 3/4, 2001, p. 319.

③ Ti Le-Huu & Lien Nguyen-Duc, *Mekong Case Study*, SC - 2003/WS/62, p. 53.

最重要的是大湄公河次区域经济合作计划、东南亚国家联盟，以及金融机构世界银行、亚洲开发银行等。这些组织各有其职责和议题，但是职能和活动范围也有重叠，因此提供了相互合作的可能，实际上也进行了一些合作。

大湄公河次区域经济合作计划是亚洲开发银行、联合国亚太经济和社会委员会于 1992 年发起成立的，旨在促进可持续的经济增长，提高居住在大湄公河次区域的 2.3 亿人口的生活条件。湄公河流域的所有 6 个沿岸国都是其成员，水资源管理也日益获得更多关注。

东盟创立于 1967 年，旨在促进成员国之间的经济一体化和贸易。除了中国之外，湄公河流域的其他 5 个沿岸国都是其成员国。东盟"湄公河流域开发合作"项目创立于 1996 年，目标是增强湄公河流域经济上的稳固和可持续发展。另外，东盟于 2002 年成立了"水资源管理工作组"，在以下领域开展活动：关于一体化管理的网络建设和合作活动，关于水管理的相关信息、专业知识、技术等的交流，以及关于水资源一体化管理的培训、教育和意识提高等。

世界银行和亚洲开发银行主要是关注流域开发项目，旨在对适宜的项目进行资助。比如，世界银行发起的"湄公河水资源援助战略"，旨在对湄公河国家和湄委会在优先发展的可持续投资的认定、准备和适当运营方面提供援助，亚洲开发银行也加入了这一战略的规划和实施进程。

另外，全球水伙伴在积极促进该地区的水资源一体化管理。①

为了促进湄公河流域经济、社会的可持续发展和生态系统维护，甚至向水资源一体化管理迈进，这些组织机构应当加强相互合作和协调。在这一进程中，中国作为流域上游国和地区大国，应当可以发挥建设性的作用。

3. 对协定的评价

作为一个对缔约国有约束力的流域多边条约，协定规定了主权平等和领土完整、公平和合理利用、不造成重大损害、保护流域生态系统、合作义务等国际河流水资源利用和保护的基本原则和规则，突出了国际河流水利用的关键问题：水量的合理分配，试图通过制定和实施流域规划、确保最小流量等在全流域（起码在下湄公河流域 4 国之间）实行一体化管理，体现了可持续发展的理念和共同利益理论，是较为先进的流域水条约。当然，协定中

---

① Katri Mehtonen, Marko Keskinen & Olli Varis, "The Mekong: IWRM and Institutions", in Olli Varis, Cecilia Tortajada and Asit K. Biswas (Eds.), *Management of Transboundary Rivers and Lakes*, 2008 Springer-Verlag Berlin Heidelberg, pp. 212 - 213.

也有一些含糊不清的条款,比如第 4 条中"有害影响"的含义,第 6 条中"可接受的最小月天然流量"、"可接受的天然回流量"、"日平均天然流量"的确定方法和标准,第 9 条中"实质性损害"的确定标准,第 10 条中"紧急情况"的含义等,需要进一步明确,使之具有可操作性。

协定通过以后,湄委会及其各成员国进行努力和合作,并且通过国际组织的推动,在协定基础上进一步签订了 4 项协议:《数据信息的交流与共享程序》、《关于通知、事先磋商和达成协定的预备程序》、《湄公河委员会信息系统监督和管理的指导方针》、《水资源利用监督程序》。① 这使下湄公河流域国家的合作机制和共享水资源的管理机制逐步走向成熟和完善。但是由于缺少上游国中国和缅甸的参与,协定的执行效力受到了很大的限制。Asit K. Biswas 认为,该协定只是"朝着正确的方向迈出的一步",它在促进湄公河流域的有效管理方面发挥的作用很有限,这是出于至少两个原因:首先,中国作为该流域最上游也是最强大的国家,对湄公河水的需求迅速增加,对湄公河水资源的开发速度和强度加大,然而中国一直拒绝加入协定和湄委会;其次,协定没有包括任何具体的分水方案,只是规定了"公平和合理利用"、"不造成重大损害"等通用原则,未免有些"宏大叙事"。因此,该协定基本上是下游 4 个沿岸国之间的框架协议,主要是起到协商和合作作用。②

（三）澜沧江—湄公河流域水资源开发利用现状

人类对流域水资源的利用大致有发电、航运、灌溉、防洪、旅游、城镇供水和生态保护等 7 个方面,其中最主要的利用是发电、航运和农业灌溉等。澜沧江—湄公河流域的沿岸国对流域水资源的利用也集中于这些方面。但是不同国家对流域水资源的竞争性、甚至冲突性需求,以及正在规划或实施的具有不同目标、满足不同需求的开发项目,可能并已经引发沿岸国之间的紧张和冲突局势。③

1. 航行利用和农业灌溉

20 世纪 90 年代以来,随着世界经济全球化、一体化趋势加强,在邻国

---

① 参见何大明、冯彦著:《国际河流跨境水资源合理利用与协调管理》,科学出版社 2006 年版,第 159—161 页。

② See Asit K. Biswas, "Management of Transboundary Waters: An Overview", in Olli Varis, Cecilia Tortajada and Asit K. Biswas (Eds.), *Management of Transboundary Rivers and Lakes*, 2008 Springer-Verlag Berlin Heidelberg, pp. 11 - 12.

③ 2009 年年底以来,整个湄公河流域遭遇大旱,下游国质疑是中国澜沧江水电开发导致的,但是中方予以否认。

经济向区域化方向发展的大趋势下,澜沧江—湄公河流域的中国、老挝、缅甸、泰国等4国,形成了加快次区域经济合作进程的共识,在交通、能源、矿产、贸易、旅游等多领域的合作迅速展开。交通运输是各国经济发展的驱动力,是贸易往来、人员交流的重要纽带,流域各国都把澜沧江—湄公河航运的开发利用列为次区域经济合作的重要内容和优先领域。1990年5月,云南省政府和老挝交通部联合组成澜沧江—湄公河国际航道考察团,得出了开发这条航道"技术可行、经济合理"的结论。同年9月,中老双方成功实现了云南景洪—老挝万象1 100公里航程的载货试航,结束了这条国际河流不能通航的历史。2000年4月,中国、老挝、缅甸、泰国签订了从中国思茅港到老挝琅勃拉邦商船自由通航的协定,2001年6月,4国通航联合协调委员会正式组建并开始工作,4国商船在澜沧江—湄公河国际航道正式通航。10年来,该航道已经成为中国连接东南亚各国的国际黄金水道,在建设中国—东盟自由贸易区、加强大湄公河次区域经济合作、促进中老缅泰四国间经贸文化交流中发挥着不可替代的作用。①

由中国发起,而与泰国、老挝和缅甸共同实施的湄公河航行项目,要求河流保持一定的水量和水位,可能影响下游灌溉用水,也遭到了最下游的柬埔寨和越南的质疑,两国声称他们从未被询问、甚至被告知该项目,尽管他们严重依赖这条河流。另有人批评这一项目没有充分讨论和解决对渔业和食物供给的潜在影响。泰国和越南有该流域最发达的灌溉农业,这需要充分的水量保证,泰国期望从河流及其支流中抽水进行灌溉,甚至计划将湄公河水分流一部分到它自己的河流。柬埔寨期望维持河流的季节性——包括洪水冲击波系统,以保护洞里萨湖独特的生态系统。由于处于下游位置、敏感的生态系统和平坦地形等原因,柬埔寨最担忧的是上游国的开发活动。对于越南,湄公河三角洲的水稻栽培和水产品生产需要充足的干季流量。②

2. 水电开发

澜沧江—湄公河的水能资源主要集中在干流,因为水能资源富集,水电开发有着巨大的经济社会效益。尤其是中国境内的澜沧江,主要为峡谷型—中山宽谷河流,耕地有限灌溉耗水量极少,而水能资源丰富,具有优良的

① 张丹、赵书勇:《澜沧江—湄公河国际航道通航十年成黄金水道》,中国新闻网,http://news. sohu. com/20100203/n270010178. shtml,2010年8月22日访问。

② 湄公河三角洲又称为九龙江平原,是越南最富饶的地方,也是越南人口最密集的地方。越南南方60%～70%的农业人口集中于此,是越南主要的稻米生产基地。

电站建设条件与优势,被列为中国能源发展规划的十二大水电基地之一。湄公河流域的其他沿岸国也进行了或准备进行水电开发,特别是老挝,其水电潜力占整个下湄公河流域的51%。①

(1) 澜沧江云南段的开发

从20世纪50年代起,中国就开展了澜沧江水能资源的普查及规划工作。澜沧江流域云南境内共规划了15个梯级电站,其中澜沧江中下游8个梯级电站,上游7个梯级电站。目前,中下游的漫湾、大朝山和景洪电站已投产发电,小湾电站于2009年首批机组投产,糯扎渡、功果桥和橄榄坝等水电站正在开展前期工作。预计2015年澜沧江中下游8个梯级电站除勐松外将全部建成投产。上游的里底、黄登、苗尾、乌弄龙、托巴、大华桥、古水电站已陆续启动筹建,"十二五"后期上游各电站将开始投产,2020年前全部开发完毕。

(2) 澜沧江西藏段的开发

澜沧江西藏段目前尚未开发,初步规划按六个梯级开发,从上游到下游分别是侧格、约龙、卡贡、班达、如美、古学。预计2015年左右动工兴建,2030年左右可开发完毕。云南境内干流梯级的兴建,尤其是坝址在云南境内而水库回水延伸至西藏境内的古水电站的建设,为澜沧江西藏段水电资源的开发创造了有利条件。②

(3) 其他沿岸国的水电开发

除了中国,次区域其他国家对湄公河流域的水电开发也在加速,出现了湄公河流域集团"联合争水"的局面。这条国际河流正在变为大湄公河次区域国家的最大水电基地。湄公河委员会秘书处已经完成了"湄公河干流水电站"规划,在老挝境内规划了琅勃拉邦、巴莱、沙拉钦等5个水电站;老、泰界河段规划了上清利、班库等5个水电站;老、柬界河段规划了孔埠瀑布电站;柬埔寨境内规划了上丁、松博等4个水电站。③

3. 关于流域水电开发的争议和负面影响

中国和老挝等国在湄公河的最大利益是水电开发,但是由于水电开发

①　谈广鸣、李奔编著:《国际河流管理》,中国水利水电出版社2011年版,第111页。
②　段兴林:《澜沧江水电开发的进展经验及几点建议》,http://www.wcb.yn.gov.cn/slsd/ztyj/3857.html,2010年9月6日访问。
③　李怀岩,浦超:《澜沧江—湄公河中国境内最下游大型水电站投产》,http://news.sohu.com/20080619/n257610951.shtml,2010年9月6日访问。

可能产生的重大环境和社会影响,尽管这些影响还少有评估和承认,招致了其他沿岸国和国际社会的严厉批评,也遭遇到严重障碍。中国在澜沧江干流和支流进行的梯级水电开发所产生的电力,除了供应中国沿岸省份、邻近省份和东部沿海省份外,还将出口到其他沿岸国。然而由于这些大坝将改变河流的自然和水文属性,破坏河流的季节性,它们的环境和社会影响引起了极大关注。国外各不同行为体和学者们批评,这些梯级水电开发项目在实施之前,没有就其对整个流域的环境和社会影响进行评估,也没有就这些项目与其他沿岸国进行谈判。除了中国之外,老挝也有在湄公河上建造水电大坝的雄心勃勃的计划,但是主要是在支流上,以通过向邻国销售电力而获取急需的经济收入。老挝全国93%以上的地区属于湄公河流域,为了便利跨边界的电力贸易,已经规划了覆盖整个流域的地区电网。世界银行和亚洲开发银行都支持这一计划。下游国也急切地需要电力,尤其是泰国,预计会向中国水电开发进行大量投资。①

鉴于澜沧江—湄公河流域的水电开发活动和规划引起了国际社会极大关注,关于这些活动和规划的环境可行性、影响评估等问题也引起了很大争议。2010 年 8 月,湄委会与中国、缅甸共同举行了"对预计在湄公河干流上兴建水电工程的战略环境评估研讨会"。会议讨论了湄公河中国段水电工程以及下游各国拟建水电工程事宜。

支持大坝建设者认为,下游水电工程可以减少用于发电的矿物燃料,电力出口的利润还可用于资助农村和社会发展项目等,但是水电开发必须评估对流域生态系统和原住民生活的负面影响。根据《湄公河流域可持续发展合作协定》的规定,水电项目在做出决定前,必须在 4 个缔约国开展广泛的论证。各国如何采取有效措施减轻大坝对渔业等的负面影响,这需要重点考虑。

世界野生动物基金会(WWF)最新报告指出,如果湄公河水力发电大坝计划进一步实施,湄公河标志性物种——巨型野生鲶鱼的种群数量将濒临灭绝。这份名为《野生生物之河:湄公河里的巨型野生鱼类》的报告指出,在湄公河里生活的野生鱼类中,有 4 种属于全球十大淡水鱼:黄貂鱼、巨鲶、食狗鲶鱼、巨暹罗鲤。

---

① Katri Mehtonen, Marko Keskinen & Olli Varis, "The Mekong: IWRM and Institutions", in Olli Varis, Cecilia Tortajada and Asit K. Biswas (Eds.), *Management of Transboundary Rivers and Lakes*, 2008 Springer-Verlag Berlin Heidelberg, pp. 210 – 212.

目前的科学资料表明,为了产卵,巨鲇会从柬埔寨的洞里萨湖出发,沿湄公河北上,抵达泰国和老挝南部地区。而以一条湄公河大鱼的体形,将无法游过像大坝这样的障碍物,回到上游产卵地。任何建于河流主干道的水坝都将成为它们前进路线上的阻碍,这将导致这些标志性野生物种种群濒临灭绝。

计划修建于老挝沙耶武里省(Sayaburi)的水力发电大坝位于老挝北部。作为湄公河干流下游河段的首座大坝,这项工程引起了湄委会成员国的广泛争论。尽管拟建于湄公河下游主干道的大坝对这些巨型鱼类的影响有限,但是大坝将减少进入湄公河三角洲的沉积物,造成海平面上升等情况,加剧这一地区应对气候变化的脆弱性,会对湄公河三角洲这一全球农业渔业最多产的区域产生不可避免的影响。

关于大坝对湄公河下游流域的社会、环境和跨区域发展的全面影响,湄委会已经进行了广泛研究,对湄公河下游水电开发的风险和机遇作出战略环境影响评估。研究内容主要为水电开发对区域能源规划、人、渔业、鱼类迁移、生态完整性和生物多样性、河流形态和泥沙平衡,以及水质和盐度侵入的影响等。① 评估报告已经发布,预计水电收益虽然巨大,但是环境成本将会非常高昂,将会有二百多万人的生计遭受直接或间接损失。报告建议将所有干流大坝的建设推迟至少 10 年。②

为了确保能够全面评估大坝工程影响,世界野生动物基金会支持推迟批准包括沙耶武里大坝在内的水坝建造。同时,基金会也在推动湄公河沿岸国家开发可持续发展的水电站项目,将已经建好的水力发电大坝区分优先次序,以应对当前的能源需求。③

最新进展是,老挝、泰国、柬埔寨和越南 4 国政府未能就是否修建 Sayaburi 水坝的事宜达成协议,这意味着这一大坝项目将暂缓建设。修建大坝的讨论将推延到湄公河流域国家的部长级会议上。④

① 〔老挝〕陈祖龙:《研讨水电开发战略环评,中国与湄公河成员国深化合作》,载《中国环境报》2010 年 8 月 31 日第 4 版。

② 埃德·格拉宾、许建初:《湄公河下游大坝项目暂缓》,载《中国环境报》2011 年 5 月 3 日第 4 版。

③ 曹俊:《WWF 发布湄公河鱼类报告,大坝威胁巨型珍稀鱼类》,载《中国环境报》2010 年 8 月 31 日第 4 版。

④ 埃德·格拉宾、许建初:《湄公河下游大坝项目暂缓》,载《中国环境报》2011 年 5 月 3 日第 4 版。

（四）中国参与澜沧江—湄公河流域水资源开发利用的设想和建议

我国作为流域的上游国,在区域经济一体化和流域共同管理的大背景下,在下游国日益关注甚至抵制我国开发利用动向以及对其影响的压力之下,我国应当及时调整流域开发利用战略,积极稳妥地参与流域共同开发,甚至推进一体化管理。该流域下游四国已经签订和实施了流域协定,而且该协定内容日趋成熟完善,协定缔约国和湄委会又不断对我国施加压力。我国不可能熟视无睹,而是应当在全面分析上述协定和协议内容的基础上,权衡各方面的因素,选择合适的方式积极参与湄公河流域水资源的开发和管理,要么直接加入协定和湄委会,要么与湄委会成员国另签协议,单纯进行水量分配或水利项目的联合开发,待条件具备时再进行一体化管理。

1. 考虑加入协定和湄委会,或者加强与湄委会和下游国家的交流与合作

从我国经济发展的角度出发,协定规定对我国有利也有弊。其中有利的条款是主权平等和领土完整、航行自由,但是协定关于合理和公平利用、环境保护和生态平衡、项目、计划和规划、合作义务、水资源利用及流域间分水规则等问题的条款和规定对我国经济发展有不利的影响,会限制我国对澜沧江流域水能资源及其他相关资源的开发利用,限制水电站的建设和运营。《数据信息的交流与共享程序》的实施对我国保密工作带来极大挑战。但是我国应当从全局和长远出发,贯彻可持续发展战略,重视生态安全、睦邻友好和区域稳定,这要求我国尽早融入湄公河流域的合作和共同管理。如果我国加入该协定,就为我国积极争取自己的合法权益提供了机会,享有了一定的主动权,从而改变我国与湄公河下游四国进行水资源开发合作的被动地位,杜绝它们对我国水利工程的无端猜疑和抑制,避免产生国际纠纷。

如果暂时不考虑加入协定和湄委会,我国也应当适当考虑和顾及湄委会和下游国家的诉求和利益,加强与湄委会和下游国家的交流与合作。我国与湄委会的合作属于“区域间主义”。区域间主义是 20 世纪 90 年代中期以来的一种全新的世界性现象,也是跨界区域治理的新理论。① 区域间主义可以被定义为：来自一个或多个特定国际区域或次区域的各种行为主体（包括国家和非国家）推动区域间制度化合作的各种思想、观念、计划及其实

① 陶希东著：《中国跨界区域管理：理论与实践探索》,上海社会科学院出版社 2010 年版,第41 页。

践进程。① 一直以来,我国重视并与湄委会保持了良好合作关系,比如提供雨季的上游水文气象数据,为湄公河防洪起到了重要作用,还对湄委会成员国政府机构的相关工作人员提供了洪水管理和风险预防的培训等。湄委会已经派代表团与我国政府会谈,就我国在湄公河流域越来越多的参与行动进行磋商,我国应当积极进行这种磋商和参与流域管理。

2010 年 4 月,首届湄委会峰会发表《湄公河委员会华欣宣言》,承诺要致力于建设"一个经济繁荣、社会公正和环境良好的湄公河流域"。《华欣宣言》以"满足需要,保持平衡:面向湄公河流域的可持续开发"为主题,指出湄委会的任务是促进和协调水资源以及相关资源的可持续管理和发展,谋求国家的共同利益和人民福利。宣言强调了湄委会与国际和地区伙伴之间的合作日益扩大,其中包括中国为应对当前区域性干旱而向下游国家应急提供两个水文站旱季水文资料。

澜沧江作为一条国际河流,其水电开发还必须顾及对下游国家的影响,重视与下游国家的交流与合作,做到与下游国家和谐发展。我国一方面积极推动澜沧江景洪、糯扎渡水电站送电泰国,另一方面积极寻求东南亚周边国家水电资源开发机会,加强电力合作,目前已成功开发缅甸瑞丽江一级电站,电力主要回送国内。自 2003 年起,中国已连续七年向下游国家提供汛期澜沧江水文资料,对下游国家预防洪灾发挥了重要作用。2010 年,中国为帮助下游国家抗旱还向下游国家提供当前旱季澜沧江水文资料。

2. 澜沧江—湄公河流域水资源开发利用模式之选择

澜沧江—湄公河流域各国就水资源利用达成一致的关键,是依据公平和合理利用原则,寻找可接受的方法,它既提供善意合作机会,又确保根据主权平等原则,任何当事方都不会处于不利。因为各国对湄公河都有切实的利益,而且都在进行或计划进行水资源开发项目。

如前所述,就国际上诸多国际河流水资源公平和合理利用的模式来说,可分为三种:水量分配、合作开发和一体化管理。以公平和合理利用原则与可持续发展理念为指导,国际河流水资源的分配不仅应当满足各沿岸国社会经济发展的需要,还应当满足维护生态环境用水的需要。因此,将国际

---

① 区域间主义有三种,即半区域主义、双区域主义、多区域间主义。半区域主义(集团/区域对国家或国家对集团/区域),即集团/区域组织与单个国家之间的制度化合作,或者某一区域的一组国家与单个国家之间的制度化合作,比如东盟—中国,湄委会—中国。多区域间主义是一种跨区域安排,比如上海合作组织。

河流作为一个系统,进行水资源的综合开发和利用是国际河流水资源利用的理想路径。从进步的观点看,国际河流水资源分配最合适、最理想的模式是采用一体化管理。但是就澜沧江—湄公河流域开发利用与合作现状看,实行一体化管理缺乏足够的软硬件环境或条件,主要表现在:流域内合作机制松散;湄委会的协调管理权力有限:缺乏统一的全流域规划;缺乏足够的资金与技术支撑。

针对澜沧江—湄公河流域的开发利用现状,目前实施全流域一体化管理模式是很困难和不现实的,可以采取较为松散的合作方式,即水量分配模式或合作开发模式。另外还可以在中国境内的澜沧江全流域实行一体化管理。

（1）水量分配

沿岸各国应当遵守公平和合理利用和参与原则,参考公平和合理利用的要素清单,综合考量流域水文、地理、生态、在先利用、潜在利用、人口生计、替代资源的可得性等各种因素,通过协商和谈判确定水量分配的详尽方案,特别是旱季水量的分配方案。注意这种分配应当预留生态需水,优先满足流域内人民的基本需求。

（2）合作开发

在合作开发方面,我国对澜沧江—湄公河流域水资源的开发利用,目前主要是单边利用,这已经不适应流域综合管理需要与下游国关切,但是一体化管理又不现实。笔者建议我国借鉴拉丁美洲亚马逊河流域和南部非洲国际河流流域管理的经验,分别与相邻的缅甸和老挝进行双边开发合作,或者进行三国之间的多边合作。

亚马逊河流域的哥伦比亚,依据全流域条约《亚马逊河合作条约》,先后与厄瓜多尔、秘鲁和巴西达成了双边协议,成立了双边联合委员会,在这些双边组织框架下并在美洲国家组织的支持和参与下,制定和实施联合开发规划,并且积极采取措施从政府部门、国际组织和非政府组织获得融资,为规划实施提供资金保障。双边合作已经形成了亚马逊共识,并且吸引了许多专家从事各种相关学科的专门研究,负责开发制定新的环境规划,这些合作规划项目取得的经验和重大进展,使各国认可的亚马逊河整体政策的出台成为可能。①

---

① 〔加〕Asit K. Biswas 编著:《拉丁美洲流域管理》,刘正兵、章国渊等译,黄河水利出版社2006年版,第51—64页。

在南部非洲的因科马蒂和马普托河流域,也是先有双边条约,后来发展为全流域条约。虽有全流域组织机构三方常设技术委员会的存在,但是由于冷战导致的南非和莫桑比克的紧张关系,影响该机构发挥作用。于是这直接导致斯威士兰和莫桑比克在 1991 年达成双边协议,成立"联合常设技术水委员会"。1992 年,南非与斯威士兰达成两个双边协议,分别成立"联合水委员会"和"科马蒂流域水管理局",负责管理科马蒂河。然而随着冷战的结束,敌对关系的终止,以及莫桑比克内战的结束,三个沿岸国之间的关系实现了正常化,三方常设技术委员会又"焕发了青春",促使全流域的《因科马蒂和马普托水道临时协议》于 2002 年成功签署并实施。协议承认所有沿岸国公平和合理地利用和参与水道水资源管理的权利,规定了详尽的水量分配和水质规则。[①]

借鉴上述经验,我国可以先与共同沿岸国协商制定一个流域总体开发利用框架,然后依据该总体框架,分别与缅甸、老挝等相邻国家签订和实施双边合作协定,或者进行三边合作,签订三边协议,成立双边或三边联合委员会(负责评估、决定和有效实施、跟踪双边或三边合作项目),进行共同利益项目的开发建设,及时宣传合作信息,以吸引国际组织、公众和私人组织的关注和资金投入。待这些双边或三边合作取得经验,在全流域管理条件成熟后,最终走向一体化管理。

(3)中国境内流域一体化管理

我国应当在境内的澜沧江流域,包括青海、西藏和云南三省区,实行一体化管理,并争取国际组织的资金和技术支持。这方面有巴西对银河流域的开发利用经验可以借鉴。银河流域由巴拉那河、巴拉圭河、乌拉圭河和银河等主要河流组成,巴拉圭河上游流域作为巴拉圭河流域的一部分,形成巴西和巴拉圭的边界。巴西对巴拉圭河上游流域的一体化发展计划先后得到美洲国家组织和联合国开发署执行机构的支持。该一体化计划包括航运、农业灌溉、湿地保护、水文测量、水质监测、信息共享、自然资源保护和恢复等内容。[②]

---

① Anthony Turton, "The Southern African Hydropolitical Complex", in Olli Varis, Cecilia Tortajada and Asit K. Biswas (Eds.), *Management of Transboundary Rivers and Lakes*, 2008 Springer-Verlag Berlin Heidelberg, p. 41.

② 〔加〕Asit K. Biswas 编著:《拉丁美洲流域管理》,刘正兵、章国渊等译,黄河水利出版社2006 年版,第 142—146 页。

为了实现境内全流域水资源一体化管理,我国应当制定并实施全流域水资源一体化利用规划,将人类饮用、水力发电、农业灌溉、工业生产和航运等各种用途进行统筹协调,而河流航运也应当注意与铁路、公路等其他运输系统集成。

3. 其他有关建议

(1) 注重信息交流

在进行流域合作开发的前期,在不损害国家利益的前提下,我国应当适度增加科学研究成果和开发利用活动的透明度,增加对外的信息交流,及时向共同沿岸国和湄委会发布境内水资源开发、利用和保护的战略目标、规划和活动。这有利于澄清事实,消除下游国对我国水电开发利用活动的误解和猜疑,争取境外对我国开发项目的理解与支持,同时为争取现有水利用创造条件,减少外交压力和国际纷争。

(2) 采取环保措施,维护流域生态系统,减轻对下游国家的不利影响

在澜沧江水电开发过程中,中国注意采取环保措施,减轻对流域生物多样性和下游国的负面影响。为防止阻隔下游鱼类洄游通道,中方主动放弃了澜沧江两库八级水电站规划中的最后一级电站——勐松水电站。在澜沧江最大的糯扎渡水电站规划实施分层取水措施,提高春夏季节下泄水流的水温,改善鱼类生存环境。为了减轻在澜沧江上修建电站对鱼类的影响,中方还采取了一系列综合保护措施,包括建设鱼类增殖放流站,进行珍稀鱼类的人工增殖放流;设立鱼类自然保护区;采取网捕过坝措施,加强鱼类基因交流等。在澜沧江出境处短距离内,澜沧江水电开发对湄公河水量影响较大。为了防止对下游水量造成负面影响,小湾电站蓄水采取了多年汛期蓄水的方式,旱季停止蓄水。

中国还需要进一步采取环境保护措施,比如科学开展水电开发规划及其环境影响评价,对流域开发项目进行严格的跨界环境影响评价,保护流域生态系统和生物多样性,减轻对下游国家的不利影响。澜沧江水电开发规划和项目应当坚持"合理开发"的原则,始终重视资源的综合利用和环境保护要求,切实开展规划和项目的环境影响评价和后评价工作,以满足能源需要为主,统筹协调防洪、供水、航运、旅游、生态等综合要求,建设"生态水电"。

《湄公河流域可持续发展合作协定》第 3 条未明确使用"环境影响评价"一词,但是它实质上要求项目规划国评价项目可能对湄公河及其他国家造

成的损害。湄委会也一直致力于协调各国在该流域工程项目环境影响评价上的立法与实践。委员会协助柬埔寨、老挝、越南和泰国的湄公河机构制定相关的指针、程序和行为规范,促使他们将跨界环境影响评价纳入国内的环境影响评价立法和实践之中,也一直在推动各国公众对该流域工程环境影响评价的参与。在 2010 年《华欣宣言》中,湄委会成员国宣布采取水资源的整体管理模式,以满足各国需要,平衡各国关切,促进湄公河流域的可持续发展;宣言还特别强调了环境影响评价对权衡工程项目的机遇和挑战及其在辅助环境决策上的重要地位和作用。① 目前我国与东盟国家已经开展联合环境影响评价,这有利于预防跨界环境损害,贯彻风险预防原则。

二、雅鲁藏布江和怒江流域水资源开发利用的法律措施建议

(一) 雅鲁藏布江流域水资源开发利用现状及其对生态环境和下游国的影响

雅鲁藏布江—布拉马普特拉河全长 2 900 公里,流域面积 93.5 万平方公里。它发源于中国西藏喜马拉雅山脉北麓海拔 5 300 米以上的杰马央宗冰川,在中国境内称为"雅鲁藏布江",全长 2 057 公里,流域面积为 24.6 万平方公里。它像一条银色的巨龙,自西向东奔流于号称"世界屋脊"的青藏高原南部,在经过中国和印度有争议的藏南地区之后进入印度阿萨姆邦,改称布拉马普特拉河,又流经孟加拉国(称为贾木纳河)与恒河相汇,最后注入孟加拉湾,形成世界上最大的三角洲。

1. 雅鲁藏布江流域水资源开发利用现状

雅鲁藏布江是中国也是世界海拔最高的江河,被藏族视为"摇篮"和"母亲河",以长度来说为西藏地区第一大河、中国第四大河,仅次于长江、黄河和黑龙江,以水量来说是印度和孟加拉国的第二大河,仅次于恒河。雅鲁藏布江在藏语中意为"高山流下的雪水",布拉马普特拉河在梵语中意为"梵天之子"。雅鲁藏布江水量丰富,落差大而集中,是世界水能资源最为富集的地方。雅鲁藏布江干流水能蕴含量仅次于长江,但是如果按照单位河长的水能计算,则居全国第一位。

雅鲁藏布江的中小支流和支沟上已经兴建多座用于灌溉或发电的水

---

① 孔令杰:《跨国界水资源开发中的环境影响评价制度研究》,载《跨界水资源国际法律与实践研讨会论文集》,2011 年 1 月 7—9 日,第 239 页。

利、水电工程。雅鲁藏布江干流中游河段可以兴建多座水电枢纽,水电站装机容量巨大。随着我国能源供应的日益紧张,开发西藏丰富的水电资源已日显迫切。雅鲁藏布江水电正呈梯级开发趋势,干流中游桑日至加查峡谷段规划了五级电站。藏木水电站是其第四级,主要功能为发电,同时兼顾生态环境用水的要求。2010年9月,藏木水电站正式开工建设,同年11月正式宣告截流成功,进入主体工程施工阶段。藏木水电站是目前西藏最大的水电开发项目,也是第一座在雅鲁藏布江干流上修筑的水电站。

2. 雅鲁藏布江流域水资源开发利用对生态环境的影响

虽然雅鲁藏布江中下游峡谷有着丰富的水资源,但是在开发利用中也要注意,这里地质结构复杂,落差大,容易导致山体滑坡、泥石流等自然灾害,生态环境非常脆弱,修建大坝可能会引发更多的地质灾害,也会造成生态破坏。

藏木水电站的建设会给当地生态环境、文化、自然景观带来不利影响。曾经在雅鲁藏布江进行过多次考察和漂流的民间学者杨勇表示,藏木水电站虽然库容不大,但是蓄水后还是会对下游的加查峡谷以及下游的生态带来一定的影响。加查至米林这段属于干热河谷,土地沙漠化,林芝的沙洲也比较多。每年秋冬季,这些地区都会出现沙尘沙化的现象,水电站修建后,水文变化必然对沙化现象产生进一步的影响。如果按照雅鲁藏布江梯级开发的规划,藏木水电站只是五级水电站开发的第一步,在藏木上游还规划有三个梯级水电站,将来势必有更大规模的水电站出现在雅鲁藏布江上,这就有可能影响当地脆弱的生态系统。

梯级电站建成以后,水库蓄水势必会淹没一些河谷地带,两岸的文化遗迹也会受到影响。在建设水电站之前,加查峡谷交通不便,前往峡谷的大多是徒步旅行者。水电站的建设展开后,大量外来人口涌入,对当地文化不可避免地会造成影响。水电站的相关建设,涉及道路等基础设施的开发,沿岸村落也要搬迁,沿河而居的文明也将发生改变。

雅鲁藏布江大峡谷可称是我国最后的一片"净土",这里的景观类型异常丰富。水坝若建造在落差大的地方,自然会对植被造成明显的影响。生态学家建议,应尽量在江河的支流建造一些中型电站,而不是在干流上将江河截断。峡谷景观就是河流强烈下切形成的,如果河流被截流,景观自然不复存在。虎跳峡上游修建水电站的计划之所以会受到各方的强烈反对,也是因为建坝后,虎跳峡这处世界级景观将荡然无存。①

　　雅鲁藏布江的水电开发、尤其是梯级开发必须作出深度评估。其实雅鲁藏布江水电开发在20世纪90年代就有规划,但是20年来没有作出进一步的科学评估。目前的水电开发活动比较仓促,生态问题缺乏量化指标,而没有公众知晓和参与的开发也会带来很多后遗症。

　　尽管雅鲁藏布江水电资源丰富,但是为了生态平衡和完好保护自然瑰宝的需要不宜开发,最起码不宜大规模开发。流域规划最主要的是生态规划,然后才是水电、航运、渔业等功能开发,这样的综合框架才是科学的,才体现了"科学发展观"。

　　3. 雅鲁藏布江流域水资源开发利用对下游国的影响

　　中国在雅鲁藏布江的水电开发计划和工程也引起了地处下游的印度和孟加拉国的担忧。因为布拉马普特拉河和贾木纳河对印度和孟加拉国具有重要的经济作用。首先,这条河流虽然会造成灾难性的洪水,但是也沉淀下大量肥沃的冲积土可供耕作;其次,布拉马普特拉河的电力蕴藏量很大,但几乎没有得到利用;再次,这条河流的内陆航运比灌溉更为重要。除了各类型的地方船只外,动力游艇和轮船可以轻而易举地沿河往返,运载大宗木材和原油。

　　其实我国不论是在河流建坝,还是建设大规模的灌溉工程,都会引起印度这个急起直追的新兴大国的反对。在关系到水源战略的问题上,印度政府特别敏感和忧虑。印度政府认为中国对其南亚次大陆邻居的影响力很大一部分来源于对水源的控制,如果中国关上水龙头,这一地区的国家将陷入困境。印度的水资源占全球的4%,但是需要养活占世界17%的人口,它时刻关注着我国西藏地区水资源的开发利用。2006年,印度传言中国计划在雅鲁藏布江上游建坝,将江水引入黄河流域,覆盖中国的陕西、河北、北京和天津等地,以缓解这些地区的缺水状况。印度担心这一工程如果实施,印度和孟加拉国的大部分水源将被切断。近年来,印度政府一直在敦促我国分享更多水利建设信息,增加透明度。2010年以来,印度显然加强了对华防范,特别体现在与美国签署的军事合同和印度国内关于中国威胁论上。

　　不过,印度同时也在截流孟加拉国的水源。近年来,印度相继出台"北

① 《雅鲁藏布江上的电站》,http://mobile.dili360.com/tbch/2010/11161318.shtml,2010年12月24日访问。

水南调"和"内河联网工程",其中"北水南调"工程就单方面将流经孟加拉国的 54 条国际河流纳入内河联网计划,大量截取水源。

(二)怒江流域水资源开发利用现状及水电开发利弊考

怒江发源于中国西藏自治区安多县境内、青藏高原中部唐古拉山脉,经中国云南流入缅甸,始称萨尔温江,又名丹伦江,注入印度洋的安达曼海。下游构成缅甸和泰国约 130 公里的国界线。怒江—萨尔温江干流全长 3 673公里,流域总面积为 32.5 万平方公里,其中在我国境内长约 2 013 公里,流域面积 12.48 万平方公里,占流域总面积的 38.4%。

1. 怒江—萨尔温江流域水资源开发利用现状

怒江—萨尔温江有着丰富的水能资源。怒江中下游地区水能资源丰富,待开发量在国内众多江河中排名第二。但是目前水资源开发利用程度很低,仅占全流域水资源总量的 1%,主要用于农田灌溉、工业及城镇生活用水。怒江流域水能资源的开发仅占全流域水能蕴藏量的 3%,主要是流域内各地、市、州、县为了解决本地区用电问题,对部分支流进行了局部开发,建设了一些水坝。[①] 上游地区及干流至今尚未做较系统的规划工作。

另外,中国还与共同沿岸国合作开发萨尔温江流域水资源。2006 年,中国、泰国、缅甸三国达成协议,在缅甸克伦尼邦的萨尔温江上共同开发哈吉(Hutgyi)水电站项目。哈吉水电站项目是萨尔温江流域梯级开发五座水电站中拟首个开发的电站。该项目的启动,标志着萨尔温江流域的实质性开发揭开了序幕,也将是三个沿岸国合作的最大项目。之后,缅甸电力部还与泰国 MDX 集团签署了组成塔桑(Tasang)水电站项目开发合营机构的协议。规划中的塔桑水电站将会是缅甸全国最大的水电站,预计在 15 年内完工,所产电力主要会卖给泰国。

2. 怒江水电开发之争

根据怒江水力资源普查和研究,1995 年,国家正式将怒江水电规划工作列入议事日程;2003 年 7 月,云南省怒江傈僳族自治州完成《怒江中下游流域水电规划报告》;同年 8 月,该报告由国家发改委审议通过。根据这个规划,怒江水电开发将沿江建成十三级电站,涉及云南怒江傈僳族自治州、保山、德宏三个地区。

怒江水电规划甫一出台,立即引起公众的深切关注,在全国范围内引发

① 参见谈广鸣、李奔编著:《国际河流管理》,中国水利水电出版社 2011 年版,第 113 页。

了一场要不要开发怒江的大争论。由于媒体的大量调查报道,以及众多专家和环境保护组织人士的质疑,该规划被搁置下来。这条河流承载了众多少数民族文化,养育着珍贵的水生生物,水电开发会影响"三江并流"等自然景观,上游 18 万亩良田可能被淹,还有数万人口的移民问题。考虑到这些因素,怒江开发中的龙头水库建设到现在还没有实施,整个虎跳峡电站也没有开工,工程没有实质性进展,只是做了一些前期论证工作。

2011 年 2 月,四位中国地质界的专业学者以联名信方式,上书国务院领导指出,怒江处于活动断裂带,地震频发,身处泥石流重灾区,却多暴雨,在地震、地质上有特殊的高风险,不应建设大型水电站。①

怒江开发与保护之间的矛盾长期以来一直存在,以世界自然遗产"三江并流"为例。三江并流景观最早由联合国教科文组织的官员 1984 年在卫星图片上发现,怒江、澜沧江和金沙江,三条江在高原上并行向南数百公里而不融合,地质、生态、美学价值以及生物多样性都在世界上独一无二,云南省遂根据联合国官员建议申报世界自然遗产,并于 2003 年 7 月正式列入《世界遗产名录》。整个遗产地总面积 1.72 万平方公里(包括核心区和缓冲区),由 8 个独立的片区组成,核心区总面积 0.94 万平方公里,其中的红山片区是遗产地景观资源价值的典型展示区。

但是处于三江并流世界自然遗产地的极少数历史遗留的探矿点,对该遗产保护造成干扰和破坏。从 2004 年起,世界遗产大会就将三江并流地区列为重点监测保护项目,并于 2006 年派出包括世界自然保护联盟专家在内的专家组实地考察。事后,世界自然保护联盟在公开的评估报告中指出:采矿业、旅游业的入侵以及边界修改,还有迟迟没有公开的水电开发计划和有关的环境影响评价报告,使得我们对于该遗产地未来的完整性问题更加担忧,遗产地边界内正在进行中的采矿作业同样表明它有可能被列入世界濒危遗产名录。评估报告称,遗产地包括的红山片区核心区面积减少了13%。2010 年三江并流细化边界获得通过后,中国政府向联合国承诺,遗产地范围内不会出现大型工程,云南省也向国务院作了保证。②

3. 怒江流域目前不适合进行水电开发

目前中国的绝大部分河流都已经进行了水电开发,只有雅鲁藏布江和

① 吕明合:《怒江水电,迎来最新反对派》,载《南方周末》2011 年 3 月 3 日第 20 版。
② 吕宗恕:《联合国不让开,我们就不开》,载《南方周末》2011 年 3 月 10 日第 20 版。

怒江还保持着原始生态,而这种原始生态的价值是不可替代的。萨尔温江流域拥有多种多样的生态系统,供应粮食给流域内数以百万计民众。修建水电站可能会破坏鱼类栖息地,大幅减少鱼类数目,影响萨尔温江民众的粮食供应与生计。因此,应当遵循生态优先、谨慎开发、适度开发的原则,在保护环境的前提下发展水电。

在世界自然遗产保护规划、流域综合发展规划、流域水电开发等规划均未通过严格的环境影响评价的情况下,不应急于给单项水电工程开通行证。对于怒江水电开发,管理部门一定要依据《环境影响评价法》、《环境影响评价公众参与暂行办法》等法律法规开展深入研究,进行充分论证并公开相关信息,不宜操之过急。我国 2006 年《国民经济和社会发展十一五规划纲要》根据资源环境承载能力、现有开发密度和发展潜力,统筹考虑未来我国人口分布、经济布局、国土利用和城镇化格局,将国土空间划分为优化开发、重点开发、限制开发和禁止开发等四类主体功能区。在纲要中,包括怒江在内的三江并流世界自然遗产被明确列为禁止开发区域,要求依照法律规定和相关规划实行强制性保护,控制人为因素对自然生态的干扰,严禁不符合主体功能定位的开发活动。2011 年《国民经济和社会发展十二五规划纲要》继续将国土空间分为四大主体功能区,提出要构建生态安全屏障,"加强重点生态功能区保护和管理……构建以青藏高原生态屏障、黄土高原—川滇生态屏障、东北森林带、北方防沙带和南方丘陵山地带以及大江大河重要水系为骨架,以其他国家重点生态功能区为重要支撑,以点状分布的国家禁止开发区域为重要组成的生态安全战略格局。"[1]

我国在青藏高原生态环境保护方面已有全国性规划。实施跨度达 20 年的《青藏高原区域生态建设与环境保护规划》(2011—2030 年)已于 2011 年 4 月经国务院常务会议讨论通过。按照规划,国家将根据不同地区的地理特征、自然条件和资源环境承载力,将青藏高原划分为生态安全保育区、城镇环境安全维护区、农牧业环境安全保障区、资源区和预留区等功能区,并制定实施相应的管理措施。这是我国首次提出青藏高原五大功能区的划分思路,以推进重点地区生态环境保护,期望有效遏制青藏高原日益严峻的生态状况。[2] 期待这一规划能够真正得到贯彻实施,实现青藏高原乃至全

① 《国民经济和社会发展十二五规划纲要》第 25 章("促进生态保护和修复")第 1 节("构建生态安全屏障")。

② 潘洪涛:《为青藏高原环保规划而欢呼》,载《中国环境报》2011 年 4 月 5 日第 2 版。

中国的可持续发展。

（三）雅鲁藏布江和怒江流域水资源开发利用的法律措施建议

雅鲁藏布江—布拉马普特拉河流域和怒江—萨尔温江流域的沿岸国目前还没有正式开展国际合作，签订任何流域条约，包括全流域和局部流域条约。针对两个流域水资源开发问题，笔者从国际法和国内法两方面提出以下措施建议。

1. 国际法措施

（1）国际河流的各沿岸国对流经其本国领土的河段及其水资源享有主权和利用权，并且可以采取它认为有利于本国利益的措施，但是这种主权和利用权并不意味着可以导致对其他国家环境和利益的重大损害。根据睦邻友好原则和不造成重大损害原则，各沿岸国在国际流域的非公共区域内进行水电工程建设和运营工作，不得对其他沿岸国造成重大损害。但是根据"忽略不计"规则，其他沿岸国有义务忍受这些建设和运营工作给其带来的轻微麻烦或不便。

（2）各沿岸国为此应协商制定交换信息的流程和规程，各国有关水利和环保机构应当相互交换现行立法、政策等方面的信息。

（3）委托水文、气象、地质、环保、水利、法律等不同领域的专家组成专家组或研究中心，研究确定流域需要优先发展的议题和项目，以集中各沿岸国的力量共同努力，保证流域水资源利用和保护工作更加科学和有效率。这方面有银河流域的管理经验可供借鉴。20 世纪 70 年代中期至 80 年代，在美洲国家组织的帮助下，银河流域的子流域之一皮科马约河流域的三个沿岸国玻利维亚、巴拉圭、阿根廷进行了联合研究，指出明确和优先发展水利项目以防止河流上游广大地区洪水泛滥的必要性（该河流量的季节变化很大），研究还制定了短期、中期和长期纲领，以调节河流水量，为农业区居民提供安全饮用水，修建排污、灌溉和水电设施。研究同时还建议，在对河流地理地形进行精确的调查之前，不要启动水库的建设。研究认为，解决河流河道后退和洪水泛滥问题的唯一可行的办法，是在玻利维亚境内皮科马约河上游建设水量调节工程，那里存在修建水库所必要的地形和地质条件，而且水库蓄水量很大，足以控制河水排出量和沉积物含量。鉴于研究的工作量和所需的庞大资金，从最初的调研到融资和水库建设阶段，三个国家必须共同参与。在研究结论指引下，1995 年三国政府达成共识，建立永久性技术裁决机制，以规范皮科马约河流域的开发活动，并由此成立了三国委员会这一全流域组织机构,以实现水资源的合理和公平利用和管理。①

（4）上述专家组或研究中心对雅鲁藏布江—布拉马普特拉河流域或怒江—萨尔温江流域各国既有的水资源立法、政策和管理体系进行比较研究,如果可能的话,提出一个各国均能够接受的共同文本,确定多边框架。

（5）在上述多边框架下,促进开展流域各国相互双边联合研究,以找到流域水资源开发利用和保护的最好的技术—经济—环境解决方案,签订双边协议并成立双边联合管理机构,进行双边合作,比如雅鲁藏布江—布拉马普特拉河流域的中国与印度之间的双边合作。

从以往实践来看,中国和印度都偏爱以双边条约方式解决与共同沿岸国的跨界水资源利用问题。中国已经先后与朝鲜、蒙古、哈萨克斯坦、俄罗斯等沿岸国签订和实施了界水利用和保护协定。印度与多国分享印度河、恒河、雅鲁藏布江—布拉马普特拉河流域,但是它仅与印度河流域的巴基斯坦签署和实施了《印度河水条约》,解决了两国对印度河的水量分配问题;分别与恒河流域的尼泊尔和雅鲁藏布江—布拉马普特拉河流域的不丹签署了双边协议,即印度与尼泊尔 1996 年《关于马哈卡利河联合开发的条约》,印度与不丹 1980 年《通萨河水电开发协议》和 1993 年《桑科希河水电开发协议》,进行水电项目的联合开发;与恒河流域的孟加拉国先后于 1977 年和 1996 年签署《关于分享在法拉卡的恒河水和增加径流量的协定》和《关于分享在法拉卡的恒河水条约》,解决了两国对恒河水量的分配问题。

因此,中印两国通过双边方式解决两国对跨界水资源的利用和保护问题,还是有一定可能的。当然由于边界未定,加上两国的猜疑、不信任,还面临着很多现实困难。

（6）任何水资源开发项目都应当预先考虑如何有效控制水污染,保护生态系统,尤其是生态脆弱地区的水资源研发。根据《国民经济和社会发展十一五规划纲要》、《国民经济和社会发展十二五规划纲要》,以及《青藏高原区域生态建设与环境保护规划》,雅鲁藏布江和怒江所在的青藏高原属于全国重点生态区和禁止开发区。回顾一下罗布泊干涸的历史就会发现,这个曾经的中国第二大咸水湖干涸的主要原因,是 1970 年以后塔里木河两岸人口突然增多,不断向塔里木河取水,导致罗布泊最终断水消失。也就是说,

---

① 〔加〕Asit K. Biswas 编著:《拉丁美洲流域管理》,刘正兵、章国渊等译,黄河水利出版社 2006 年版,第 148—149 页。

罗布泊的干涸有当地自然条件因素,但更主要是人类活动所致。我们必须从罗布泊消失的例子中吸取教训,懂得自然给予人类的警示:在生态脆弱地带进行开发,必须以保护生态环境为首要目标。① 如果地理地形地质调查、研究和观测证实中国上游地区不适合进行水电开发,中国为了维护流域生态系统和下游国的利益而丧失经济发展机会,可与其他沿岸国商讨生态补偿方案,或者将重点放在中下游水资源的联合开发方面。

2. 国内法措施

(1) 严格执行全国主体功能区划政策,同时建立生态环境补偿机制。通过依法转移支付和补偿,帮助生态功能区所在地政府因地制宜发展资源环境可承载的特色产业,加强生态修复和环境保护,使当地居民通过保护生态环境脱贫受益,并且能够享有均等化的基本公共服务。

(2) 遵守《环境影响评价法》、《环境影响评价公众参与暂行办法》、《世界自然遗产公约》等法律法规和国际义务,切实做好流域水电开发的前期论证。在充分论证的前提下,作出科学决策,适度、适时地开发适宜开发的项目。

(3) 通过综合节能措施、压减高耗能行业和产品等挖潜措施平衡电能需求,解决能源短缺问题。② 联合国环境规划署可持续资源利用委员会联合主席魏伯乐认为,我国当前的环境与发展管理不同程度地存在着“三重三轻”的问题:一是在能源战略中重能源替代,轻能源效率。例如在低碳发展的技术路径选择中,总是过多地强调新能源替代,而不是强调能源效率的提高;二是在污染减排中重技术减排,轻结构减排。例如总是过多地强调现有产业结构不变下的技术节能与减排,而不是强调改变产业结构,减少钢铁、化工、水泥等产业在工业发展中的比重;三是在绿色发展中重供给管理,轻需求管理。例如在资源管理的重点对象中,总是单一地关注生产性的技术改进管理,而忽视消费性的社会需求管理,忽视经济链的下游消费对于上游生产潜在的倍增节约效应。③ 管理者应当转变思路,在提高能源效率、促进结构减排、重视需求管理方面下工夫,而不是不加节制地搞水电开发“大跃进”。

(4) 在境内流域实施一体化管理。特别是怒江流域,流经西藏和云南

---

① 郭钦:《引水是生态修复的捷径吗?》,载《中国环境报》2011 年 1 月 11 日第 2 版。

② 汪纪戎:《怒江水电开发不宜“操之过急”》,http://news. sohu. com/20080331/n256002298. shtml, 2011 年 3 月 9 日访问。

③ 〔德〕魏伯乐、〔澳〕卡尔森·哈格罗夫斯著:《五倍级——缩减资源消耗,转型绿色经济》,程一恒等译,诸大建审阅,上海世纪出版股份有限公司格致出版社 2010 版。

两省(区),应当通过成立专门的境内流域管理机构,采用一致的水质和监测标准,保护怒江水质和生态环境。

第二节 中国西北地区国际河流水资源 开发利用的法律措施建议

中国西北地区国际河流主要是伊犁河和额尔齐斯河,涉及到中国新疆地区,以及哈萨克斯坦和俄罗斯两国。这些河流还未进行合作开发,甚至水量分配问题还未解决。而这些河流地处内陆干旱区,水资源是支撑经济发展、生态环境和社会稳定的基础资源。因此,水量分配问题是这些河流利用中最关键的问题。我国应将重点放在水量分配、公平和合理利用方面,条件成熟时可考虑进行合作开发或一体化管理。

一、伊犁河和额尔齐斯河流域水资源开发利用现状

新疆跨界河流的出境水量远大于入境水量,管理者希望加速这些河流水资源的开发利用。由于绝大多数内陆河流普遍出现水资源过度开发利用状态,使得加快跨界河流水资源开发利用成为实现流域水资源合理配置的重要水源目标。水利研究人员也认为,从水资源利用情况和禀赋条件来看,新疆水资源开源的潜力在国际河流。新疆水资源可开发利用的主要潜力又集中在伊犁河和额尔齐斯河流域,但是这两河在水文、种族和经济方面较为复杂,两河水资源在我国境内利用率尚不足 25％。[①] 这两河都涉及非常贫水的邻国哈萨克斯坦,我国的这种开发利用可能遭到哈萨克斯坦的抵制。尤其是,中哈两国在经济和安全方面日益增加的相互依赖,没有缓和哈萨克斯坦、甚至国际社会对中国的批评:上游的中国对水资源的单边开发,可能影响下游的邻国。而哈萨克斯坦在第三行为体的帮助下,正在积极发展对共享水域的区域性合作安排。

(一)伊犁河流域水资源开发利用现状

1. 基本情况

伊犁河是中国和哈萨克斯坦的国际河流,全长 1 500 公里,亦有资料称

① 邓铭江、教高:《新疆水资源战略问题研究》,水规总院水利规划与战略研究中心编:《中国水情分析研究报告》2010 年第 1 期,第 5—6 页,第 13 页。

1 236公里,发源于中国新疆天山西段,在中国境内流程422公里后,在中哈边境的霍尔果斯河口流出,最后注入哈萨克斯坦名湖巴尔喀什湖。巴尔喀什湖也是世界上最大的湖泊生态系统之一。

伊犁河在中国境内流域面积约5.6万平方公里,占伊犁河流域总面积的30％强,但是却贡献了近2/3的地表径流。其水量居新疆众河之首,径流量约占全疆河流径流量的1/5,大约有3/4的水量流出国境。伊犁河是我国内唯一有裸腹鲟生长的河流,[①]主要支流有特克斯河、巩乃斯河、喀什河,河源均出自天山。伊犁河流域除常年接受大西洋等水域水汽补给外,还有"固体水库"冰川的补给,占地表产水量的13.2％～16.5％。

2011年《伊犁河流域生态环境保护条例》中所称伊犁河流域,是指新疆伊犁哈萨克自治州行政区划内的,包括伊犁河干流及其特克斯河、巩乃斯河、喀什河等支流流经的区域。流域北以科古琴山与博尔塔拉蒙古自治州和塔城地区为界,西以霍尔果斯河向南到阿拉爱格尔山口与哈萨克斯坦接壤,南至天山山脉,东以那拉提山为分水岭与巴音郭楞蒙古自治州境内的开都河流域相隔。[②]

2. 开发利用

中哈两国对伊犁河的开发利用主要集中在航行、渔业、灌溉和水电开发等方面。伊犁河自中国境内的伊宁市以下为通航河段,至哈萨克斯坦的巴卡纳斯港,可季节性通航,再往下可行汽艇。中国境内的伊犁河段及其支流特克斯河、巩乃斯河等,现已建成中小型水电站一百多座,其中规模最大的是喀什河托海水电站。同时坝址地形地质条件优越,适于灌溉、防洪、发电及水产养殖综合开发利用。另外还有一些水坝(库)处于规划阶段。哈萨克斯坦在其境内的阿拉木图州和塔尔迪库尔干州的伊犁河上,修建了卡普恰盖水库。该水库为多年调节水库,用于发电和灌溉,而且还是阿拉木图地区以及南部哈萨克其他各城市居民的休养地。

(二)额尔齐斯河流域水资源开发利用现状

额尔齐斯河是一条特立独行的河。我国西高东低的地势,引导着绝大部分江河向东、南方向流淌,额尔齐斯河却是我国唯一一条向北流入北

---

① 裸腹鲟又名鲟鳇鱼,伊犁人把它叫做"青黄鱼",是鲟鳇鱼谐音而得的称谓。每年春夏之季,鲟鳇鱼从巴尔喀什湖回游到伊犁河中游产卵繁殖,一条鱼可产数十万至数百万粒卵,其卵也是名贵的食品。

② 参见该条例第2条第1款的规定。

冰洋的河流。它发源于我国新疆阿尔泰山南部,山间两支源头喀依尔特河与库依尔特河汇成为额尔齐斯河,一路上接纳喀拉额尔齐斯河、克兰河、布尔津河、哈巴河、别列则克河等支流后,流入哈萨克斯坦境内的斋桑泊(现过境后即注入布赫塔尔马水库,斋桑泊已成为水库的一部分),继续北流进入俄罗斯的鄂毕河,滚滚流向北冰洋,全长 2 969 公里,流域面积10.7 万平方公里。

额尔齐斯河在我国境内全长 600 公里,亦有资料称 633 公里,流域面积5.7 万平方公里,它在接近边境处的河面宽达千米,于是又成了水上的重要通道。额尔齐斯河孕育了白杨、胡杨、青杨、黑杨等世界四大杨树派系,素有"杨树基因库"美称。额尔齐斯河流域有欧洲黑杨、银灰杨等 8 种天然林,是全国目前唯一的天然多种类杨树基因库,也是全国唯一的天然多种杨树林自然景观区,还有全国独有树种盐生桦。由于受到气候影响和人为干扰,额尔齐斯河河谷林原生植物一度出现矮化,一些旱生植物甚至沙生植物开始入侵,这对今后整个流域生态平衡构成威胁。

额尔齐斯河上游水量充沛,落差集中,蕴藏着丰富的水能资源,哈萨克斯坦计划在其境内的河段修建十三个梯级电站,现在已修建三座电站,即布赫塔尔马、乌斯季卡缅诺戈尔斯克和舒尔奥斯克,在支流乌里巴河上也修建了一些中小型电站。[①] 新疆也在额尔齐斯河干流上修建了水库,2010 年还进行了"引额济克"和"引额入乌"等引水工程,即将额尔齐斯河水引入克拉玛依和乌鲁木齐的工程。

(三)两河流域水资源利用和保护的国际合作

清政府时期的《中俄伊犁条约》规定了中俄伊犁河水量分配问题。目前适用于伊犁河和额尔齐斯河的双边协定有 2001 年《关于利用和保护跨界河流的合作协定》,2005 年《中国水利部与哈萨克斯坦农业部关于跨界河流灾难紧急通报的协定》,2006 年《中国水利部和哈萨克斯坦农业部关于跨境河流科技考察合作的协定》。特别值得一提的是《关于利用和保护跨界河流的合作协定》,两国同意分享关于跨界河流的信息,并规定建立一个跨界河流联合委员会。该协定于 2002 年 9 月生效,根据协定成立了中哈联合委员会,负责对界河的管理。2010 年,两国签署了《中哈水质协定》,草签了《中哈环保协定》文本。中哈联合委员会已经召开会议,相互交换信息,但是由

---

① 参见谈广鸣、李奔编著:《国际河流管理》,中国水利水电出版社 2011 年版,第 107 页。

于资料所限,还不清楚除此之外有无更多进展。

目前中哈政府还在商讨伊犁河、额尔齐斯河水量分配问题,哈萨克斯坦民间、议会内部因为水资源问题,也有一些不同的声音。双方水利部长已经进行过多轮谈判,但尚未取得实质进展。[①] 双方最大的争议之一,至少在当初,是关于额尔齐斯河的年流量,中国估计的数字远高于哈萨克斯坦。[②]

二、两河流域水资源开发利用面临的挑战

中国对两河流域水资源的开发利用规划和活动,受到许多方面的挑战,面临很多困难,主要表现在以下方面。

（一）下游邻国和国际社会的压力

中国对两河流域水资源的开发利用,面临着下游邻国和国际社会的压力。哈萨克斯坦是极度贫水国,对伊犁河的开发利用程度也远远高于中国,对两河水量分配问题很敏感。随着沿岸各国经济的发展,人口的增加,对水量的需求增加,在总水量不变的情况下,分配矛盾很突出。中国与哈萨克斯坦对两河的水量分配问题已经上升为两国间的政治问题。而中国作为两河的上游国,在开发利用活动中也给下游国带来污染困扰。哈萨克斯坦政府曾于 2000 年 2 月向我驻哈使馆交涉,称"来自中国境内的伊犁河水污染严重,对阿拉木图州的生态环境造成威胁"。俄罗斯作为额尔齐斯河的下游国,受到两个上游国水量分配和开发利用活动的直接影响。我国新疆建设中的额尔齐斯河引水工程,已经引起俄罗斯和哈萨克斯坦严重关切。2007年 2 月,在欧洲委员会的支持下,沿岸国召开了"伊犁河—巴尔喀什流域实施一体化管理国际会议",会议试图要求中国取消在伊犁河上的规划项目,但是没有成功。

相比伊犁河,哈萨克斯坦更为关切的是中国对额尔齐斯河的开发利用,主要是因为中国建设了一个 22 米宽、300 公里长的引水渠,建成后将每年分流部分河水到塔里木河流域的油田。而哈萨克斯坦将该河看做是支持其

---

① 侯坤:《胡锦涛主席访哈萨克斯坦,非资源领域合作新空间》,载《21 世纪经济报道》2011 年 6 月 13 日第 4 版。

② James E. Nickum, "The Upstream Superpower: China's International Rivers", in Olli Varis, Cecilia Tortajada and Asit K. Biswas (Eds.), *Management of Transboundary Rivers and Lakes*, 2008 Springer-Verlag Berlin Heidelberg, p. 240.

新首都阿斯塔纳及周边区域发展的一个水源。

批评家指出,尽管有上海合作组织的存在,还有俄罗斯作为额尔齐斯河的下游国的存在,但中哈两国抛开俄罗斯进行双边谈判,达成双边协议,这非常有利于中国这个"上游霸权国",并且谴责中国拖延谈判时间,不乐意提供信息。①

(二)民族团结问题

20世纪末以来,中国提出和实施西部大开发战略,以缩小与东部沿海地区的经济发展和收入水平差距,为国家发展提供能源。新疆地区具有巨大的能源储备,正被加速开发以支撑中国快速的经济发展,已经成为国家主要的棉花生产基地,也吸引了大量汉族移民。

上海合作组织②作为一个政府间论坛,在很大程度上起到了阻碍而不是促进跨边界的种族亲和力的作用,尤其是中亚穆斯林民族。新疆地区收入丰厚的工作的诱惑,已经成为吸引汉族移民的磁石,可能加剧而不是缓和种族紧张。

(三)生态环境问题

中国的环境保护主义者甚至一些政府领导人担心,西部地区盲目照搬东部地区的发展模式,尤其是如果伴随着汉族移民,将对西部地区脆弱的生态和民族问题的解决产生严重的不可预知的后果。

三、两河流域水资源开发利用的法律措施建议

笔者建议,我国应在实施已经签订的双边条约和协定,进行国际合作的基础上,继续开展以下工作。

(一)水与能源的交换

哈萨克斯坦是我国的重要邻国和战略伙伴,自两国建交以来,政治互信和经济联系不断加强,在上海合作组织等多边框架内也开展了一些合作。由于中亚特殊的地理环境,水资源是哈萨克斯坦的核心利益问题。中亚干燥的气候使得水资源十分匮乏,而且分布又十分不均匀。这一区域主要有

---

① James E. Nickum, "The Upstream Superpower: China's International Rivers", in Olli Varis, Cecilia Tortajada and Asit K. Biswas (Eds.), *Management of Transboundary Rivers and Lakes*, 2008 Springer-Verlag Berlin Heidelberg, pp. 239 - 240.

② 国际中央政府间关系的一种组织化形式,这一组织的成员国有中国、哈萨克斯坦、吉尔吉斯斯坦、俄罗斯、塔吉克斯坦、乌兹别克斯坦。其主要宗旨是:加强各成员国之间的相互信任与睦邻友好;鼓励成员国在政治、经济、科技、文化、教育、能源、交通、旅游、环保及其他领域的有效合作;共同致力于维护和保障地区的和平、安全与稳定。

阿姆河和锡尔河两条河流,都发源于帕米尔和天山山脉,河水自东向西经过吉尔吉斯斯坦、塔吉克斯坦和阿富汗,然后流向乌兹别克斯坦、土库曼斯坦和哈萨克斯坦,最终进入咸海。因此吉尔吉斯斯坦、塔吉克斯坦和阿富汗被称为上游国家,乌兹别克斯坦、土库曼斯坦和哈萨克斯坦则被称为下游国家。矿物能源主要分布在西部,也就是下游国家,而水资源主要分布在东部,也就是上游国家。如果只是用本国的水资源,哈萨克斯坦只能保证本国45%的水资源需求。[①] 中国期望获取哈萨克斯坦的石油和天然气,而哈萨克斯坦发展的最大瓶颈是水资源。尽管中国新疆地区也面临着水资源短缺这一经济发展的制约因素,但是如果可以通过发展节水农业克服这一瓶颈,我国可以考虑与哈萨克斯坦进行水与能源的交易,双方将各自具有比较优势的资源与对方互换,以达到互利共赢。

(二)水量分配和双边合作

两河沿岸各国应当遵守公平和合理利用和参与原则,参考公平和合理利用的要素清单,综合考量流域水文、地理、生态、在先利用、潜在利用、人口生计、替代资源的可得性等各种因素,通过协商和谈判确定水量分配的详尽方案。这种分配应当预留生态需水,优先满足流域内人民的基本需求。

沿岸各国还可以开展流域双边开发的研究和合作。在这种合作中,为了建立稳定和长期的利益纽带,经济实力较强的国家应当适当地进行利益让渡,也就是提供一种可以让合作伙伴搭便车的便利,让其在这种合作中切实得到利益。实力有较大差距的国家想要形成相对稳定的利益共同体,必须伴随这样的让渡。[②] 印度与不丹的双边合作开发水电之所以成功,利益让渡是其中重要原因。

沿岸各国可以在最为互补、各方受益最多的领域率先开展合作。这种合作应当注意对流域水质的保护和水生态系统的维护。在条件成熟后,逐步实现一体化管理。

(三)通过上海合作组织,进行两河流域水资源利用和保护的合作

上海合作组织作为我国和中亚国家的区域合作机制,或许可以在两河流域水资源利用和保护问题上发挥重要作用。而且根据《上海合作组

---

① 刁莉:《中亚水资源危机临近》,载《第一财经日报》2010年9月19日第3版。
② 曹辛:《"金砖五国集团"不是媒体制造出来的》,载《南方周末》2011年4月21日第29版。

织宪章》和《上海合作组织成立宣言》，加强成员国之间的相互信任与睦邻友好，发展成员国在政治、经济、科技、文化、教育、能源、交通、环保及其他领域的有效合作，维护和保障地区的和平、安全与稳定等，是上海合作组织的宗旨。

（四）发展跨国地方政府间关系

就两河的利用和保护问题，中国新疆地区可以开展与哈萨克斯坦周边州县之间的合作。实际上，类似的跨国地方政府间关系已经在开展。2003年，哈萨克斯坦阿拉湖县和新疆伊犁州达成协定，中方将租用哈萨克斯坦阿拉湖县区的一片 7 000 公顷的农田，租期从 2004 年春季开始，共租用 10 年。① 哈萨克斯坦是世界耕地潜力最大的国家。② 但是哈萨克斯坦农业人口短缺，而新疆伊犁州耕地较少，劳动力富余，因此这一互补的合作，对双方都有益。

（五）采取切实的节水措施，发展节水农业

除了加强国际合作以外，当前我国更需要采取切实的节水措施，发展节水农业。新疆农业用水占国民经济总用水量的 96.2%，干、支、斗、农四级渠道防渗率仅为 35.3%，灌溉水利用系数仅为 0.44，高效节水灌溉面积仅占总灌溉面积的 12%，农业灌溉用水效率低，节水潜力较大。③ 2011 年《国民经济和社会发展十二五规划纲要》第 3 章（"主要目标"）提出，今后五年经济社会发展的主要目标之一是："资源节约、环境保护成效显著……农业灌溉用水有效利用系数提高到 0.53……"

新疆地区水资源问题与咸海流域有相同之处。两个区域都是将 90%以上的水资源用于农业灌溉，因此解决水资源短缺、修复和保护流域生态系统的根本途径，就是在全流域采取有效的农业节水及其他节水措施。立法者、政策制定者和执行者一定要吸取咸海流域生态危机的教训，克服重建设轻管理的误区，尽可能节约每一滴河水，真正让江河湖泊休养生息。

---

① 《中国租用哈萨克斯坦土地，获准耕种 7 000 公顷农田》，http://www. huaxia. com/20031224/00160266. html，2011 年 12 月 8 日访问。
② 欧洲人均耕地面积为 57 公顷；美国人均耕地面积为 547 公顷；俄罗斯人均耕地面积为 863 公顷，而哈萨克斯坦人均耕地面积为 2 000 公顷。参见《萨克斯坦成为世界耕地潜力最大国家》，http://www. chinaland. com/showNews. aspx? ID=41697，2011 年 12 月 8 日访问。
③ 邓铭江，教高：《新疆水资源战略问题研究》，水规总院水利规划与战略研究中心编：《中国水情分析研究报告》2010 年第 1 期，第 4 页。

第三节　中国东北地区国际河流水资源 开发利用的法律措施建议

一、东北地区国际河流水资源开发利用现状

中国东北地区国际河流多为界河,主要有中俄界河、中朝界河、中蒙界河等。我国对东北地区国际河流是最早进行开发利用的,利用率约为16.2%,也是最早与苏联、朝鲜等沿岸国签订和实施双边水条约的。总体而言,这一区域跨界水资源开发利用率较高,沿岸国的合作开发程度也较其他区域高,特别是中朝之间的合作开发;但是水污染问题较为严重,因此在以后的开发利用过程中,应当加强水污染控制和生态环境保护。

（一）中俄界河水资源开发利用和保护现状

中俄界河主要是黑龙江和绥芬河,目前没有共同开发项目。但是两国对黑龙江开展了共同监测和生物多样性保护合作。

1. 黑龙江流域概况

黑龙江(俄罗斯称为"阿穆尔河")干流长 2 824 公里,发源于蒙古国肯特山东麓,在石勒喀河与额尔古纳河交汇处形成。经过中国黑龙江省北界与俄罗斯哈巴罗夫斯克边疆区东南界,流入鄂霍次克海鞑靼海峡。若以海拉尔河为源头计算,则总长度约 4 400 公里,流域面积 200 万平方公里,俄罗斯和中国分别拥有 48% 和 43% 的流域面积。若以克鲁伦河为源头计算,则总长度 5 500 公里。黑龙江是中国三大河流之一、世界十大河之一。2004年,中国和俄罗斯签署最后边界协定,将两国国界以黑龙江为基本界限划清。中俄两国在中国东北部长达 4 300 公里的边界,大部分是由黑龙江流域内的河流组成的,中国边界的最北端位于黑龙江主航道的中心线上。黑龙江拥有丰富的水力资源,大小支流(包括时令河)约九百五十多条,包括松花江、乌苏里江等著名河流,其中最长的支流是松花江,长约 1 657 公里。①

2. 绥芬河流域概况

绥芬河发源于我国黑龙江省东南部的牡丹江市,有南北两源,汇合后向

---

① http://zh.wikipedia.org/wiki/%E5%8D%B0%E5%BA%A6%E6%B2%B3,2011 年 6 月 2 日访问。

东流入俄罗斯境内,在海参崴附近注入日本海。绥芬河全长449公里,在我国境内流经黑龙江、吉林两省,长258公里,流域面积10 069平方公里,占总流域面积的58%。

绥芬河流域的经济开发已有数年。1999年6月,经中俄两国政府批准,成立中俄"绥—波"互市贸易区,即中国绥芬河—俄罗斯波格拉尼奇内互市贸易区。绥芬河渔业生产本来很发达,但是20世纪70年代以来鱼产量大幅度下降,除了近年降雨量少、天气干旱、河水低枯、水域面积大大缩小,影响鱼类洄游等原因外,还与河水受污染及捕捞过度有关。今后应加强水域生态环境保护,防止污染。

3. 界河水资源利用和保护的国际合作

中国与苏联及其解体后的俄罗斯就黑龙江的航行利用等问题签订了条约,实现通航。1956年,中国与苏联签订《界水利用协定》,对黑龙江进行开发利用。1992年,中俄两国签署《关于黑龙江和松花江利用中俄船舶组织外贸运输的协议》,结束了我国黑龙江船舶一百三十多年不能出江入海的历史。1994年,中俄政府签订《关于船只从乌苏里江经哈巴罗夫斯克城下至黑龙江(阿穆尔河)往返航行的议定书》。

中国与俄罗斯认识到"利用和保护跨界水具有同等的重要性和不可分割的联系",就两国界河的利用和保护问题经过长期谈判,终于2008年1月签署了《关于合理利用和保护跨界水的协定》。协定的主要内容如下。

(1)"跨界水"的范围。根据协定第1条的规定,跨界水系指任何位于或穿越中国和俄罗斯国界的河流、湖泊、溪流、沼泽。

(2)利用和保护跨界水的基本原则。协定规定了缔约双方在保护和利用跨界水方面应当遵守的基本原则,即公平和合理利用、不造成重大损害、保护跨界水、合作。①

4. 在利用和保护跨界水方面的合作

协定第2条具体规定了双方在利用和保护跨界水方面开展合作的措施

---

① 协定序言规定:"中华人民共和国政府和俄罗斯联邦政府(以下简称"双方")……根据和平共处、相互理解并在考虑经济、社会、人口等因素的基础上公平合理利用和保护跨界水的原则……认识到通过友好协商并采取协调措施,有助于跨界水的利用和保护;认为利用和保护跨界水具有同等的重要性和不可分割的联系……"第7条规定:双方应采取一切必要措施,以预防跨界影响对另一方国家造成重大损害;如一方国家遭受重大损害,且该跨界影响来自另一方国家境内,则该方在与受损方协商的基础上,采取一切必要措施将此种损失降至最低。

和途径,具体包括:信息交流;预防、减少和控制污染;水质监测;通知;统一水质标准;水文及防洪减灾方面的合作;利用和保护跨界水的联合行动;预防和应对突发事件的联合行动;学术交流;科研合作等。① 此外,协定规定了信息交流的办法,作为对上述"信息交流"措施的补充。② 协定还规定了突发事件的处理事宜,作为对上述"预防和应对突发事件的联合行动"措施的补充。③

5. 组织机构

协定第 4 条规定,为协调落实本协定,双方设立中俄合理利用和保护跨界水联合委员会。联合委员会的主要任务为:执行协定的规定;制定跨界水利用和保护的联合规划;制定跨界水水质的统一标准、指标以及跨界水监测规划;研究突发事件所致重大跨界影响的分析和评估方法,并在此基础上制定对受跨界影响一方国家的救助措施;制定预防、应对跨界水突发事件及消除或减轻其后果的计划;促进双方争议问题的解决。

中俄《关于合理利用和保护跨界水的协定》的签订和实施,尤其是协定明确规定"必要时,采取联合行动利用和保护跨界水",为双边合作开发和保护跨界水资源提供了必要的法律和组织保障。两国已就黑龙江联合开发达成原则协议,目前正在商讨沿黑龙江主流开发水电站事宜,主要目的是供给

---

① 协定第 2 条具体规定了双方在利用和保护跨界水方面开展合作的措施和途径:(1)技术交流;(2)推动新技术的应用;(3)将跨界水现有水利和其他设施保持在应有技术状态,采取措施稳定河道,预防水土流失;(4)制定和采取必要措施,预防和减少由于污染物的排放而导致的对跨界水的跨界影响,并对有关信息进行交换;(5)开展跨界水水文及防洪减灾方面的合作;(6)对跨界水进行监测;(7)必要时,采取联合行动利用和保护跨界水;(8)按照双方事先商定的程序,相互通报在跨界水上修建的和拟建的可能导致重大跨界影响的水利工程,并采取必要措施,以预防、控制和减少该影响;(9)制定和开展预防和应对突发事件的联合行动;(10)在原住民少数民族居住区采取联合水源保护措施时要顾及自然资源的传统利用;(11)根据各自国内法律向社会通报跨界水状况及其保护措施;(12)共同开展科学研究,制定统一的跨界水水质标准、指标和跨界水监测办法;(13)科研合作;(14)通过举办联合学术会议、研讨会,相互交流跨界水利用和保护的科研成果;(15)促进科研机构和社会团体开展跨界水利用和保护领域的合作;(16)进行必要的研究,确定有可能对跨界水状况产生重大跨界影响的污染源,采取措施,以预防、控制和减少跨界影响。

② 协定第 5 条规定:双方通过协商确定有关跨界水信息交流的内容、数量和时间;一方提出交换非商定的资料或数据时,另一方在条件允许的情况下应给予满足,但可附有一定的条件;除非双方另有协议,双方交换的信息不得提供给第三方。

③ 协定第 6 条规定:双方建立预防跨界水突发事件的必要信息通报、交换机制,并确保其有效运转;在发生突发事件时,双方应根据本协定以及 2006 年 3 月 21 日《中华人民共和国政府和俄罗斯联邦政府关于预防和消除紧急情况合作协定》,立即相互通报和交换有关信息,并采取必要和合理措施,消除或减轻突发事件引起的后果。

中国日益增长的能源需求。① 但是协定的内容较为粗疏,只能作为两国合作的框架性文件,有必要就具体开发利用和保护项目通过详尽的计划和方案。另外,协定规定的"保护跨界水"中的"跨界水"语焉不详,它是指跨界水资源,还是指跨界水生态系统? 从协定整个文本的内容和措辞来看,尤其是从协定第 2 条的规定来看,显然它是指跨界水资源。也就是说,协定仅仅规定了保护跨界水资源的原则和措施。保护跨界水生态系统是一项正在形成中的国际水法基本原则,而且中俄两国已就黑龙江流域生物多样性保护开展了合作,为跨界水生态系统的保护打下了良好的基础,因此笔者认为,中俄应当在此基础上进一步明确规定保护跨界水生态系统的原则和措施。

(二)中朝界河水资源开发利用现状

鸭绿江和图们江主要为中朝界河,两国合作程度较高,实施了很多共同开发项目,但是需要在水污染防治和水生态系统保护方面加强协调与合作。

1. 鸭绿江流域水资源开发利用状况

鸭绿江原为中国内河,发源于长白山南麓,位于吉林省、辽宁省东部。1443 年,朝鲜将鸭绿江南岸地区纳入了版图,鸭绿江随之成为中、朝两国西段边界的界河。鸭绿江干流全长 795 公里,流域面积 6.4 万平方公里。鸭绿江的干支流都建有一系列水库,使鸭绿江水系的水文状况发生了很大变化。

几十年来,中朝两国一直维持着良好的关系,也对鸭绿江流域水资源进行了共同开发利用。鸭绿江从长白县至入海口落差 680 米,水资源开发是以发电为主,兼顾防洪、供水、流筏、航运等。1960 年,中朝两国政府签订了《关于国境河流航运合作的协定》,对鸭绿江进行了航行利用。经过中朝双方共同规划,干流从长白县至入海口,布置有十二个梯级水电站,即:南尖头水电站、上崴子水电站、十三道沟水电站、十二道沟水电站、九道沟水电站、临江水电站、云峰水电站、黄柏水电站、渭源水电站、水丰水电站、太平湾水电站、义州水电站。现在已经建成水丰、云峰、渭源、太平湾等四座电站,正在设计临江、义州两座水电站。

水丰水电站建于 1944 年,是鸭绿江流域最早建成的一座水力发电站。发电厂房修建于江左岸朝鲜境内。为了发展鸭绿江水力发电事业,中

---

① James E. Nickum, "The Upstream Superpower: China's International Rivers", in Olli Varis, Cecilia Tortajada and Asit K. Biswas (Eds.), *Management of Transboundary Rivers and Lakes*, 2008 Springer-Verlag Berlin Heidelberg, p. 236.

朝两国于 1955 年签定协议,规定水丰水电站为两国共同所有,由根据协议成立的中朝水力发电公司进行经营。两国通过水力发电公司共同经营水丰发电厂,双方共同投资维修和改建,电量各半分配。云峰、渭源、太平湾三座电站都遵循了水丰电站的经营管理模式,两国共同所有,名义上由共同成立的公司进行管理,产生的电力由两国平等分享。①

中朝对鸭绿江流域的水电联合开发,可以说是中国与共同沿岸国在共享河流的共同利用和水电联合开发方面最成功的典范。

2. 图们江流域水资源和经济发展状况

图们江,朝鲜语和日语都称为豆满江,发源于中国长白山东南部,位于吉林省延边朝鲜族自治州的东南边境,干流全长 520 公里,注入东面的日本海。图们江在明朝至清朝晚期是中朝两国的界河。1860 年《中俄北京条约》把图们江最后 15 公里的北岸划归沙俄帝国,俄罗斯取代中国与朝鲜相邻。因此,图们江流域虽然面积很小,只有两万多平方公里,而且大部分在中国境内(约 60％的流域面积),但是其地理位置使其具有战略意义:位于中、朝、俄三国连接处,首先形成中朝两国的边界,然后在入海前的最后 15 公里形成朝、俄边界。

图们江流域的经济发展已经纳入国家战略。2009 年 11 月,《中国图们江区域合作开发规划纲要——以长吉图为开发开放先导区》经中国国务院发布,国内首个沿边区域经济发展进入国家战略规划。图们江流域的经济长远规划成为东北亚自由贸易区(尚未建立)的一部分。

图们江流域的经济发展甚至已经纳入国际版图或视野。事实上,该流域是中国重要的多边合作活动场所。1992 年,在中国、俄罗斯、朝鲜、韩国和蒙古国的共同建议和参与下,联合国开发计划署(UNDP)制定了《图们江地区发展规划》,对图们江沿岸积极进行经济技术开发。该规划还包括 UNDP 准备的"战略行动计划",旨在保护跨界生物多样性和国际水域,吸引绿色投资。中国已在位于图们江下游的珲春市设立珲春边境经济合作区,朝鲜也将靠近图们江的罗津和先锋两市划为罗先直辖市,指定其为经济特区,引进外资加以开发。《图们江地区发展规划》受到其他许多国际组织和国家的支持,包括荷兰政府、亚洲开发银行、联合国工业发展组织和世界旅

① James E. Nickum, "The Upstream Superpower: China's International Rivers", in Olli Varis, Cecilia Tortajada and Asit K. Biswas (Eds.), *Management of Transboundary Rivers and Lakes*, 2008 Springer-Verlag Berlin Heidelberg, p. 237.

游组织。该区域的经济合作开发看来一直在继续,然而从可得的有限资料来看,"战略行动计划"看来并不成功,流域水质没有得到改进。①

（三）中蒙界河及相关条约

在中国东北部与蒙古交界处,中蒙两国拥有许多共享河流和湖泊,包括哈拉哈河、克鲁伦河、贝尔湖和布尔根河等。针对中蒙界河的利用和保护问题,中国与蒙古于1994年签订《关于保护和利用边界水协定》,并于1995年1月生效。协定的主要内容如下。

1. 边界水的范围

协定第1条规定了"边界水"的范围,即协定的适用范围。"边界水"系指:哈拉哈河、克鲁伦河、贝尔湖和布尔根河;穿越两国边界和在边界线上的湖泊、河流、小溪及其他水。

2. 保护和利用跨界水的基本原则

协定规定了缔约双方在保护和利用边界水方面应当遵守的基本原则,即公平和合理利用、不对另一方造成损害、保护边界水及其生态系统、合作。②

3. 在保护和利用边界水方面的合作

协定规定了缔约双方在保护和利用边界水方面进行合作的途径和方法,具体包括:对边界水的动态、资源及水质进行调查和测量;测定界湖、界河流域的变化;调查、保护和开发边界水、水生动植物资源;监测并减少边界水的污染;维护和合理使用边界水范围内的水利工程和防洪护水设施。③

---

① James E. Nickum, "The Upstream Superpower: China's International Rivers", in Olli Varis, Cecilia Tortajada and Asit K. Biswas (Eds.), *Management of Transboundary Rivers and Lakes*, 2008 Springer-Verlag Berlin Heidelberg, p. 238.

② 协定第2条规定:为保护和公平、合理地利用边界水,缔约双方可在以下几个方面进行合作……第4条规定:缔约双方应共同保护边界水的生态系统,并以不致对另一方造成损害的方式开发和利用边界水。任何对边界水的开发和利用,须遵守公平、合理的原则,并不得对合理的边界水使用造成损害。第6条规定:缔约双方应采取措施预防、减少和消除洪水、凌汛、生产事故等自然或人为的因素可能给边界水的质量、资源、自然动态以及水生动植物带来的危害。

③ 协定第2条规定:为保护和公平、合理地利用边界水,缔约双方可在以下几个方面进行合作:对边界水的动态、资源及水质进行调查和测量;测定界湖、界河流域的变化;调查、保护和开发边界水、水生动植物资源;监测并减少边界水的污染;维护和合理使用边界水范围内的水利工程和防洪护水设施。第3条规定:为实施本协定第2条规定的合作,双方可开展以下活动:在双方确定的站、所或地点对边界水的质量、动态、资源以及界河、界湖及其流域的变化情况进行监测;在合作的范围内进行技术交流,交换技术资料、信息和图纸;派遣代表团和专家,进行联合调查和测量;建立共同的研究试验中心或小组。第8条规定:缔约双方将商定对界水进行联合调查和测量的站、所和地点,以及拟交换信息的内容、数量和时间。

4. 商定对边界水的年用水量

协定第 7 条规定了水量分配事宜,"缔约双方将商定对边界水的年用水量。双方应采取有效措施避免在各自境内从事超过所确定的年用水量的活动。"

5. 组织机构

协定规定,缔约双方应各自委派一名代表和两名副代表,组成边界水联合委员会,负责处理执行本协定中的有关事宜。边界水联合委员会每两年一次轮流在两国举行会议,讨论本协定的执行情况以及与边界水有关的事宜。[①]

协定的签订和实施,为保护跨界水资源和双边合作开发提供了必要的法律和组织保障。而且协定明确规定"保护边界水的生态系统",这很值得肯定。但是协定的规定仍显粗疏,比如没有详细规定保护边界水生态系统的具体措施,对水量分配问题也没有明确,因此只是双方进行合作的框架协议,两国还需要就水量分配事宜或保护或联合开发项目通过详尽的计划和方案。但是几乎没有根据该协定开展活动的任何信息,中国方面的开发利用活动也没有官方报道和资料可查。另有资料显示,流经内蒙古的国际河流几乎未进行过开发利用。[②]

二、东北地区国际河流水资源开发利用的法律措施建议

东北地区国际河流的开发利用还有很大空间。以黑龙江为例,目前黑龙江航行利用较发达,但是干流水资源利用率仅为 1.4%,利用程度偏低,特别是水能资源的开发,将是今后流域开发的重点。由于大多数是界河,或者有较好的合作开发基础,东北地区国际河流水资源的开发利用,适合采取两国联合开发或一体化管理模式。在已经进行联合开发的中朝界河流域,可以适当强化或优化联合开发,或者走向一体化管理。

（一）联合开发的建议

中国虽然与俄罗斯和蒙古国签订并实施了界水利用和保护协定,但是没有进行联合开发。中国高层已经决定加强与两国在边境问题上的合作,这为联合开发界河水资源创造了良好的政治环境。

---

① 参见协定第 10、11 条的规定。
② 参见谈广鸣、李奔编著:《国际河流管理》,中国水利水电出版社 2011 年版,第 101 页。

1. 联合开发的可行性研究和成本效益分配

首先,需要制定双边战略行动纲领,确定优先发展项目或解决事项,是跨边界环境问题,抑或水电开发,抑或防洪,还是其他方面?

其次,进行国内和双边水利工程可行性研究,包括:共享水资源的合理利用;联合评估水利工程的环境影响,包括对水文、生物多样性、洪泛平原、下游河道的影响等;在健康、运输、通信和能源领域共享基础设施和服务一体化的可能性。

双边工程可行性的关键条件是有共同利益,双方都能从中获益,正如美国与加拿大的哥伦比亚河联合开发体制给我们的启示。因此,各国在工程谈判开始时,必须明确其目标,并确定工程项目所能带来的收益,包括社会、金融、政治、文化等各方面,还要准备承担为获取这些收益必须付出的代价,即做好成本—效益分析。

2. 联合环境影响评价和水质监测

环境影响评价和水质监测可以有效地避免环境损害的发生。对于两国或多国联合开发规划和项目,应当事先做好环境影响的联合评价工作。在规划和项目实施和投入运营后,还需要做好水质监测和环境影响后评价工作,并且根据监测和评价结果及时采取预防或减轻损害的措施。

3. 流域管理机构

成立新的或强化现有的流域管理机构,对流域水资源进行有效管理。这一机构享有制定政策的权利和义务,以及保持金融和政治能力。这一机构必须切实地代表流域人民的利益,对流域人民和公众负责,而不是演变成无效的官僚机构或者为政治利益所操纵的机构。

(二)流域一体化管理路径

中朝两国已对界河进行了多年的联合开发,可以考虑实施一体化管理,也可以首先在我国境内流域实施一体化管理,特别是流经吉林、辽宁两省的界河鸭绿江。无论是两国对界河流域的一体化管理,还是我国境内流域的一体化管理,都可以采取以下路径。

第一,对每个地区地理、地质、水文、气象、资源禀赋、生态系统状况等信息进行分析研究,并相互交流和共享信息,将信息对公众公开,最好是建立综合性、可查询的数据库,以为流域功能分区和整体规划作准备。

第二,划分环境区域,确定可持续性生产区域和应进行环保的区域,即流域功能分区。

第三,制定并实施水资源统一管理规划,并作为整体开发和管理战略的一部分。水资源规划的制定和实施应当考虑以下一些因素:

(1)需要对资源和措施两个因素深思熟虑,即对于水资源的数量、质量、需求状况、管理制度等进行调查研究、分析,对于措施的可行性、效果、环境影响等进行分析。

(2)需要考虑"土地使用"这一因素。水资源与土地使用属于同一层次的两个部分,因为土地使用会对水资源产生影响。

(3)规划活动中最重要的方面包括劳动力供应、能源、运输、农业、渔业、畜牧业、工业应用、采矿、洪水控制、旅游和娱乐等。有效规划的目标就是要协调对水资源的各种用途,使这些人类活动在满足人类对水资源的不同需求时,将环境影响降至最低,维护河流流域生态系统,实现可持续发展。

(4)规划和政策的制定要以翔实的数据为基础,需要收集的数据有水文、气象、经济和技术等各方面,而且都要经过处理和评估。

(5)规划的制定和实施需要公众参与。规划制定和实施过程中要保证知识精英、当地社区、非政府组织、公众等的参与,特别是知识精英和当地社区的参与,并且根据公众意见及时对规划进行调整和优化。①

① 参见〔加〕Asit K. Biswas 编著:《拉丁美洲流域管理》,刘正兵、章国渊等译,黄河水利出版社 2006 年版,第 153—154 页。

第八章　中国跨界地下水资源利用和保护的法律措施建议

　　淡水是人类生存和发展不可替代的自然资源,在可以直接饮用的淡水中,有97％储藏在地下,即以地下水的形式存在。在干旱或半干旱地区,地下淡水往往是供水的主要甚至是唯一来源。地下水在保持土壤湿度、溪流径流、泉水的排放、河川基流、湖泊、植被和湿地方面发挥着重要作用。

　　跨界地下水是指跨越两个或两个以上国家的地下水,它们储存在跨界含水层之中。含水层的运动没有政治界线,很多国家共用地下水含水层。比如,东北非的努比亚砂岩含水层系统由埃及、利比亚、乍得和苏丹共有;阿拉伯半岛上的含水层由沙特阿拉伯、巴林、卡塔尔和阿拉伯联合酋长国共享;北撒哈拉含水层由阿尔及利亚、突尼斯和利比亚共有,南美洲的瓜拉尼含水层由巴西、巴拉圭、乌拉圭和阿根廷等国共享,[①] 欧洲的普拉德(Praded)含水层系统为捷克和波兰共有,等等。这些共享含水层的国家也形成了一些关于共享含水层利用和保护的协议、方案和实践。联合国国际法委员会逐渐发展和编纂国际法的一项重要内容,就是制订一套得到国际社会普遍认可的、关于跨界地下水开发、利用、保护和管理的原则和规则,以指导国家缔结条约。[②] 我国需要密切关注和跟踪研究跨界地下水法的编纂和发展成果,以及关于跨界地下水利用和保护的国外实践,以为我国跨界地下水利用和保护工作提供必要的借鉴。

第一节　跨界地下水法的最新编纂与发展

　　在当今全球水危机的形势下,国际社会已普遍认识到跨界地下水资源

---

　　① Albert E. Utton, *Transboundary Resources Law*, Westview/Boulder and London, 1987, P. 156.

　　② 胡文俊:《国际水法的发展及其对跨界水国际合作的影响》,载《水利发展研究》2007年第11期,第67页。

的开发、利用、保护和管理在国家社会、经济、政治和环境中的重要地位,以及通过制订和实施国际法规则解决地下水管理和污染问题的重要性。国际法协会 1986 年通过的《汉城规则》、联合国国际法委员会 1994 年通过的《关于跨界封闭地下水的决议》,都建议制订关于跨界地下水的详细规则。

但是国际社会关于跨界地下水的专门协定极少,虽然有一些国际水条约指出跨界水中包含地下水,但是对跨界地下水利用和保护有详细规定的也寥寥无几。欧盟 2006 年通过了新的《地下水指令》,对《水框架指令》中关于地下水保护规定进行了补充,将对促进国家间开展跨界地下水保护和利用的合作发挥积极作用。美国和墨西哥为解决关于科罗拉多河的地下水争端,设立了美墨跨界资源研究组。研究组 1987 年制定了《班拉吉条约草案》(The Bellagio Draft Treaty),并于 1989 年作了修订。条约草案形成的目的是:作为规范跨界地下水资源的条约的蓝图;便利合作;实现资源的最佳利用。①

世界上大多数含水层往往跨越两个或更多国家,如同国际河流一样,这些跨界含水层的利用和保护关乎国际政治关系、地区稳定和经济发展,也面临着缺乏管理、过度利用、受到污染,甚至共享含水层的国家为此发生摩擦和冲突等问题。比如中东地区浅层和深层含水层,横跨以色列、巴勒斯坦、约旦、黎巴嫩和叙利亚南部,面积约 30 万平方公里,各国为含水层中地下水的利用问题曾发生过多次争端,甚至战争。因此,共享含水层国迫切需要通过缔结双边或区域协定或安排,或者在全球层面对跨界地下水的利用和保护问题进行法律编纂和发展,促进各国对跨界地下水的适当管理,以促进可持续发展和国家之间的睦邻友好关系。国际法委员会二读通过的《跨界含水层法条款草案》就是这一编纂和发展的成果。

一、《跨界含水层法条款草案》的制定过程

在 2002 年国际法委员会第五十四届会议决定将"共有的自然资源"专题列入其工作方案,并在同年举行的第 2727 次会议上任命了第一任特别报告员 Chusei Yamada。在 Chusei Yamada 的建议下,该专题集中于对跨界地下水的研究。在 2003 年国际法委员会第五十五届会议上,审议了特别报告员的第一次报告,在 2004 年举行的第 2 797—2 799 次会议上,审议了特

① Robert D. Hayton & Albert E. Utton, "*Transboundary Groundwaters: the Bellagio Draft Treaty*", www. ce. utexas. edu/prof/mckinney/ce397/Topics/Groundwater/Bellagio. pdf, visited on Oct. 18 2005.

别报告员的第二次报告。委员会在第 2 797 次会议上设立了一个跨界地下水问题不限成员名额工作组,由特别报告员担任主席。该专题工作组于 2006 年向国际法委员会提交《跨界含水层法条款草案》,委员会第五十八届会议一读通过了该条款草案及其评注,将其转发各国政府,以征求评论和意见以及条款草案的最后形式。2008 年 8 月,国际法委员会第六十届会议审议了各国政府提出的各种意见,二读通过《跨界含水层法条款草案》及其评注,并于 10 月 27 日被正式提交联大。国际法委员会建议联大通过一项关注到《跨界含水层法条款草案》的决议,并将《跨界含水层法条款草案》附在该决议之后,建议有关国家根据条款草案所载原则作出适当的双边和区域安排,妥善管理跨界含水层,在稍后阶段考虑在条款草案的基础上制定一项公约。①

随后,作为对国际法委员会将《跨界含水层法条款草案》二读提交联合国大会的配合,联合国教科文组织的国际水文计划于 2008 年 10 月推出了第一份跨界含水层世界地图,详细地显示了全球跨界含水层的分布,同时还包括水质和耗减速度等信息。到 2010 年,该计划已对全球 270 个跨界含水层予以确认,其中美洲 73 个,非洲 38 个,东欧 65 个,西欧 90 个,亚洲 12 个。

前已述及,在 2011 年第六十六届联大会议期间,各会员国就跨界含水层法专题进行了讨论,由联大通过了《关于跨界含水层法的决议草案》。决议建议,联合国各会员国今后就订立管理跨界含水层的协定或安排进行谈判时,酌情考虑《跨界含水层法条款草案》,决定将跨界含水层法项目列入联大第六十八届会议临时议程,参考各国政府的书面评论和意见,进一步审查《跨界含水层法条款草案》可能的形式等问题。② 因此,《跨界含水层法条款草案》还没有被发展成为国际条约,迄今为止仍为条款草案,不具备法律约束力。但是该条款草案的通过对跨界地下水法的编纂和发展,以及对跨界地下水的利用和保护将起到重大的推动作用。

二、《跨界含水层法条款草案》的主要内容

《跨界含水层法条款草案》的内容是在吸收联合国某些成员国政府所提供的信息和评论,以及关于跨界地下水利用和保护的现行国家实践、双边和

---

① 参见国际法委员会 2008 年二读通过的《跨界含水层法条款草案案文及其评注》(中译本)。
② 联合国大会第六十六届会议文件,A/c. 6/66/L. 24, 3 Nov. 2011, Chinese.

多边协议的基础上形成的,除了序言以外,共分为 4 部分,包括 19 个条款,其结构与《国际水道公约》有些相似。① 这 4 部分的标题分别为"导言"、"一般原则"、"保护、保全和管理"和"杂项规定"。②

（一）草案的目的、适用范围和术语的定义

草案的序言指出,本条款草案的主要目的是利用和保护地下水资源,"意识到全世界所有地区维持生命的地下水资源对人类的重要性……考虑到对淡水的需求不断增长和需要保护地下水资源,铭记含水层易受污染而引起的特殊问题,确信在促进最佳和可持续开发利用水资源方面,必须确保为当代和子孙后代开发、利用、保持、管理和保护地下水资源……"序言特别强调了国际合作的重要性,并且在铭记共同但有区别的责任原则的同时,考虑到发展中国家的特殊情况。

根据草案第 1 条的规定,该草案适用于三种活动:一是对跨界含水层或含水层系统的利用;二是对此种跨界含水层或含水层系统有影响或可能产生影响的其他活动;三是对此种含水层或含水层系统的保护、保全和管理措施。草案既适用于跨界含水层,也适用于跨界含水层系统,"跨界含水层"和"跨界含水层系统"在草案中总是一起被使用。这里"影响"（impact）的概念比"损害"或"破坏"的概念更宽泛,后者是比较具体的概念。③ 特别报告员最初建议文本中使用的是"地下水"（groundwaters）的措辞,但是后来用"含水层"（aquifer）代替。因为从技术角度来说,后者比前者更为准确。使用"含水层"的措辞,部分意图是将含水层与其他地下地质结构,诸如石油和天然气相区分;而且,"地下"这一措辞忽视了含水层也可在地表下的岩石或土壤形成这一事实。④

---

① See *Report of the working Group on Shared Natural Resources* (*Groundwaters*), sixty session of International Law Commission, 1 May - 9 June and 3 July - 11 August 2008, A/CN. 4/L. 683.

② 其中"导言"部分包括范围、用语等两个条款;"一般原则"部分包括含水层国的主权、公平合理利用、与公平合理利用相关的因素、不造成重大损害的义务、一般合作义务、数据和资料的定期交流、双边和区域协定和安排等 7 个条款;"保护、保全和管理"部分包括生态系统的保护和保全、补给区和排泄区、防止、减少和控制污染、监测、管理、既定活动等 6 个条款;"杂项规定"部分包括与发展中国家的科学技术合作、紧急情况、武装冲突期间的保护、对国防或国家安全至关重要的数据和资料等 4 个条款。

③ 参见《跨界含水层法条款草案案文及其评注》（中译本）,第 1 条的评注第 4 段。

④ Shared Natural Resources: Statement of the Chairman of the Drafting Committee Mr. Roman A. Kolodkin, 9 June 2006, http://untreaty. un. org/ilc/sessions/58/DC_Chairman_shared_natural_ resources. pdf, last visted on Aug. 10, 2009.

　　草案第2条对草案中涉及的8个技术术语进行了定义。草案有意使用技术术语,意在使科研人员和水管理者易于使用它们。① 所谓"含水层"是指位于透水性较弱的地层之上的渗透性含水地质构造,以及该地质构造饱和带所含之水。"地质构造"包含自然发生的材料,如岩石、砂砾和沙子。② 所谓"含水层系统"是指在水力上相连的两个或两个以上含水层。在同一系统内的水力上相连的含水层并不必然有共同的特征,它们可能有不同的地质构造。关于"在水力上相连"(hydraulically connected),是指两个或两个以上的含水层之间在物质环境上的联系,即一含水层能够传递一些数量的水到其他含水层,反之亦然。③ "跨界含水层"或"跨界含水层系统"分别是指其组成部分位于不同国家的含水层或含水层系统,而"不同国家"被称为"含水层国"。"跨界含水层和含水层系统的利用"包括提取水、热能和矿物,以及储存和弃置任何物质,包括利用含水层固定二氧化碳。含水层或者是有补给的,或者是没有补给的。这两种含水层都归入现行草案调整的范围。草案第2条将"有补给含水层"定义为得到同期相当补给水量的含水层。这种补给既包括天然补给,也包括人工补给,比如在日内瓦法语区含水层系统进行的人工补给,即引用阿尔沃河的水用于补给。④ 为方便起见,"同期"(contemporary)一词应被理解为过去50年和未来50年的大约100年时间跨度。"相当"(non-negligible)补给水量是指补给一些数量的水,这样的数量是否达到"相当",应当参考接收水的含水层的具体特点、从该含水层排出的水量、补给的水量、发生补给的速度等予以评定。⑤ 每个含水层或含水层系统都有补给区和排泄区,这些补给区和排泄区也受草案条款之下特定措施和合作安排的约束。补给区和排泄区虽然同含水层连接,却是在含水层以外。但是含水层及其补给区和排泄区形成水文循环中的一个动态的连续统一体。承认有必要保护这些地区,这本身说明了保护含水层的生命所依赖的整体环境的重要性。所谓"补给区"是指向含水层供水的区域,包括雨

---

　　① Shared Natural Resources: Statement of the Chairman of the Drafting Committee Mr. Roman A. Kolodkin, 9 June 2006, http://untreaty. un. org/ilc/sessions/58/DC_Chairman_shared_natural_ resources. pdf, last visted on Aug. 10, 2009;参见国际法委员会2008年二读通过的《跨界含水层法条款草案案文及其评注》(中译本),第2条的评注第1段。
　　② 参见《跨界含水层法条款草案案文及其评注》(中译本),第2条的评注第1段。
　　③ 同上书,第2条的评注第3段。
　　④ 同上书,第4条的评注第1段。
　　⑤ 同上书,第2条的评注第7段。

水汇集区域以及雨水从地面流入或通过土壤渗入含水层的区域。所谓"排泄区"是指含水层的水流向诸如水道、湖泊、绿洲、湿地或海洋等出口的区域。

（二）跨界含水层利用的一般原则

草案第3条到第9条规定了跨界含水层利用的四个一般原则：含水层国对含水层或含水层系统的主权原则、公平和合理利用原则、不造成重大损害原则和国际合作原则。

1. 含水层国对含水层或含水层系统的主权原则

草案第3条确认含水层国对位于其领土范围内跨界含水层或含水层系统之一部分享有的主权。主权是国家的固有属性，领土主权是国家主权最重要的组成部分。领土主权是指国家对其领土行使的最高的和排他的权力，包括领土所有权、领土管辖权和领土主权不受侵犯。国家的领土不仅包括领陆、领水和领空，也包括领陆和领水之下的底土。就底土来说，位于一国领陆和领水之下的含水层是该国领土的一部分。

国家对位于本国领土范围内的自然资源，包括跨界水资源享有永久主权。国家对自然资源的永久主权原则是一项已确立的习惯国际法原则，甚至是"一项根本的习惯国际法原则"，是"国家主权的基本和固有的因素"。[1] 联大1962年通过《关于天然资源之永久主权宣言》，郑重宣布"各民族及各国行使其对天然财富与资源之永久主权"。[2] 联大1974年通过《各国经济权利和义务宪章》重申："每个国家对其全部财富、自然资源和经济活动享有充分的永久主权，包括所有权、使用权和处置权在内，并得以自由行使此项主权。"[3]许多国际条约和国际软法文件都重申或确认各国对其领土内自然资源的主权。[4] 水资源是一种自然资源，流域各国对位于其境内的跨界水

---

① Franz Xaver Perrez, "the Relationship between Permanent Sovereignty and the Obligation Not to Cause Transboundary Environmental Changes", http://www. questia. com/PM. qst, last visited on June 23, 2009.

② 参见《关于天然资源之永久主权宣言》第1部分第1条，转引自王铁崖、田如萱编：《国际法资料选编》，法律出版社1986年版，第21页。

③ 参见《各国经济权利和义务宪章》第2章第2条第1项，转引自王铁崖、田如萱编：《国际法资料选编》，法律出版社1986年版，第841页。

④ 比如，《保护臭氧层维也纳公约》、《气候变化框架公约》、《生物多样性公约》等条约的序言；《联合国海洋法公约》、《赫尔辛基公约》的《水与健康议定书》等条约的条款；《人类环境宣言》、《里约环境与发展宣言》、《建立新的国际经济秩序宣言》、《建立新的国际经济秩序行动纲领》、《预防危险活动的跨界损害的条款草案》等国际软法文件。

资源,包括含水层及其水享有主权,包括所有权、利用权和处置权。当然,主权不是绝对的,各国在对跨界含水层行使主权时,应当受到一般国际法的制约。草案在肯定含水层国对位于其领土范围内的跨界含水层或含水层系统之一部分享有主权的同时,也规定含水层国应按照国际法和本条款草案行使主权。

2. 公平和合理利用原则

公平和合理利用原则是国际水法的基本原则,是习惯国际法规则的结晶。公平和合理利用原则获得了国际社会的广泛承认,可以由条约、软法文件、国际和国内司法实践等证明。[①] 尽管公平利用和合理利用是两个不同的概念,但是相互关联,[②]习惯国际法将其作为一个整体对待。

草案第 4 条也确认,含水层国应当按照公平和合理利用原则利用跨界含水层或含水层系统。草案还对含水层国如何公平和合理利用作了具体规定:(1)应以符合相关含水层国公平合理从中获益的方式利用跨界含水层或含水层系统;(2)应谋求从含水层水的利用中获取最大长期惠益;(3)应基于含水层国目前和将来的需要及替代水源的考虑,单独或联合制定全面利用规划;(4)对于有补给跨界含水层或含水层系统的利用程度不应妨碍其持续发挥有效作用。[③] 从这 4 款的规定可以看出,草案强调从利用中获益,而非利用本身。这种利用可以是现行的利用,也可以是将来的利用。

在适用公平和合理利用原则利用跨界含水层或含水层系统时,应当考虑到所有相关因素。草案第 5 条大部分照搬《国际水道公约》第 6 条的规定,同时考虑到含水层的特殊情况,列举了 9 个相关因素,它们依次是:每个含水层国依赖含水层或含水层系统生活的人口;有关含水层国目前和未

---

① 参见何艳梅著:《国际水资源利用和保护领域的法律理论与实践》,法律出版社 2007 年版,第 71—73 页。

② 公平的实质是利益和负担的合理分配,是主体之间在利益和负担方面达到相对平衡的一种状态。合理主要是一个价值的概念,具有合理性的事物意味着它得到人们价值上、情感上的认同。合理的"理"既包括客观事物之理,也包括人本身之理,这"理"在实际中表现为真理、道理、理由。判断人的活动是否合理有两条基本标准,一是合乎需要,即合乎作为历史创造主体的人类的需要;二是合乎规律,即合乎自然规律和社会关系的发展规律。从应然的角度来说,国际水资源的合理利用是公平利用的必然要求和重要内容,因为合理是公平的内涵之一,公平利用包含代内公平和代际公平,而合理利用的目的之一是满足今世后代对水资源的需求。但是从实然的角度来说,公平利用只注重代内公平,不等于合理利用,两者的侧重点并不相同。公平利用侧重于水量和水益的分享,而合理利用则侧重于水量的节约利用,以及水质和水环境的保护。

③ 含水层作为一个蓄水库,必须维持一定的数量。然而这并不意味着利用水平必须限制在补给水平上。参见《跨界含水层法条款草案案文及其评注》(中译本),第 4 条的评注第 5 段。

来的社会、经济和其他需要；含水层或含水层系统的自然特性；对含水层或含水层系统的形成和水补给所起的作用；含水层或含水层系统的现有和潜在用途；一个含水层国的利用对其他有关含水层国的实际和潜在影响；对于含水层或含水层系统的某一现有和已规划的用途，是否存在替代办法；对含水层或含水层系统的开发、保护和养护，以及为此而采取的措施的代价；含水层或含水层系统在有关生态系统中的作用。这里的"生态系统"可能存在于含水层，而且其生存依靠含水层的正常运作，也可能存在于含水层之外，其生存依靠含水层的一定数量或质量的地下水。①

　　上述 9 个因素并不是穷尽性的，它们之间的组织和安排也不是基于任何特定的优先顺序，而是基于实现内部连贯和逻辑的考虑。② 对每个因素的权衡，应根据该因素对特定跨界含水层或含水层系统的重要性与其他相关因素的重要性相比较而定。在确定何谓公平和合理利用时，应当综合考虑所有相关因素，并根据所有因素得出结论。但是在权衡跨界含水层或含水层系统的不同类别用途时，应当特别重视人类的基本需要。③

　　3. 不造成重大损害原则

　　不造成重大损害原则也是跨界水资源利用的一项习惯国际法原则，是国际水法的基本原则之一，被国际条约、宣言和其他国际文件以及国际判例广泛接受。④ 尽管各国对位于其境内的跨界水资源享有永久主权和公平和合理利用的权利，但是各国也有义务在利用跨界水资源时不对他国造成重大损害，永久主权原则和不造成重大损害原则代表了"朝着相反方向推动的两个根本目标"。⑤

　　草案第 6 条规定了含水层国不对其他含水层国造成重大损害的义务，包括含水层国在本国领土内使用跨界含水层或含水层系统时，以及含水层

<hr/>

① 参见《跨界含水层法条款草案案文及其评注》(中译本)，第 5 条的评注第 4 段。
② Shared Natural Resources: Statement of the Chairman of the Drafting Committee Mr. Roman A. Kolodkin, 9 June 2006, http://untreaty. un. org/ilc/sessions/58/DC_Chairman_shared_natural resources. pdf, last visted on Aug. 10, 2009;《跨界含水层法条款草案案文及其评注》(中译本)，第 5 条的评注第 1 段。
③ 参见草案第 5 条第 2 款的规定。
④ 参见何艳梅著：《国际水资源利用和保护领域的法律理论与实践》，法律出版社 2007 年版，第 143—145 页。
⑤ Franz Xaver Perrez, "the Relationship between Permanent Sovereignty and the Obligation Not to Cause Transboundary Environmental Changes", http://www. questia. com/PM. qst, last visited on June 23, 2009.

国在进行非利用跨界含水层或含水层系统,但是影响或可能影响该跨界含水层或含水层系统的其他活动时,应当采取一切适当措施,防止对其他含水层国或排泄区位于其境内的其他国家造成重大损害。这里需要强调的是,不造成重大损害原则并不是禁止一切跨界损害(否则等于禁止一切跨界水资源利用行为),而是禁止重大跨界损害。"重大损害"标准体现了国家之间利益的平衡。该条第3款规定,如果采取一切适当措施,仍对其他含水层国或排泄区位于其境内的其他国家造成重大损害,其利用或非利用跨界含水层或含水层系统的活动造成损害的含水层国,应当适当注意草案第4条和第5条的规定,同受影响国协商,采取一切适当的应对措施,消除或减轻这种损害。但是草案第6条对含水层国尽管作出努力以防止损害,仍然发生重大损害情况下的赔偿问题保持沉默,理由是赔偿问题是将由其他国际法规则予以约束的领域,例如涉及国家责任的规则,或涉及国际法不加禁止的行为的国际责任的规则,因而不需要在本条款草案中特别处理。①

4. 国际合作原则

国际合作是国际法的基本原则,也是国际流域各国在利用和保护跨界水资源的过程中应承担的国际义务。含水层国之间的合作是共享自然资源的前提,草案第7条规定了含水层国相互合作的一般义务,第8条规定了含水层国定期交流关于跨界含水层或含水层系统状况的现成数据和资料的义务,第9条鼓励含水层国就管理一个特定的跨界含水层或含水层系统的目的,相互达成双边或区域协定或安排,这是国际合作原则的具体体现。草案第三和第四部分对"保护、保全和管理"、"杂项规定"等相关内容的规定,也体现了国际合作原则。

根据草案第7条第1款的规定,含水层国应在主权平等、领土完整、可持续发展、互利和善意的基础上进行合作,使跨界含水层或含水层系统得到公平合理利用和适当保护。这一规定借鉴了《国际水道公约》第8条第1款的规定。②

主权国家在跨界含水层利用和保护方面进行合作的方式主要有以下

---

① 参见《跨界含水层法条款草案案文及其评注》(中译本),第6条的评注第5段。
② 《国际水道公约》第8条第1款规定:水道国应在主权平等、领土完整、互利和善意的基础上进行合作,使国际水道得到最佳利用和充分保护。关于主权、可持续发展、善意等原则的含义,可参见何艳梅著:《国际水资源利用和保护领域的法律理论与实践》,法律出版社2007年版,第183—184页,第132—137页。

方面。

（1）数据和资料的定期交流

数据和资料的定期交流是含水层国之间合作的第一步，也是实现更高程度合作的必要前提。[①] 草案第 8 条关于数据和资料的定期交流的规定，对《国际水道公约》第 9 条的案文作了调整，以适应含水层的特性。该条规定，含水层国应定期交流关于跨界含水层或含水层系统状况的现成数据和资料，特别是交流地质、水文地质、水文、气象和生态方面的数据和资料，与含水层或含水层系统的水文化学有关的数据和资料，以及相关的预报。草案第 19 条同时规定了提供资料义务的国家安全例外：国家没有义务提供对其国防或国家安全至关重要的数据或资料。草案的起草者也考虑到保护工业和商业秘密、知识产权、隐私权、重要的文化或自然遗产问题，但是同时考虑到提供资料的义务不致侵犯这些权利，因此未把它们作为例外。但是在提供资料义务的例外方面，也必须在起源国的正当利益和可能受影响国的正当利益之间取得平衡，因此草案第 19 条同时规定，根据国家安全等理由不提供资料的含水层国应同其他国家善意合作，视情况尽可能提供资料。

（2）非含水层国与含水层国的合作

虽然补给区和排泄区位于含水层以外，但是对其采取保护和保全措施能够确保含水层的正常运行。考虑到补给和排泄过程的重要性，草案第 11 条第 2 款规定，补给区或排泄区全部或部分位于其境内的非含水层国，有义务与含水层国合作，以保护该含水层或含水层系统和相关的生态系统。

（3）联合监测

草案第 13 条第 1 款规定，含水层国应当在可能的情况下与其他有关含水层国联合开展监测活动，并且在适当的情况下与主管国际组织进行协作。

根据商定的含水层概念模式进行联合监测，是最终和最理想的监测方法。含水层国联合开展有效监测的核心要素，就是商定或统一监测标准和方法。没有商定或统一的监测标准和方法，则收集的数据没有用处。为了选定监测的关键参数，含水层国还应就特定含水层的概念模式达成一致。以法国—瑞士日内瓦含水层委员会为例，双方从各自的数据标准开始，经过

183

---

① B. bourne, "Procedure in the Development of International Drainage Basins: Notice and Exchange of Information", Reproduced in International Water Law, *Selected Writings of Professor Charles B. Bourne* 143, 161, P. K. Wouters ed. 1998.

一段时间的实践,达到了数据的一致化。①

（4）通知

草案第 15 条第 2 款规定,一国在实施或允许实施可能影响跨界含水层或含水层系统,因而可能对他国造成重大不利影响的既定活动之前,应将此事及时通知该国。而且,此种通知应附上现有的技术数据和资料,以便被通知国能够评价既定活动可能造成的影响。规定通知义务的目的是为所有有关国家提供一个交流意见和平衡利益的机会,有效地避免争端。② 国际法院在科孚海峡案的判决中将通知义务定性为出于"基本的人道考虑"。

（5）协商和谈判

协商和谈判是国际合作的基本组成部分。草案第 15 条第 3 款规定,如果通知国和被通知国对既定活动可能造成的影响持有异议,双方应进行协商,并在必要时进行谈判,以期公平解决这种情况;它们可利用独立的事实调查机构对既定活动的影响作出公正评估。

（6）酌情建立联合管理机制

草案第 14 条规定,含水层国应酌情建立联合管理机制。"酌情"的措辞意味着可以根据跨界含水层的具体情况,考虑是否建立联合管理机制。这样规定的理由是,国际法委员会认识到,在实践中,并非在所有情况下均能建立上述机制,因此应当由有关国家磋商决定是否建立这样的联合管理机制。也就是说,建立联合管理机制并不是共享含水层的各国应当承担的习惯国际法义务,除非根据他们所参加的条约承担条约义务。《国际水道公约》第 8 条第 2 款和第 24 条第 2 款规定设立联合机构,但是只是指出水道国在必要时可以设立联合机构或委员会,作为它们之间合作的方式之一。《柏林规则》第 64 条也只是规定流域国在"必要时"③或"适当时"④建立全流域的或联合机构或委员会。

实践中一些国家已经建立了联合委员会,其中有的委员会被赋予了管理的职责。特别是针对特定跨界含水层的合作采取了非正式的形式,如有关国家的主管机构或代表定期举行会议等。欧洲大多数跨界含水层规模很

---

① 参见《跨界含水层法条款草案案文及其评注》(中译本),第 13 条的评注第 5 段。
② 参见王曦:《评〈国际法未加禁止之行为引起有害后果之国际责任条款草案〉》,载邵沙平、余敏友主编:《国际法问题专论》,武汉大学出版社 2002 年版,第 329 页。
③ See Article 64(1)of *Berlin Rules on Water Resources*.
④ See Article 64(2)of *Berlin Rules on Water Resources*.

小,通常由跨境地区或当地政府进行管理。应当鼓励地方政府之间的此类合作。而且在起草条款草案时考虑到为了给这类非正式的联合管理模式提供依据,本条草案提及的是联合管理"机制"而非"机构"。①

（7）达成双边或区域协定或安排

草案第9条规定,为了管理一个特定的跨界含水层或含水层系统的目的,含水层国可相互达成双边或区域协定或安排;含水层国可就整个含水层或含水层系统或其中任何部分或某一特定工程、项目或利用达成此种协定或安排,但是此种协定或安排不能对其他含水层国利用该含水层或含水层系统的水资源造成重大不利影响,除非经过其明示同意。

国际社会已经达成了许多关于跨界地表水利用或保护的双边和区域协定。但是关于跨界地下水利用或保护的此种国际合作措施仍然处于酝酿阶段,合作框架尚待形成。因此条款草案除了"协定"以外,又使用了"安排"一词。

（8）紧急情况下的合作

草案第17条第2款规定,在其领土内发生紧急情况的国家,如果该紧急情况威胁到跨界含水层或含水层系统,并可能对含水层国或其他国家造成严重损害,该国有义务:① 毫不迟延地并以现有的最快方式,将此紧急情况通知其他可能受影响国及主管国际组织;② 与可能受影响国并在适当情况下与主管国际组织合作,立即采取紧急情况所要求的一切实际可行的措施,预防、减轻和消除紧急情况的所有有害影响。第4款规定,各国应向受紧急情况影响的其他国家提供科学、技术、后勤及其他方面的合作。

（9）与发展中国家的科技合作

草案第16条规定,各国应直接或通过主管国际组织,促进与发展中国家的科学、教育、技术及其他合作,以保护和管理跨界含水层或含水层系统。这里采用"合作"而不是"援助"一词,因为前者更好地体现了通过保护和管理含水层和含水层系统而促进发展中国家可持续增长所必需的双向过程。② 该条还具体列举了7种合作方式,包括培训其科学技术人员、提供必要的设备设施、提供咨询意见、编写环境影响评估报告等。当然,这些方式不是累积性的,也不是穷尽性的,各国不必开展所列的每一种合作,它们可以选择合作的方式,包括没有列出的合作方式,比如财政援助。

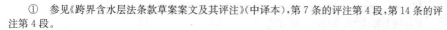

① 参见《跨界含水层法条款草案案文及其评注》(中译本),第7条的评注第4段,第14条的评注第4段。

② 同上书,第16条的评注第1段。

（三）含水层国对跨界含水层或含水层系统的保护和保全措施

草案第三部分具体规定了含水层国对跨界含水层或含水层系统的保护和保全措施，包括第10条的一般规定和第11条到第15条的具体规定。第10条规定，含水层国应采取一切适当措施，保护和保全跨界含水层或含水层系统内的、或赖以生存的生态系统。"保护"生态系统的义务要求含水层国保护生态系统免遭损害或破坏；"保全"生态系统的义务则主要适用于原始的或未遭破坏的淡水生态系统。① 保护和保全跨界含水层或含水层系统的具体措施包括以下方面。

1. 保护补给区和排泄区

草案第11条第1款规定，含水层国应当查明其境内存在的跨界含水层或含水层系统的补给区和排泄区，并应采取适当措施，以最大限度减少对补给和排泄过程的有害影响。具体来说，含水层国在履行保护其跨界含水层或含水层系统的补给区和排泄区的义务方面，可以分为两个层次：第一个层次，含水层国有义务查明其跨界含水层或含水层系统的补给区和排泄区；第二个层次，含水层国有义务采取适当措施以防止补给和排泄过程受到破坏性的影响或使这种影响减至最小。② 另外，该条第2款还规定，补给区或排泄区全部或部分位于其境内的非含水层国有义务与含水层国合作，以保护该含水层或含水层系统。

2. 预防、减少和控制污染

草案第12条规定，含水层国应单独，并在适当情况下，共同防止、减少和控制可能对其他含水层国造成重大损害，包括通过补水过程，对跨界含水层或含水层系统的污染；鉴于跨界含水层或含水层系统的性质和范围并不确定并且易受污染，含水层国应采取审慎态度。这是对草案第4条到第6条所规定的公平和合理利用原则和不造成重大损害原则的具体适用和补充。这里的"审慎态度"体现了国际环境法的风险预防原则或方法。风险预防方法是指，当存在对水资源可持续利用的重大不利影响的严重风险时，国家应采取所有适当措施，预防、消除、减轻或控制对水环境的损害，即使行为或不行为与其预期结果之间的因果关系没有确切证据。③ 风险预防方法适用于利用跨界含水层活动的整个过程，包括补充含水层或含水层系统的过

---

① 参见《跨界含水层法条款草案案文及其评注》（中译本），第10条的评注第3段。
② 同上书，第11条的评注第1段。
③ See Article 23 of *Berlin Rules on Water Resources*.

程,这在人工补充的情况下尤其重要。《柏林规则》第 38 条规定,国家应当根据预防方法,采取提前行动和发展长期规划,以确保含水层和地下水的可持续利用。

3. 跨界环境影响评价

环境影响评价是风险预防原则在宏观战略和具体项目建设中的具体体现。草案第 15 条第 1 款规定,如果一国有合理理由认为,其境内的某项既定活动可能对跨界含水层或含水层系统造成影响,并因而可能对另一国造成重大不利影响,该国应在切实可行的情况下,对此项活动可能造成的影响进行评估。这是对《国际水道公约》第 12 条的参照。根据该条的规定,行为国有相当大的自由裁量权,来决定是否有必要对活动可能的跨界影响进行评估,即没有给行为国设立强制性的进行跨界环境影响评价的义务。

非洲努比亚砂岩含水层系统涵盖了整个努比亚盆地,面积达 200 万平方公里,由一系列具有水力联系的含水层组成。该含水层系统中抽取的地下水主要用于农业,利比亚建设了一个从含水层中调水到地中海滨海地区的大型工程,导致海水入侵;埃及南部和利比亚境内实施的对含水层系统的大型地下水开采计划,产生地下水降落漏斗,这些活动都引起了水质的恶化。2005 年,一个由国际农业发展基金会资助的项目对开采努比亚砂岩含水层系统的地下水所造成的区域性影响进行评价,并且计划建立一定的协商机制以对水资源进行联合管理,其中包括地下水抽取、水位及水质动态变化方面系统数据的交换。①

4. 监测

监测是防止和减轻环境损害的关键步骤。草案第 13 条规定含水层国应当监测其跨界含水层或含水层系统,并且规定了监测的方法,包括与其他含水层国联合开展监测活动、与主管国际组织合作、相互交流监测数据、使用商定的或统一的标准和方法进行监测等。

在跨界含水层监测的实践中,监测活动通常最先由相关国家单独发起,而且在很多情况下会由地方政府发起,然后发展成为有关相邻国家的联合行动。但是最终和最理想的监测是根据商定的含水层概念模式进行联合监测。如果共同监测不可行,含水层国应当分享监测活动的数据。②

① 韩再生、王皓:《跨边界含水层研究》,载《地学前缘》2006 年第 1 期,第 35 页。
② 参见《跨界含水层法条款草案案文及其评注》(中译本),第 13 条的评注第 1、4 段。

三、《跨界含水层法条款草案》与《国际水道非航行使用法公约》的关系

草案在很多方面的规定,比如跨界含水层利用的基本原则、对跨界含水层的保护和保全措施等,借鉴和吸收了《国际水道公约》的规定,同时也根据地下水的特点作了特别的规定。关于草案与《国际水道公约》之间的关系,笔者认为各自独立,同时又有重叠。各自独立表现在,《国际水道公约》主要适用于跨界地表水以及与跨界地表水相联的跨界地下水,而草案则仅适用于跨界地下水。重叠的部分表现在,两者都适用于与跨界地表水相联的跨界地下水。关于这两者在发生冲突时如何处理的问题,草案的特别报告员曾经提议加上一个关于草案与其他公约和国际协定的关系的第 20 条草案。具体案文如下:(1)本条款草案应不改变各缔约国根据与本条款草案相符合的其他公约和国际协定而产生的权利和义务,但以不影响其他缔约国根据本条款草案享有其权利或履行其义务为限;(2)虽有第 1 款的规定,如果本条款草案缔约国也是《国际水道公约》的缔约国,该公约关于跨界含水层或含水层系统的规定只在与本条款草案规定相符时才予以适用。这些规定实际上赋予了条款草案以优先的地位。但是起草委员最后删除了第 20 条草案,这主要是考虑到,草案与其他文书的关系涉及草案的最后形式问题。既然国际法委员会采取了两步走的处理办法,即由联大首先通过关于该草案的决议,然后在草案的基础上制定一项公约,那么处理这一问题为时太早,尤其是两者的关系问题涉及一系列政策问题,最好留给谈判的各方来解决。[①]

四、《跨界含水层法条款草案》对国际法的影响

(一)促进跨界地下水法的编纂和发展

草案促进了跨界地下水法的编纂和发展。在此之前,国际社会对跨界地下水利用和保护问题也有编纂,但是仅限于区域层面或者非政府组织的编纂。前者如欧洲经济委员会和欧共体通过的地下水文件,后者如国际法协会通过的《赫尔辛基规则》、《汉城规则》和《柏林规则》。由于此前国际社会在跨界地下水的利用和保护问题上既有的习惯规则相当缺乏,因此国际法委员会的工作在很大程度上是逐渐发展国际法,而不是对习惯国际法的

---

① 参见《跨界含水层法条款草案案文及其评注》(中译本),第 39 段。

编纂。可以预见,随着草案的通过和各国对跨界含水层利用活动的开展,共享含水层的国家缔结有关国际条约或制定国内立法的工作也将跟进,关于跨界地下水利用和保护的国际和国内立法将有进一步发展。

(二)完整的国际水法体系初现雏形

虽然地下水与地表水有密切的关系,但是又有其独立性和特殊性,因此需要分别对地下水和地表水加以规范。尽管《国际水道公约》既适用于跨界地表水,也适用于跨界地下水,但是仅适用于与跨界地表水相联的地下水,不适用于跨界封闭地下水。而草案则弥补了这一空缺,它适用于所有跨界地下水,不论其是否与跨界地表水相联。至此,一切跨界地表水和跨界地下水都有相应的法律文件进行规范,使完整的国际水法体系初见雏形。

(三)指导共享含水层国对跨界地下水资源的利用和保护

草案的通过对于跨界含水层的利用和保护具有积极影响和指导意义,它所提出的含水层国对跨界含水层的主权原则、公平和合理利用原则、不造成重大损害原则、国际合作原则等均是对习惯国际法的编纂,得到了联合国会员国的肯定。草案还提出了含水层国和非含水层国进行合作的基本方式和保护、保全跨界含水层的一般义务和具体措施,这些规范将对跨界含水层的利用和保护提供重要的指导,从而促进全球对跨界地下水资源的利用和保护。

第二节　关于跨界地下水资源利用和保护的国际实践

随着工业化的发展和地表淡水资源的日益短缺,各国对地下水资源的需要进一步加强,跨界地下水的利用和保护已经提上许多国家的议事日程,并陆续形成了一些国际实践,包括信息共享、联合监测、协商和谈判、建立联合管理机构等。可以预言,关于跨界地下水利用和保护的国际法规则将在含水层国利用和保护跨界地下水的实践中进一步发展,而这些实践也将推动《跨界含水层法条款草案》的编纂与发展。①

一、信息共享

共享努比亚砂岩含水层的国家于 2000 年制定了《努比亚砂岩含水层系

189

① 参见王秀梅、王瀚:《跨界含水层法编纂与发展述评——兼论跨界含水层的保护与利用》,载《资源科学》2009 年第 10 期,第 1693 页。

统利用问题区域战略拟订方案》,根据阿拉伯区域和欧洲环境与发展中心报告,有关含水层国已就成立"努比亚砂岩含水层研究与发展联合管理局"达成协定,并分别就持续收集数据和交换数据达成协定。根据收集数据协定,四国同意分享通过执行方案合并和输入区域信息系统的数据;根据交换数据协定,同意分享将会收集的信息,具体办法是更新区域信息系统,该系统将在因特网环境中运行,以便能够联机存取最新信息。①

南美洲瓜拉尼含水层系统的面积超过 120 万平方公里,是世界上最重要的地下淡水水库之一。该含水层系统分布在南美人口稠密的地区,系统中的优质地下水不仅被广泛应用于城市供水、工业用水和农业灌溉,而且还被用于热能、采矿和旅游等行业。为了保障该含水层系统的可持续利用,全球环境基金、世界银行、美洲国家组织和共享该含水层的巴西、巴拉圭、乌拉圭和阿根廷等四国,共同筹划了一个关于该含水层系统的环境保护和可持续性管理计划。四个共享国已经建立了该含水层的地下水数学模型及数据库,实现了含水层的数据共享。②

二、联合监测

瑞士日内瓦州与法国上萨瓦省签订了《法国—瑞士日内瓦含水层保护、利用和补给的协议》,根据该协议成立了法国—瑞士日内瓦含水层委员会,开展共享含水层的联合监测。国际社会已有的一些关于跨界含水层利用和保护的条约或文件,即有关于对跨界含水层进行联合监测的内容。如前述《努比亚砂岩含水层系统利用问题区域战略拟订方案》的参加国,为执行该方案而专门达成《监测和数据分享的职责范围协定》。

三、协商和谈判

水资源短缺是干旱的中东国家面临的最突出的环境问题,在巴以和平谈判的进程中,水资源问题直接与双方的政治和领土问题相联系。中东约旦河西岸含水层系统位于巴勒斯坦地区,是巴勒斯坦和以色列共享的最重要的地下水资源。西部和东北部含水层中的地下水是以色列居民生活用水的主要来源,但是早在 30 年前,地下水开采量就超过了补给量,地下水被过

---

① 王秀梅、王瀚:《跨界含水层法编纂与发展述评——兼论跨界含水层的保护与利用》,载《资源科学》2009 年第 10 期,第 1688 页。
② 韩再生、王皓:《跨边界含水层研究》,载《地学前缘》2006 年第 1 期,第 35 页。

量开采。东部含水层自 1967 年以色列占领约旦河西岸后成立了水管理机构,巴勒斯坦人开采地下水受到严格限制。如果不对巴勒斯坦人开采地下水加以严格控制,以色列担心将威胁到本国的供水,并将引发海水入侵。但是巴勒斯坦人坚决反对把被占土地的水资源纳入以色列控制和管理之下,增加地下水用水份额是改善巴勒斯坦人贫穷生活条件和发展经济的基本需求。目前,双方将该含水层的用水配额问题作为和谈内容,由水务委员会进行磋商。[①]

四、建立联合管理机构

某些共享含水层国已经就跨界含水层的利用问题建立了联合委员会,其中有的委员会被赋予了管理的职责。特别是针对特定跨界含水层的合作采取了非正式的形式,如有关国家的主管机构或代表定期举行会议等。欧洲大多数跨界含水层规模很小,通常由跨境地区或当地政府进行管理。比如瑞士的日内瓦州与法国的上萨瓦省于 1996 年建立的法国—瑞士日内瓦含水层委员会。

五、达成双边安排

捷克和波兰共享普拉德含水层系统,该系统是受人类活动的负面影响最严重的地区之一。由于含水层中的地下水从捷克流向波兰,而且波兰大部分的饮用水均取自该含水层,而捷克境内因固体废物填埋不当和排水系统不健全等原因造成的地表水和地下水污染,给波兰带来污染损害。目前两国开始执行共建跨界含水层管理系统的计划,以建立该含水层的完善的水资源管理系统。[②]

第三节　中国跨界地下水资源利用和
保护的法律措施建议

毋庸讳言,跨界地下水资源利用和保护的国际法规则,相对于跨界地表水来说非常滞后,但是这并不意味着我国可以无所作为。我国应当未雨绸

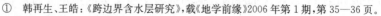

① 韩再生、王皓:《跨边界含水层研究》,载《地学前缘》2006 年第 1 期,第 35—36 页。
② 同上文,第 35 页。

缪,而且《跨界含水层法条款草案》的规定和有关国家关于跨界地下水利用和保护的实践,对于我国跨界地下水,包括跨省界地下水的利用和保护具有重要的启示和借鉴作用。

一、中国跨界含水层的分布

前已述及,根据地质学家的研究与调查,我国与周边国家共享的跨界含水层约 10 个,即额尔齐斯河谷平原、塔城盆地、伊犁河谷平原、黑龙江—阿穆尔河中游盆地、鸭绿江河谷、怒江河谷、元江—红河上游含水层、澜沧江下游含水层、中蒙边界上的含水层。这些跨界含水层大多位于补给区,即跨界地下水多流出国境。有些跨界含水层是伴随国际河流通过数个国家的,比如黑龙江—阿穆尔河中游盆地。这些跨界含水层蕴藏着我国与其他含水层国共享的重要的地下水资源。其中,属于联合国教科文组织跨界含水层地图所列出的亚洲 12 个主要跨界含水层的有 3 个,即中哈国界上的额尔齐斯河谷平原和伊犁河谷平原、中俄国界上的黑龙江—阿穆尔河中游盆地。

二、中国政府对《跨界含水层法条款草案》的立场

在分别于 2008 年和 2011 年举行的第六十三届和第六十六届联大六委关于"跨界水资源法"的议题中,中国代表就《跨界含水层法条款草案》表达了中国政府的立场和看法,综合起来要点如下。

(1) 含水层是人类赖以生存的淡水资源的重要来源,保护和合理开发利用含水层对每个国家都意义重大。

(2) 国际法委员会二读通过的条款草案确认了含水层国对位于其领土范围内的跨界含水层的主权,提出了保护和利用跨界含水层的相关原则,包括公平和合理利用原则、不造成重大损害原则、国际合作原则等,并重点设计了相关国家保护和利用跨界含水层的合作内容和合作机制。条款草案总体上是平衡的。

(3) 条款草案的某些条款应当修改。草案第 1 条 b 款中"影响"一词的范围太过宽泛,应当替换为"重大影响";草案第 7 条第 2 款关于含水层国建立联合机制的规定不应当使用强制性措辞,这样才能尊重所有国家的意愿;草案第 8 条和第 19 条对含水层国数据和资料交换义务的规定太过严格,仅允许有国家安全例外,应当进一步作出例外规定;草案第 16 条关于发达国

家向发展中国家提供科技援助的规定应当进一步加强,因为发展中国家在关于跨界含水层的合作中作用很有限,而且它们管理这种含水层的能力普遍很弱。

（4）委员会就本专题的工作,在很大程度上是逐渐发展国际法,而不是对习惯国际法的编纂。因此,条款草案的有关内容,特别是共同保护和利用跨界含水层的国际合作机制,以及强化非含水层国的义务等,缺乏国际实践的基础。

（5）不同含水层系统的不同特点,含水层国对保护和利用含水层的不同需要,跨界含水层国家间的相互关系等因素,也会对含水层的保护和利用机制产生非常重要的影响。条款草案是否能达到逐渐发展国际法的目的,还需要更多的各国实践进行验证。

（6）《国际水道公约》至今未能获得国际社会普遍接受,其中一个重要原因,是其在某种意义上忽视了国家实践。对于《跨界含水层法条款草案》,各国需要有一个研究、思考及决定如何应用于本国、本地区实践的过程。

（7）就草案的最后形式而言,目前考虑制定这方面国际公约的条件尚不成熟。跨界含水层问题相当复杂,而且考虑到目前缺乏这方面的广泛的国家实践,应当避免仓促形成这方面的国际法规则。

（8）条款草案可以作为这方面国家实践的一般性指南发挥作用,它们应当采取不具有法律约束力的决议或宣言的形式。①

尽管中国对《跨界含水层法条款草案》的态度复杂,认为其有关内容缺乏国际实践的基础,并且认为制定国际公约的条件尚不具备,但是这些规定或者获得了各国的普遍赞同,或者代表了跨界地下水法的发展趋势,对我国仍有参考和借鉴价值,况且我国也承认"条款草案可以作为这方面国家实践的一般性指南发挥作用"。我国应当未雨绸缪,参考和借鉴《跨界含水层法条款草案》及其他国家跨界地下水开发利用和保护的有关实践,采取切实有效的法律措施,以确保跨界地下水的可持续利用。这可使我国在跨界地下水利用、保护和管理工作中处于主动,也是我国应当从境内国际河流利用问

---

① Report of the Secretary-General on the Law of Transboundary Aquifers, 29 June 2011, A/66/116, English;中国代表段洁龙在第六十三届联大六委关于"国际法委员会第六十届会议工作报告"议题的发言:（一）共有自然资源、武装冲突对条约的影响,http://www.mfa.gov.cn/chn/pds/ziliao/zyjh/t521389.htm,2011年2月28日访问。

题上长期被动的深刻教训中获得的启迪。

三、中国跨界地下水资源利用和保护的法律措施建议

与国际河流的一体化管理相似,中国对跨界地下水资源的利用和保护应当以一体化管理为最终目标。当然这只是美好远景,我国要根据国际实践和本国国情,循序渐进地开展一体化管理工作。就目前而言,我国可以分别从国际法和国内法的层面,采取以下方面的措施。

(一)国际法措施

1. 数据和信息共享

数据和信息共享是共享含水层国共同管理跨界地下水的前提,也是共享含水层国最需要开展的一项工作。我国可以考虑先与俄罗斯、朝鲜等有友好合作关系的共享含水层国签订数据和信息交换和共享协议,根据协议开展此项工作。

2. 联合监测

我国已经与俄罗斯开展了黑龙江流域跨界地表水的联合监测工作,可以在总结成功经验的基础上,考虑与俄罗斯、朝鲜等关系友好的共享含水层国联合开展对跨界地下水水质、水量的监测工作。如果共同监测不可行,则我国与共享含水层国可以按照商定的统一标准进行分别监测,并相互分享监测数据。

3. 签订和实施跨界地下水条约,或者达成非正式的双边安排

签订和实施国际水条约是跨界水资源管理的关键环节,如果共享含水层国没有就跨界地下水利用和保护问题达成相应的条约,该地下水的管理将无法实现国家之间的协调和合作。尽管世界各地区的跨界地下水因其具体条件的多样性和复杂性,不可能适用统一的条约进行管理,但是国际法委员会二读通过的《跨界含水层法条款草案》,以及已经签订和实施的一些条约和国内立法,仍然可以为我国与共享含水层国签订和实施条约提供有益的参考。

我国与共享含水层国签订的跨界地下水条约,应当规定跨界地下水利用和保护的基本原则,包括主权原则、公平和合理利用原则、不造成重大损害原则、国际合作原则等。另外,保护和保全跨界含水层生态系统是一项正在形成中的原则,我国可以在条约谈判时视情况灵活掌握是否进行规定。跨界含水层中的水资源都维持着一定的生态系统,保护和保全跨界含水层生态系统,要求将地下水开采总量控制在可持续开采范围之内。地下水的

可持续开采量是根据地下水的多年平均补给水量确定的,地下水的多年平均补给水量除了用于生态系统维护的水量外,其余的就是可持续开采量。这种适度的开采和利用不会破坏含水层及其生态系统的完整性。反之,如果抽取含水层中的水超过了允许开采量,就会导致生态系统的失衡,而地下水超采是影响水源和许多物种生存的根本原因。[①]

如果我国与共享含水层国不能就跨界地下水的利用和保护问题达成条约,可以退而求其次,达成非正式的双边安排,比如管理计划、临时方案、代表会谈等。这种"安排"比"协定"更灵活,更易达成,更便利实施。

4. 建立联合管理机制

如果我国与共享含水层国达成了跨界地下水条约,则应当根据条约设立联合管理机构,通过这一机构开展数据交流、联合监测等工作;如果只是达成了非正式的双边安排,则可以通过这种非正式的机制进行跨界地下水的联合管理。

（二）国内立法和措施

目前我国地下水开采总量已占总供水量的18％,北方地区65％的生活用水、50％的工业用水和33％的农业灌溉用水来自地下水。随着我国城市化、工业化进程加快,部分地区地下水超采严重,水位持续下降;一些地区城市污水、生活垃圾和工业废弃物污液以及化肥农药等渗漏渗透,造成地下水环境质量恶化、污染问题日益突出,给人民群众生产生活造成严重影响。[②]在跨界地下水资源利用和保护方面的国际法律规范尚不明朗或不成体系的情况下,我国不能消极等待观望,一方面应当适当参与国际合作,另一方面应当积极完善国内立法并严格施行,在国内地下水利用和保护工作上稳步推进,并为将来国际法规范的制定和形成提供实践经验和良好基础。

1. 统一地下水立法

我国地下水立法相当滞后,行政管理不协调,地下水超采、污染等现象日益严重。我国应当结合本国国情,适当借鉴国外成熟的立法和实践,统一地下水立法。

我国涉及地下水保护问题的《水法》、《水土保持法》、《水污染防治法》、《环境保护法》等法律的内容各有侧重,且存在交叉、重叠、冲突等问题。我

---

① 韩再生、王皓:《跨边界含水层研究》,载《地学前缘》2006年第1期,第34页。
② 国务院办公厅:《国务院常务会议讨论通过全国地下水污染防治规划》,http://www.gov.cn/ldhd/2011-08/24/content_1932010.htm,2011年9月25日访问。

国可以考虑借鉴欧盟关于设定地下水体质量标准和污染物浓度界限值、地下水环境功能区划规划和地下水水源保护区的划分、地下水系统防务性能评价技术及地下水环境风险评价技术等规则与标准规范,由国务院制定专门的《地下水管理条例》,以为监测与治理污染的地下水、控制地下水污染源以及预防和保护与地下水污染相关的疾病和人群提供保障。等到时机成熟时再将该行政法规上升为法律,从而改变《水法》、《水污染防治法》等立法对地下水水量、水质、水能、水温(地热)和水生态系统分割管理的现状,并健全法律执行的立法反馈机制,实现对这五个方面的综合化、一体化管理,扭转地下水超采、污染的局面。①

2. 建立地下水保护的综合管理体制

我国水资源管理采取流域管理与部门管理、地方管理相结合的方式。由于涉水政府部门众多,且这些部门分工各有侧重,呈现水利、环保、农业、交通、城建、国土、林业等部门"九龙治水"的现象,造成水资源管理效率低下。我国可以借鉴欧盟成员国的做法,在国家层面成立国家水资源统一管理委员会,下设国家地下水资源管理机构,专门直接负责国家地下水资源的开发利用与保护,实现对现行的水资源开发利用由水利部管理、水污染由环保部管辖的双重管理模式的突破,确保地下水的水质、水量及水生态系统等方面的统一、综合管理。②

3. 统一地下水利用规划

地下水开发利用规划与地表水、盐碱地改良、节水、抗旱、生态环境保护等规划密切相关,必须系统研究,科学规划,打破地面行政界线,统一管理。

4. 开展地下水监测

我国应当对地下水包括跨界地下水进行监测,建设地下水监测站网,也可以与共享含水层国进行联合监测。《国民经济和社会发展十二五规划纲要》要求实施地下水监测工程。③

5. 限制对地下水的开采利用

我国立法和政策应当控制对地下水的开采。《国民经济和社会发展十

---

① 参见黄德林、王国飞:《欧盟地下水保护的立法实践及其启示》,载《法学评论》2010年第5期,第23页。

② 同上。

③ 《国民经济和社会发展十二五规划纲要》第22章第2节("加强水资源节约")中指出:"实施地下水监测工程,严格控制地下水开采。"

二五规划纲要》已经要求严格控制地下水开采。我国各涉水部门应当以流域为单元将地表水和地下水视为统一的整体,通过对地表水和地下水实施联合调度,提高供水保证率,满足流域内各业的需水,并且通过排灌结合积极有效地控制地下水位。在地表水资源丰富的地区,应当尽量利用地表水满足生产和生活需要,地下水开发利用应以应急抗旱为主。

控制地下水开采,应当辅之以必要的"开源节流"措施。

一是合理利用地表水,节约用水,特别是发掘属于最大用水户的农业(其用水占所有人类用水的70%)的节水潜力,发展节水农业。比如改进喷灌技术,在山区发展和推广适合的微灌和滴灌技术和设备。《国民经济和社会发展十二五规划纲要》要求推进农业节水增效,推广普及管道输水、膜下滴灌等高效节水灌溉技术。[1]

二是加强水循环系统建设和污水处理系统建设,工业用户、市政、绿化等用水应当尽量使用再生水。

三是扶持和发展海水淡化产业。《国民经济和社会发展十二五规划纲要》有此要求。经过多年科技攻关,我国海水淡化技术已经达到了工业生产规模,具备了规模化应用和产业发展的基本条件,我国政府可以通过直接给予财政补贴、税收减免等途径进行扶持。

四是加强雨洪资源和云水资源利用。《国民经济和社会发展十二五规划纲要》对此有明确规定。[2]

五是推进再生水、矿井水和苦咸水利用。《国民经济和社会发展十二五规划纲要》对此有明确规定。[3]

6. 预防和控制地下水污染

为了防止上游的水质污染向下游扩散,应当遵守预防原则,及时采取措施预防地下水污染,对已污染的含水层需要进行评价和治理。2011年8月,我国国务院通过了《地下水污染防治规划》(2011—2020年)。根据该规划的内容,我国以后需要采取以下8项措施防治地下水污染:开展地下水污染状况调查和评估,划定地下水污染治理区、防控区和一般保护

---

① 《国民经济和社会发展十二五规划纲要》第22章第2节("加强水资源节约")中指出:"推进农业节水增效,推广普及管道输水、膜下滴灌等高效节水灌溉技术。"

② 《国民经济和社会发展十二五规划纲要》第26章第1节("提高供水保障能力")指出:"加强雨洪资源和云水资源利用。"

③ 《国民经济和社会发展十二五规划纲要》第22章第2节("加强水资源节约")中指出:"大力推进再生水、矿井水、海水淡化和苦咸水利用。"

区;严格地下水饮用水水源保护与环境执法;严格控制影响地下水的城镇污染;加强重点工业行业地下水环境监管;分类控制农业面源对地下水的污染;严格防控污染土壤和污水灌溉对地下水的污染;推进地下水污染修复;建立区域和重点地区地下水环境监测系统,建立专业的地下水环境监测队伍。

第九章 余论:中国陆源海洋污染预防和控制的法律措施协议

第一节 国际陆源海洋污染预防和控制的法律措施

作为国际法和自然资源法的交叉性、边缘性法律部门,国际水法并不是一个独立的和完全自足的法律体系,也受到一般国际法原则和规则的调整,与其他部门法也有关联。比如,当跨界水污染影响海洋环境时,海洋法就与国际水法特别相关;许多国际和国内流域也是野生动物和洄游物种的重要栖息地,这些物种可能会受到大坝修建、河流改道、湿地排水的严重影响,因此,国际生物资源保护法就与国际水法发生关联。以下仅从陆源海洋污染预防和控制角度,论及国际水法与海洋法的并立和协调关系。

一、国际水法与海洋法的共同课题:陆源海洋污染的预防和控制

海洋在自然属性上是一个相对独立的流动的整体,但是海洋环境和与其邻接的陆地环境又构成一个具有内在联系的彼此制约的大生态系统。[①]在世界范围内,人类陆上活动和海洋生态系统恶化之间的相互联系已经非常明显,因为来自陆地的污染物造成许多地域性海洋环境的恶化。实际上,人类陆上活动是海洋环境的主要威胁,陆源污染占了海洋污染的70%以上。[②] 这些污染物质或者是通过河流带入海洋,或者是从海上设施和排污管道直接排放进海洋的。陆源污染很难在国家和国际层面进行管理,因此直到目前为止,还没有专门处理陆源海洋污染的全球性协议,虽然联合国环

---

① 刘中民等著:《国际海洋环境制度导论》,海洋出版社 2007 年版,第 111 页。
② Edith Brown Weiss, Stephen C. McCaffrey, Daniel Barstow Magraw, Paul C. Szasz, Robert E. Lutz, *International Environmental Law and Policy*,中信出版社 2003 年版,第 767 页。

境规划署 30 年以前就开始推进这项工作。但是很多区域性条约和非约束性的软法文件都以预防和控制陆源海洋污染为主题。

现在被普遍接受的观点是,国家有义务保护海洋环境,尤其是有义务控制陆源海洋污染,包括来自河流的污染。《保护海洋环境免受陆源污染的蒙特利尔准则》、《海洋法公约》和《国际水道公约》等国际文件都有明确规定或认可。《保护海洋环境免受陆源污染的蒙特利尔准则》第 2 条规定:"国家有义务保护和保全海洋环境。在行使开发其自然资源的主权权利时,所有国家有责任预防、减少和控制对海洋环境的污染。"第 3 条规定:"国家有责任确保其领土范围内的陆源排放不对其他国家或者任何国家管辖范围以外的区域的海洋环境造成污染。"与处理陆源污染的《海洋法公约》第 207 条相似,《国际水道公约》第 23 条规定了各国采取一切必要措施保护入海口和海洋环境的义务。①

国际流域不仅是跨界污染的通道,也是海洋污染的主要通道。国际水法中管理水环境的区域性制度与海洋法中控制陆源污染的制度有许多相似之处。各国在控制陆源海洋污染方面的义务应当完全适用于国际流域。全球性水条约、欧洲和地中海的区域性和流域性条约和实践等,比如《赫尔辛基公约》、《国际水道公约》、1992 年《巴黎公约》、《多瑙河保护和可持续利用合作公约》、《保护莱茵河公约》,②都明示或默示地遵循着这一原则。

二、关于陆源海洋污染预防和控制问题的国际法律文件

陆源污染在《海洋法公约》中被列为海洋环境的一切污染来源之首,控制和减少陆源污染是改善近岸海域环境状况的根本之策。国际社会也通过和实施了一些关于陆源海洋污染预防和控制问题的国际法律文件,既有专门性文件,也有一般性文件,既有国际条约,也有软法文件。但是就目前而言,在国际海洋污染控制法的各个分支中,防止陆源污染和海洋矿物资源开采环境保护方面的立法最为薄弱,亟待加强。

---

① 公约第 23 条("保护和保全海洋环境")规定:水道国应当考虑到一般接受的国际规则和标准,单独地和在适当情况下同其他国家合作,对国际水道采取一切必要措施,以保护和保全包括河口湾在内的海洋环境。

② 参见《赫尔辛基公约》第 6 条第 4 款、《国际水道公约》第 23 条、《巴黎公约》附录一第 2 条、《多瑙河保护和可持续利用合作公约》序言和第 2 条、《保护莱茵河公约》第 3 条第 5 款等的规定。

（一）专门性国际法律文件

国际社会就预防和控制陆源海洋污染包括经由国际流域污染海洋的问题，制定了专门的国际法律文件，包括区域性条约和国际软法文件两大类。

1. 区域性条约

公平利用原则是国际水资源法的基本原则，但是它在管理海洋环境时能否起作用还令人怀疑。虽然国家保护海洋环境的义务不是绝对的，国际法允许各国对海洋进行开发利用，并允许在不同层次上进行重大利益的平衡，但是这并不意味着国家只需阻止不公平或不合理的污染，也并不意味着禁止权利滥用原则是污染控制的原理基础。《海洋法公约》和有关封闭或半封闭海域的条约都不支持以这种方式适用公平利用或禁止权利滥用原则。①

公平利用原则主要注重的是调和单个国际流域沿岸各国的利益，无法为特别海域的环保区域性标准提供根据。与国际水资源法体制"一河一法"的特色相比，防止和控制陆源海洋污染的区域性条约是保护海洋环境的更恰当有效的方法。这些区域性条约的制度结构更能确保来源国的需要与海洋环境吸收污染的能力之间的平衡。

关于陆源海洋污染预防和控制问题的区域性条约包括 1974 年《防止陆源污染海洋公约》以及 1992 年取代它的《保护东北大西洋海洋环境公约》、1974 年《保护波罗的海区域海洋环境公约》、1980 年《保护地中海免受陆源污染议定书》及其 1996 年修正案、1983 年《保护东南太平洋地区免受陆源污染议定书》②、1990 年《科威特陆源污染议定书》、1992 年《保护黑海海洋环境免受陆源污染议定书》及其 1996 年修正案、1993 年《保护和开发泛加勒比海区域公约陆源污染议定书》等。

2. 国际软法文件

关于陆源海洋污染预防和控制的软法文件既有 1985 年联合国环境规划署专家小组起草并经环境规划署理事会通过的《保护海洋环境免受陆源污染的蒙特利尔准则》（以下简称《蒙特利尔准则》），环境规划署 1995 年通过并由联大 1996 年批准的保护海洋环境免受陆源活动影响的《全球行动计划》和《华盛顿宣言》等全球性文件，也有北极理事会 1998 年通过的《保护北

---

① 〔英〕帕特莎·波尼、埃伦·波义尔：《国际法与环境》（第二版），那力、王彦志、王小钢译，高等教育出版社 2007 年版，第 399 页。
② 议定书的缔约国有智利、哥伦比亚、厄瓜多尔、巴拿马和秘鲁等。

极海洋环境免受陆源污染的区域行动计划》等区域性文件。特别值得一提的是《蒙特利尔准则》,其目的就是协助各国制订双边、区域、多边条约以及国内立法,以保护海洋环境免受陆源污染的影响。该准则已经得到很多国家和国际组织的响应,这为在适当时制订全球框架条约创造了条件。①

(二)一般性国际法律文件

联合国《海洋法公约》作为全球性条约,在第 207 条根据第 194 条第 3 款的要求,专门规定了陆源污染的问题,第 213 条规定了陆源污染法律和规章的国内实施问题。公约的其他有关条款也涉及陆源海洋污染的预防和控制问题。

三、关于陆源海洋污染预防和控制的法律措施

根据上述条约和文件的规定,结合有关的国际和国内实践,预防和控制陆源包括通过国际流域污染海洋的措施主要有国际法上的措施和国内法上的措施两大类。

(一)国际法措施

《海洋法公约》要求各国在适当情况下采取一切必要措施,包括联合采取措施,防止、减少和控制任何来源的海洋污染。《蒙特利尔准则》要求国家根据其能力,采取一切预防、减少和控制陆源污染的必要措施,包括联合采取措施,而且应当确保这种措施考虑到国际上议定的规则、标准和建议的办法和程序。②《保护东北大西洋海洋环境公约》、《保护地中海免受陆源污染议定书》等区域性条约也有类似规定或要求。

1. 国家合作采取措施防止和应对紧急污染

《保护地中海免受陆源污染议定书》要求缔约国合作采取措施应付任何原因的紧急污染,包括陆源污染。《防止陆源污染海洋公约》规定,缔约国应当相互援助,以防止可能引起海洋污染的事故,并且减少事故造成的后果。③《保护波罗的海区域海洋环境公约》要求各缔约国采取一切适当措施,控制并尽量减少波罗的海区域遭受陆源污染。④

---

① 曹建明、周洪钧、王虎华主编:《国际公法学》,法律出版社 1998 年版,第 487 页。
② 分别参见《海洋法公约》第 194 条第 1 款、《蒙特利尔准则》第 4 条第 1 款的规定。
③ 分别参见刘惠荣主编:《国际环境法》,中国法制出版社 2006 年版,第 92 页;《防止陆源污染海洋公约》第 13 条的规定。
④ 参见公约第 6 条第 1 款的规定,转引自王曦主编:《国际环境法资料选编》,民主与建设出版社 1999 年版,第 358 页。

2. 国家合作进行污染监测

《保护地中海免受陆源污染议定书》规定,缔约国应当合作建立地中海区域的污染监测方案。《防止陆源污染海洋公约》也要求缔约国建立永久性的监测系统。①

3. 国家合作进行海洋污染的科技研究和情报交流

《海洋法公约》要求各国直接或通过主管国际组织进行合作,以促进研究和实施科学研究方案,并鼓励交换所取得的关于海洋环境污染的情报和资料。《保护地中海免受陆源污染议定书》规定,缔约国应当合作进行有关各类海洋污染的科技研究。②《保护波罗的海区域海洋环境公约》要求各缔约国直接或者通过主管国际组织,在科学、技术和其他研究方面进行合作,并交换数据和其他科学资料。③

4. 国家合作制定污染损害责任规则

《蒙特利尔准则》要求国家在适当时着手建立国际上一致同意的规则、准则、标准和推荐的惯例和程序,以预防、减少和控制陆源污染,协调各国的有关政策。《保护地中海免受陆源污染议定书》要求缔约国合作制定关于因违反公约和议定书发生损害的责任和赔偿的判决程序。④《保护波罗的海区域海洋环境公约》规定,各缔约国保证尽快共同研究并接受关于因违反本公约的行为或其他违法行为而造成损害的赔偿责任的规则。⑤

5. 国家合作建立海洋污染防治或环境保护委员会

很多区域性条约都规定建立该区域海洋环境保护委员会或海洋污染防治联合管理机构,负责监督、审查该区域性条约的执行情况,协调各成员国有关保护该区域海洋环境的行动等。比如根据《保护波罗的海区域海洋环境公约》设立的波罗的海海洋环境保护委员会,根据《防止陆源污染海洋公

---

① 分别参见刘惠荣主编:《国际环境法》,中国法制出版社 2006 年版,第 92 页;刘中民等著:《国际海洋环境制度导论》,海洋出版社 2007 年版,第 117 页。

② 分别参见《海洋法公约》第 200 条的规定;刘惠荣主编:《国际环境法》,中国法制出版社 2006 年版,第 92 页。

③ 参见公约第 16 条的规定,转引自王曦主编:《国际环境法资料选编》,民主与建设出版社 1999 年版,第 362 页。

④ 分别参见《蒙特利尔准则》第 5 条的规定;刘惠荣主编:《国际环境法》,中国法制出版社 2006 年版,第 92 页。

⑤ 参见公约第 17 条的规定,转引自王曦主编:《国际环境法资料选编》,民主与建设出版社 1999 年版,第 363 页。

约》建立的国际委员会。①

6. 在国际流域联合管理机构与区域海洋环保委员会之间建立联系和协调机制

各国有必要把国际流域的保护纳入防止和控制陆源海洋污染的区域性条约体制。这种纳入的方法之一,就是在国际流域的联合管理机构与区域海洋环保委员会之间创建制度联系。这两种机构之间的合作或协调有助于提高国际流域保护的程度。比如,在确保瑞士加入莱茵河委员会、说服莱茵河委员会把保护海洋作为目标的问题上,《防止陆源污染海洋公约》之下的北海委员会在其中起到了纽带作用。②

（二）国内法措施

《海洋法公约》要求各国在适当情况下采取一切必要措施,包括个别地采取措施,防止、减少和控制任何来源的海洋污染。《蒙特利尔准则》要求国家根据其能力,采取一切预防、减少和控制陆源污染的必要措施,包括个别地采取措施,而且应当确保这种措施考虑到国际上议定的规则、标准和建议的办法和程序。③《保护东北大西洋海洋环境公约》、《保护地中海免受陆源污染议定书》等区域性条约也有类似规定或要求。

1. 制定和实施控制陆源污染的法律和规章

《海洋法公约》要求,各国应当制定法律和规章,以防止、减少和控制陆地来源,包括河流、河口湾、管道和排水口结构对海洋环境的污染,同时考虑到国际上议定的规则、标准和建议的办法和程序。④

2. 制定和实施消除陆源污染的方案

《防止陆源污染海洋公约》规定,各国应当制定和实施消除陆源污染的方案,这些方案应当包括有关环境质量、海洋或河流排污的具体规定或标准。⑤

3. 控制有毒有害物质排入河海

各国应当采取措施,控制有毒有害物质排入河海。《保护波罗的海区域

① 刘惠荣主编:《国际环境法》,中国法制出版社 2006 年版,第 95 页;刘中民等著:《国际海洋环境制度导论》,海洋出版社 2007 年版,第 117 页。
② 瑞士不是《防止陆源污染海洋公约》的缔约方,但它是《保护莱茵河公约》的缔约方。
③ 分别参见《海洋法公约》第 194 条第 1 款、《蒙特利尔准则》第 4 条第 1 款的规定。
④ 参见《海洋法公约》第 207 条第 1 款的规定。
⑤ 参见《防止陆源污染海洋公约》第 4 条第 3 款的规定。

海洋环境公约》规定,可以采取黑名单、灰名单、许可证手段等进行控制。①
《防止陆源污染海洋公约》、《保护地中海免受陆源污染议定书》、《保护东南
太平洋地区免受陆源污染议定书》、《科威特陆源污染议定书》都在附件一和
附件二中列举了黑色名单和灰色名单,前者属于禁止排放的物质,后者属于
限制排放的物质。

4. 制定和实施污染应急计划

根据《海洋法公约》的规定,各国应当制定和实施陆源污染的应急计划,
以应对陆源海洋污染事故。②

5. 环境监测

根据《海洋法公约》的规定,各国应在实际可行的范围内,用公认的科学
方法观察、测算、估计和分析海洋环境污染的危险或影响,特别是应当不断
监测其所准许或从事的任何活动的影响,以便及时采取预防或控制污染损
害的行动。③

6. 环境影响评价

根据《海洋法公约》的规定,各国如有合理根据认为,在其管辖或控制下
的计划中的活动可能对海洋环境造成重大污染或重大和有害的变化,应当
在实际可行的范围内就这种活动对海洋环境的可能影响作出评价,并向主
管国际组织提交这种报告,由该组织将报告提供给所有国家。④ 地中海、波
罗的海、黑海和里海区域海洋环保条约,都较为明确地规定了环境影响评价
的义务和程序。

7. 防止污染转移

《海洋法公约》和《蒙特利尔准则》都规定,各国在采取措施预防、减少和
控制陆源污染时,有责任不直接或者间接地将损害或威胁从一个区域转移
到另一个区域,或者将一种污染转变为另一种类型的污染。⑤

8. 积极参与全球、区域或双边合作

《海洋法公约》要求,各国应特别通过主管国际组织或外交会议采取行
动,尽力制定全球性和区域性规则、标准和建议的办法及程序,以防止、减少

---

① 参见刘惠荣主编:《国际环境法》,中国法制出版社 2006 年版,第 95 页。
② 参见《海洋法公约》第 199 条的规定。
③ 参见《海洋法公约》第 204 条的规定。
④ 参见《海洋法公约》第 205 条和第 206 条的规定。
⑤ 参见《海洋法公约》第 195 条和《蒙特利尔准则》第 6 条的规定。

和控制陆源污染。《蒙特利尔准则》也规定了全球、区域或双边基础上的
合作。[①]

第二节　中国陆源海洋污染预防和
控制的法律措施建议

  中国是世界上的主要沿海国之一,拥有 1.8 万公里的漫长海岸线,海岸
地势平坦,多优良港湾,且大部分为终年不冻港。中国大陆的东部与南部濒
临渤海、黄海、东海和南海,东邻太平洋,其中渤海为中国的内海。海域总面
积 473 万平方公里。然而中国海洋污染形势严峻,陆源污染物占入海污染
物总量的 80%以上,陆源污染是我国近岸海域污染的元凶。[②]中国《国民经
济和社会发展十二五规划》以及沿海各省市已将海洋经济作为未来新的经
济增长点。这种地理位置、污染现状和发展战略,使得陆源海洋污染预防和
控制问题成为我国急需重视和解决的问题之一。我国应当结合自身的实际
情况,适当借鉴国际文件的规定和国外成功实践,采取切实可行的措施预防
和控制陆源海洋污染,确保我国沿海区域可持续发展、生态安全、社会稳定
和睦邻友好。

一、中国防治陆源海洋污染的现行立法和措施

  我国对陆源海洋污染的法律规定主要体现在 1999 年《海洋环境保护
法》和 1990 年《防治陆源污染物污染损害海洋环境管理条例》中。这些法律
法规有关防治陆源污染物污染损害海洋环境的规定的主要内容是:向海域
排放陆源污染物的单位应尽的义务;对入海排污口和入海河流的管理;禁止
或限制陆源污染物排放的规定;防治农药污染海洋环境的规定;防治固体废
物污染海洋环境的规定。

  此外,为了保护海洋环境,我国《海洋环境保护法》还规定建立重点海域
的排污总量控制制度、海洋功能区划制度、跨区域海洋环保制度、海洋环境
质量标准制度、排污收费制度、海洋环境监测制度、海洋环境质量报告制度、
海洋污染事故应急报告制度、海上污染事故应急计划制度、海上联合执法制

---

  ① 分别参见《海洋法公约》第 207 条第 4 款和《蒙特利尔准则》第 5 条的规定。
  ② 关涛:《海岸带利用中的法律问题研究》,科学出版社 2007 年版,第 158 页。

度、海洋特别保护区制度等。① 但是总体来看,我国海洋环保法律法规非常薄弱,立法滞后,难免造成行政监督乏力。从 2011 年 6 月美国康菲石油公司在渤海作业造成的石油污染事件,②国家海洋局只能依据《海洋环境保护法》给予康菲公司 20 万元的行政罚款,而对康菲公司瞒报污染事件、清污处理拖延无能为力就可见一斑。而且,有关法律法规之间也有矛盾和冲突。比如,《防治陆源污染物污染损害海洋环境管理条例》规定陆源污染物的种类有：高度和中度放射性物质、病原体废物、富营养物质、含热废水、沿海农药及器具、岸滩废物、油酸碱毒物质。《海洋环境保护法》规定的陆源污染物范围较广,除了上述以外,还包括沿海农田林场使用的生长调节剂、过境转移危险废物、通过大气层传播的废物等。《海洋环境保护法》原则性规定国家建立和实施重点海域排污总量控制制度,加强入海河流的管理,使入海河流水质良好,而《防止陆源污染物污染损害海洋环境管理条例》对此只字未提,丝毫不涉及宏观治污。尽管该条例的制定时间早,但是这一下位法并未根据上位法进行修改。③ 另外从国际法的角度看,我国与海洋邻国在国际合作方面也较为薄弱。

二、中国陆源海洋污染预防和控制的法律措施建议

无论是在国际法层面,还是在国内法层面,我国都应当及时采取措施,预防和控制陆源海洋污染。

(一)国际法措施

与我国邻接的黄海、东海、南海和东北太平洋地区,有很多的沿海国。其中黄海为朝鲜和韩国,东海为日本和韩国,南海为越南、菲律宾、马来西亚、新加坡等国,我国有必要与共同沿海国合作,进行这些海域的陆源污染预防和控制工作。

---

① 参见黄锡生、李希昆主编：《环境与资源保护法学》,重庆大学出版社 2002 年版,第 163—165 页。

② 2011 年 6 月 4 日,由康菲石油中国公司任作业者的蓬莱 19—3 油田 B 平台附近的海床出现原油渗漏；6 月 17 日,此油田 C 平台一口在钻井发生小型井涌,导致溢油发生。在 7 月 5 日的通报会上,国家海洋局称,因为渤海溢油事件,责任主体康菲石油面临最高 20 万元的行政处罚。对康菲公司区区 20 万元的处罚,与美国、巴西类似事件处罚对比,与其对生态和渔业造成的损失相比,都少得让人心痛、心寒! 参见张俊：《2011 年环境法治事件,哪些值得我们记取?》,载《中国环境报》2011 年 12 月 13 日第 4 版。

③ 代云江：《浅析我国防止陆源污染物污染海洋的法律制度》,载《时代金融》2008 年第 2 期,第 7 页。

1. 考虑签订或加入区域海洋环保条约

制定和实施区域性海洋环保条约,是海洋环保的主要途径,也是最有效的方法。如前所述,波罗的海、地中海、黑海、加勒比海和东北大西洋、东南太平洋等海洋区域的沿海国,已经签订和实施了各自的区域性海洋环保或陆源海洋污染控制条约。

我国乃至整个亚洲地区在这方面的工作非常滞后,至今还没有签订一项区域性海洋环保或陆源海洋污染控制条约。我国作为正在崛起的新兴大国和最大的发展中国家,或许可以发挥带头作用,主动发起谈判或签订一些区域性条约,比如黄海、东海、南海和东北太平洋地区海洋环保或陆源海洋污染控制条约。可以从没有领土或专属经济区或大陆架划界争议、较易达成一致的黄海或东北太平洋区域的海洋环保入手,实现历史突破。即使是还未解决领土或专属经济区或大陆架划界争议的东海和南海地区,也可以与其他沿海国在"搁置争议,共同开发"的基础上,发展出"联合保护"的原则,共同制订和实施条约以保护这些区域的海洋环境。关于这些条约所涉条款和主要内容,可以参考和借鉴已经实施的区域性环保条约及其经验和不足,结合该海域的特殊和具体情况来谈判确定。

2. 联合研究和监测

沿海国不仅应当协议达成国际条约,还应当依据科学知识达成并实施条约。这就需要开展相关研究和监测。但是由一国从事或控制的研究和监测不能发挥作用,即使这种研究和监测从科学角度而言是完美的,也不可能被其他有关国家接受。唯一的办法就是从事联合研究和监测。国际委员会在这方面可以发挥重要作用。联合研究和监测应当集中于最可行的方案而不是可能永远也找不到的最佳方案,因为有解决方案总比没有任何方案好。我国可以考虑在黄海、东海、南海等海域和太平洋区域,与有关国家合作建立海洋环保委员会,通过委员会开展联合研究和监测。

(二)国内法措施

1. 实行海陆环境一体化管理

海陆环境一体化管理是指将海洋环境和陆地环境的保护纳入统一规划,实行统一管理。海洋和陆地的环境资源是相互联系和影响的,海洋保护和开发必须坚持以生态系统为基础,陆海统筹,河海一体的基本原则,实行海陆一体化管理或曰综合管理。这也是荷兰鹿特丹填海工程对我国的启示。① 我国关于防治污染、保护环境的国内立法、政策和措施,应当将陆源污染防治措施与海洋污染防治措施相结合,沿岸海域污染防治措施与沿岸河流流域污染防治措施相结合。对海域进行污染物总量控制时,应当将陆源污染物排海量计算在内。欧盟《水框架指令》是流域管理决策与海洋管理决策相结合的一个综合指令,可以为我国海洋管理提供一些思路。该指令提出的目标是到 2015 年,包括河流、湖泊、地下水、河口、沿海水域和陆地排水等与水有关的所有领域,达到良好的"生态状态"。

我国已经开始在国家级规划中重视陆海统筹。《国民经济和社会发展十二五规划纲要》第 14 章("推进海洋经济发展")提出:"坚持陆海统筹,制定和实施海洋发展战略,提高海洋开发、控制、综合管理能力。"该章第二节提出:"统筹海洋环境保护与陆源污染防治,加强海洋生态系统保护和修复。"环境保护部正在编制的《"十二五"近岸海域污染防治规划》已经明确提出,坚持陆海统筹,河海兼顾的原则,使近岸海域污染防治与流域水环境保护相衔接、协调,把近岸海域污染防治的要求纳入流域水污染防治规划中。②

我国与黄海、东海、南海等海域的其他沿海国实行海陆环境一体化管理不太现实,但是完全可以在内海海域实行一体化管理。渤海作为我国的内海,应当在中央政府的总体规划和协调下,实行海陆环境一体化管理。作为一个半封闭的内海,渤海环境容量有限,必须采取有效措施严格控制陆源污染物排海,加强海上污染源管理。可以借鉴国际上关于封闭性海域管理的成功经验,比如日本的濑户内海和美国的切诺匹克海湾,考虑制定渤海区域性环境保护和管理法,在区域环境法的框架下,建立统一的环境保护机制或协调管理机制或联合执法机制,制定并实施区域海陆一体化开发规划和环境保护规划。

海陆环境一体化管理的具体措施有以下方面。

(1) 对海陆环境保护进行统一立法、规划和管理

首先,需要对海洋环境与陆地环境的保护进行统一立法,即海陆环境立

---

① 20 世纪 90 年代,鹿特丹港的扩建工程提出了 20 平方公里围填海的工程规划,与工程规划相应的,是长达 6 000 余页的生态环境影响评估报告。经过近 20 年的综合论证,这项工程于 2008 年开始实施,并在邻近海域划出 250 平方公里的生态保护区,在邻近海岸带修整了 750 公顷的休闲自然保护区。参见曹俊:《生态系统功能不可厚此薄彼》,载《中国环境报》2011 年 5 月 3 日第 4 版。

② 曹俊:《生态系统功能不可厚此薄彼》,载《中国环境报》2011 年 5 月 3 日第 4 版。

法的一体化。从形式上看,我国现行的 1989 年《环境保护法》既适用于我国的陆地领域,也适用于我国管辖的海域,体现了立法形式的一体化。但是该法只有第 21 条涉及海洋环境保护,而且在立法的内容上也没有实现一体化,没有将海陆环境保护进行统一规划和管理,这也是 1999 年又通过《海洋环境保护法》的原因之一。而《海洋环境保护法》及其配套法规还存在立法空白和薄弱环节,比如海岸带立法缺失,监管机制缺乏等。另外在海洋管理方面也是分别设立机构(环保、海洋、海事、渔政等部门)进行分散管理的,导致多头执法,职能交叉,监管乏力。事实上,环境法学者和两会代表委员们早就呼吁修订已被各单行立法架空的《环境保护法》,立法机关也在 2011 年将其修订纳入立法计划。① 《环境保护法》修正案草案已于 2012 年 8 月提请十一届全国人大常委会初次审议,立法机关正好可以抓住这次修订的大好契机,整理和修订现行法律法规,对海陆环境保护进行统一立法,之后再进行统一规划和管理。如果不能做到统一立法、规划和管理,则应退而求其次,进行立法、规划和管理的协调。海洋环境保护与流域管理的综合协调也是国际海洋生态管理的一个趋势。从 20 世纪 90 年代末起,国际社会为防止陆地活动对海洋环境日益严重的影响,提出"从山顶到海洋"的海洋污染防治策略,强调将海洋综合管理与流域管理衔接和统筹,推行海岸带及海洋空间规划,对跨区域、跨国界海洋污染问题建立区域间协调机制。

(2) 建立统一或协调的海陆环境一体化管理机构或机制

我国目前对水资源实行集中管理与分散管理相结合的管理体制,而水资源又被分为淡水和海水分别进行开发、利用和管理。环保部门、国土资源部门、水利部门、农业部门、能源部门等职能部门均有对水资源及相关事宜进行管理的职权。集中管理为合理开发利用资源、统筹规划、维护资源利用与生态环境的平衡创造了条件,但是条块分割的管理体制造成管理效率低下,官僚化情况突出,也不适应陆海统筹、海陆环境一体化管理的形势和要求。因此,应当建立统一的海陆环境一体化管理机构,或者退而求其次,建立现有各职能部门之间的横向协调与合作机制。

---

① 《环境保护法》颁布施行于 1989 年,至今已经有 20 多年,已不适应经济社会发展要求,且与污染防治各单项法律之间不衔接的问题突出,影响到了法律执行和地方性法规制定。2011 年年初,全国人大常委会宣布,将《环境保护法》修订列入 2011 年度立法计划。随即,环境保护部成立了环保法修改工作领导小组,并起草了修改建议初稿。2011 年 9 月,《环境保护法》草案建议稿被正式提交给全国人大环资委。2011 年 11 月,《环境保护法》修正草案稿被提交至全国人大常委会审阅。参见张俊:《2011 年环境法治事件,哪些值得我们记取?》,载《中国环境报》2011 年 12 月 13 日第 4 版。

（3）海岸带综合管理

海岸带是陆地与海洋的交界地带，是海岸线向陆、海两侧扩展一定宽度的带型区域，包括近岸海域、滨海陆地、沿海湿地、滩涂和海岛等。海岸带是海、陆、气相互作用的生态过渡带，对全球环境变化和人类干预表现得极为敏感和脆弱，被称为“资源环境敏感地区”。同时，海岸带可以提供供给服务、调节服务、文化服务、支持服务等各种生态系统服务。① 海岸带综合管理已被确定为解决海岸区域环境价值丧失、水质下降、水文循环中的变化、海岸资源枯竭、海平面上升等问题的有效办法，以及沿海国家实现可持续发展的一项重要手段。②

美国于 1972 年颁布了《海岸带管理法》，标志着海岸带综合管理正式成为国家实践。我国在海岸带的管理方面，还没有制定专门的法律法规，对海岸带的划分也没有国家统一的标准，主要是通过建立国家和地方级自然保护区，以及颁布和实施一般性海洋法规，来保护海洋生物多样性和防止海洋生态环境的恶化。这种管理现状不适应我国保护海洋环境免受各种污染包括陆源污染的形势要求。

我国应当尽快制定《海岸带管理法》，建立和实施海岸带综合管理制度，主要内容如下：统一划分海岸带的边界，明确海岸带的范围；设立有效的执行机构，负责制定政策和计划并加以实施，监督、协调海岸带的所有活动；将海岸带区域的陆地和海域在环境和管理上视为一个整体，对沿海陆地和海洋的资源利用、污染预防和控制、生态环境保护等经济、社会和环境事宜进行综合规划；建立海岸带功能区划制度，为海岸带进行区域功能界定和划分，在特定的区域只能进行与功能相应的活动。③

（4）强化管理制度

《海洋法公约》规定各国有保护和保全海洋环境的义务。我国作为公约的缔约国，为了履行这一义务，在《海洋环境保护法》和其他法律法规中建立

---

① 其中供给服务是指提供食品、原材料、基因资源、医药资源、港航资源、滩涂和浅海等；调节服务是指气候调节、水调节、干扰调节、废物处理、生物控制等；文化服务是指审美、娱乐旅游、精神宗教、科学教育、文化艺术等；支持服务是指级生产、土壤形成、养分循环、生物多样性维持等。参见王萱、陈伟琪：《因填海导致的海岸带生态系统服务损失的货币化评估》，载《中国环境科学学会年会论文集》（2010），第 764 页，中国环境科学出版社 2010 年版。

② 1993 年《世界海岸大会宣言》，转引自蒋帅著：《海陆环境资源一体化开发利用法律制度研究——以浙江省为例进行考察》，海洋出版社 2009 年版，第 157 页。

③ 参见蒋帅著：《海陆环境资源一体化开发利用法律制度研究——以浙江省为例进行考察》，海洋出版社 2009 年版，第 185 页。

了一些海洋环境管理制度,包括海洋特别保护区制度、污染物排放总量控制制度、排污许可证制度、排污权交易制度、海洋环境影响评价制度、海洋环境监测制度等。但是这些制度普遍比较粗疏,应当借鉴国外成熟立法和成功实践,结合我国管理水平和企业承受能力进行完善。

第一,加强对海洋特别保护区的立法和管理。

我国《海洋环境保护法》第23条规定,凡具有特殊地理条件、生态系统、生物与非生物资源及海洋开发利用特殊需要的区域,可以建立海洋特别保护区,采取有效的保护措施和科学的开发方式进行特殊管理。

海洋特别保护区是指在我国管辖海域,以海洋资源可持续利用为宗旨,对海洋资源密度高、所在区域产业部门多、开发程度大、生态敏感脆弱的海域,依法划出一定范围予以特殊保护管理,以确保科学、合理、安全、持续有效地利用各种海洋资源,达到社会经济、生态效益最大化的目的。它本质上是一种兼顾海洋资源可持续开发和生态环境保护,通过特殊的协调管理手段,促进海洋经济与环境可持续发展的特定区域。海洋特别保护区根据海洋资源和生态环境特征可分为海岸带、河口区、海湾和群岛海域等类型。

为了推进海洋特别保护区的建设,国家海洋行政主管部门组织了有关专家和管理人员,根据我国海洋自然资源和环境在开发利用中所暴露的问题与矛盾,对海洋特别保护区的性质、作用等进行了分析研究。国家海洋行政主管部门会同有关涉海行业主管部门,依据全国海洋功能区划和有关海洋科学调查研究成果,对我国管辖海域的海岸带、河口、海湾和群岛海域进行综合调查和全面评估,编制全国海洋特别保护区发展规划。沿海地区海洋行政主管部门应当组织编制地方海洋特别保护区发展规划,纳入国家、地方或行业的相关计划,并组织实施。①

我国设立海洋特别保护区的目标有两个,即保护海洋生态系统和环境;确保海洋资源的科学、合理、高效开发利用。我国应当加强对海洋特别保护区的立法和管理,确保这两个目标的实现。②

第二,完善污染物排放总量控制制度。

---

① 徐祥民、马英杰:《论我国海洋特殊区域的分类保护》,载《海洋开发与管理》2004年第4期,第68页。

② 蒋帅著:《海陆环境资源一体化开发利用法律制度研究——以浙江省为例进行考察》,海洋出版社2009年版,第199页。

　　污染物排放总量控制是基于以下理念：某一区域的环境所能接纳的污染物是有限的，即有一定承载力，超过这一限度会使环境失去自净能力。[①]我国《水污染防治法》、《海洋环境保护法》、《大气污染防治法》等单行立法都有关于污染物排放总量控制的规定，湖北、安徽、江苏等省市亦开始推行这一制度。但是我国对淡水水域污染物排放总量控制与海水水域污染物排放总量控制制度"分而治之"，不符合海陆环境一体化管理和海陆污染综合防治的要求，不利于对海洋生态环境的保护。而且现行污染物排放总量控制制度本身也有诸多不足，比如没有真正实现从污染物浓度控制到总量控制的转变，总量控制的对象限于重点或主要污染物[②]，总量控制制度实施的区域也受到限制。

　　我国应当从以下方面完善这一制度：① 将沿海陆地（水域）和海域划为一个区域，在污染物排放量的计算和控制上打破沿海陆地（水域）与海域的界限，在对海域进行污染物排放总量控制时应将陆源污染物排海量计算在内；② 科学确定污染物总量控制的目标和排污总量；③ 科学确定实施总量控制的污染物的种类；④ 合理分配总量控制的指标；⑤ 逐步削减排污总量；⑥ 总量控制与浓度控制相结合；⑦ 制定污染物总量控制方案和计划实施方案；⑧ 完善污染物总量控制的监督制度和法律责任制度。[③]

　　第三，完善排污权交易制度。

　　我国还没有关于排污权交易的法律，排污权交易还处于试点阶段。另外，排污权交易与污染物总量控制制度、排污许可证制度等密切相关。因此，我国应当从以下方面完善这一制度：首先是进行法制建设，制定排污权交易法律法规；其次是完善污染物总量控制制度、排污许可证制度、市场交易机制等配套制度和机制。《国民经济和社会发展十二五规划纲要》第49章第3节（"建立健全资源环境产权交易机制"）中提出："引入市场机制，建立健全矿业权和排污权有偿使用和交易制度……发展排污权交易市场，规范排污权交易价格行为，健全法律法规

---

　　① 蒋帅著：《海陆环境资源一体化开发利用法律制度研究——以浙江省为例进行考察》，海洋出版社2009年版，第203页。
　　② "十一五"期间为化学需氧量和二氧化硫，"十二五"期间又增加氨氮和氮氧化物，其中化学需氧量和氨氮均为水体污染物。
　　③ 蒋帅著：《海陆环境资源一体化开发利用法律制度研究——以浙江省为例进行考察》，海洋出版社2009年版，第206—207页。

和政策体系……"

2. 修订防治陆源海洋污染的专门法规

《防治陆源污染物污染损害海洋环境管理条例》作为我国防治陆源海洋污染的专门法规,应当根据其上位法《海洋环境保护法》和我国海洋环境保护的需要,参考国际条约和文件的规定,进行适当修改。

(1) 明确陆源污染的定义

我国《海洋环境保护法》没有明确陆源污染的定义。但是我国《防治陆源污染物污染损害海洋环境管理条例》对陆源污染进行了定义。该条例第2条规定,陆源污染是指从陆地向海域排放污染物,造成或可能造成海洋环境污染损害的场所、设施等;陆源污染物就是在陆地上产生并进入海洋的污染物。但是该条例对于"陆源"的具体范围、"排放"的含义等较为关键的概念未予明确和界定。

《海洋法公约》没有对陆源污染进行明确的定义,但是列举了其主要形式。根据该公约的规定,陆源污染"包括河流、河口湾、管道和排水口结构对海洋环境的污染"。[1]《防止陆源污染海洋公约》将陆源污染以列举的方式加以界定:"通过下列途径造成海域的污染:(一)经由水道;(二)来自海岸,包括通过水下管道或其他管道;(三)来自设置在本公约所适用的区域并受某一缔约国管辖的人工建筑。"公约的 1986 年修正议定书又增加了一项,作为第四项:"(四)通过从陆地或从本条第三项所界定之人工建筑散发到大气层。"《防止陆源污染海洋公约》被《保护东北大西洋海洋环境公约》取代,后者对陆源污染的控制更为严格,首先就表现在扩大了陆源污染的外延,将它界定为陆上点源、散源或海岸,包括通过隧道、管道或其他与陆地相连的海底设施和通过位于缔约国管辖权之下的海洋区域的人造结构故意处置污染物质的源。[2]《蒙特利尔准则》专门规定:"陆源污染"是指:市政、工业或农业来源的排放物从陆地到达海洋,尤其是:从海湾,包括河口直接排放进海洋或被携带进海洋;通过河流、海峡或其他水道,包括地下水道;以及通过空气。[3]

从上述不同国际文件的定义可以看出,这些文件都将地表水道、地下水道或海湾(岸)来源的污染包括在陆源污染范围内,有的还将通过空气的污

① 参见公约第 207 条第 1 款的规定。
② 刘中民等著:《国际海洋环境制度导论》,海洋出版社 2007 年版,第 116—117 页。
③ 参见《蒙特利尔准则》第 1 条 b 款的规定。

染包括在内。

笔者认为，《防治陆源污染物污染损害海洋环境管理条例》应当借鉴上述国际文件的规定，修改陆源污染的定义，明确将地表水道、地下水道、海湾（岸）来源的海洋污染界定为陆源污染，待时机成熟时再扩充至通过空气来源的海洋污染，以便与《海洋环境保护法》相一致。

（2）规定宏观控制陆源海洋污染的制度

造成海洋污染的主要因素是沿海城市工业和生活污水的排放以及入海河流携带污染物。如果不能把海域环境保护和流域污染从宏观上进行管理和控制，根本不可能做好防治陆源污染海洋工作，而宏观治污恰恰是我国防止陆源污染海洋环境法律法规所欠缺的。[1] 因此，《防治陆源污染物污染损害海洋环境管理条例》的修改重点，应当是规定宏观控制陆源海洋污染的制度，包括污染物排放总量控制制度、排污许可证制度、排污权交易制度等。前已论及，此处不赘。

3. 强化污染者的责任追究机制

责任机制是所有法律制度的有机组成部分。我国目前的海洋环境污染责任机制以追究污染者的行政责任为主，而从国家海洋局对康菲渤海漏油事件的处理情况可以看出，这种行政责任机制又非常薄弱，对责任人根本没有威慑力。我国对污染者的民事责任追究机制也很薄弱，另外由于没有建立起民事公益诉讼制度，难以有效地发挥责任机制的预防功能和损害弥补功能。因此，我国迫切需要强化污染者的行政责任和民事责任追究机制，包括建立公益诉讼制度。

可喜的是，2012 年 8 月第二次修正，同年 9 月 1 日施行的《民事诉讼法》，在第 55 条规定了公益诉讼制度，"对污染环境、侵害众多消费者合法权益等损害社会公共利益的行为，法律规定的机关和有关组织可以向人民法院提起诉讼。"但是"法律规定的机关和有关组织"语焉不详，需要通过行政法规或最高人民法院的司法解释进一步明确，而且对公共利益的含义、诉讼费用承担等重要问题也需要细化规定，以使公益诉讼制度真正落实。

---

[1] 代云江：《浅析我国防止陆源污染物污染海洋的法律制度》，载《时代金融》2008 年第 2 期，第 7 页。

参考文献

一、中文著作类

1. 姬鹏程、孙长学编著:《流域水污染防治体制机制研究》,知识产权出版社 2009 年版。
2. 王曦:《国际环境法》,法律出版社 1998 年版。
3. 盛愉、周岗:《现代国际水法概论》,法律出版社 1987 年版。
4. 何艳梅:《国际水资源利用和保护领域的法律理论与实践》,法律出版社 2007 年版。
5. 陶希东:《中国跨界区域管理:理论与实践探索》,上海社会科学院出版社 2010 年版。
6. 王曦主编:《国际环境法资料选编》,民主与建设出版社 1999 年版。
7. 万霞:《国际环境保护的法律理论与实践》,经济科学出版社 2003 年版。
8. 蔡守秋:《河流伦理与河流立法》,黄河水利出版社 2007 年版。
9. 谢鹏程:《基本法律价值》,山东人民出版社 2000 年版。
10. 宋秀琚:《国际合作理论:批判与建构》,世界知识出版社 2006 年版。
11. 《世界地理地图集》,中国大百科全书出版社 2011 年版。
12. 梁西主编:《国际法》(修订第二版),武汉大学出版社 2003 年版。
13. 王铁崖、田如萱编:《国际法资料选编》,法律出版社 1986 年版。
14. 刘中民等:《国际海洋环境制度导论》,海洋出版社 2007 年版。
15. 曹建明、周洪钧、王虎华主编:《国际公法学》,法律出版社 1998 年版。
16. 刘惠荣主编:《国际环境法》,中国法制出版社 2006 年版。
17. 关涛:《海岸带利用中的法律问题研究》,科学出版社 2007 年版。
18. 黄锡生、李希昆主编:《环境与资源保护法学》,重庆大学出版社 2002 年版。
19. 蒋帅:《海陆环境资源一体化开发利用法律制度研究——以浙江省为例

216

进行考察》,海洋出版社 2009 年版。

20. 谈广鸣、李奔编著:《国际河流管理》,中国水利水电出版社 2011 年版。

二、中文译著类

1. 王曦编译:《联合国环境规划署环境法教程》,法律出版社 2002 年版。

2. 〔美〕William P. Cunningham & Barbaba Woodworth Saigo 编著:《环境科学:全球关注》(下册),戴树桂等译,科学出版社 2004 年版。

3. 国际大坝委员会编:《国际共享河流开发利用的原则与实践》,贾金生、郑璀莹、袁玉兰、马忠丽译,中国水利水电出版社 2009 年版,第 4 页。

4. 〔德〕沃尔夫刚·格拉夫·魏智通主编:《国际法》,吴越、毛晓飞译,法律出版社 2002 年版。

5. 詹宁斯等修订:《奥本海国际法》(第一卷第一分册),王铁崖等译,中国大百科全书出版社 1995 年版。

6. 〔法〕亚历山大·基斯:《国际环境法》,张若思编译,法律出版社 2000 年版。

7. 〔加〕Asit K. Biswas 编著:《拉丁美洲流域管理》,刘正兵、章国渊等译,黄河水利出版社 2006 年版。

8. 〔英〕帕特莎·波尼、埃伦·波义尔:《国际法与环境》(第二版),那力、王彦志、王小钢译,高等教育出版社 2007 年版。

9. 胡德胜译:《23 法域生态环境用水法律与政策选译》,郑州大学出版社 2010 年版。

10. 杨立信编译:《水利工程与生态环境(一)——咸海流域实例分析》,黄河水利出版社 2004 年版。

11. 〔德〕魏伯乐、〔澳〕卡尔森·哈格罗夫斯:《五倍级——缩减资源消耗,转型绿色经济》,程一恒等译,诸大建审阅,上海世纪出版股份有限公司格致出版社 2010 版。

三、中文杂志类

1. 邓铭江、教高:《新疆水资源战略问题研究》,载《中国水情分析研究报告》2010 年第 1 期。

2. 胡文俊:《国际水法的发展及其对跨界水国际合作的影响》,载《水利发展研究》2007 年第 11 期。

3. 孙江云：《从可持续发展角度来探讨生态需水和生态用水》，载《环境科学与管理》2010 年第 8 期。

4. 韩再生、王皓、韩蕊：《中俄跨界含水层研究》，载《中国地质》2007 年第 4 期。

5. 杨恕、沈晓晨：《解决国际河流水资源分配问题的国际法基础》，载《兰州大学学报》（社会科学版）2009 年第 4 期。

6. 冯彦、何大明：《澜沧江—湄公河流域水资源公平利用中的国际法律法规问题探讨》，载《资源科学》2000 年第 5 期。

7. 万霞：《澜沧江—湄公河次区域合作的国际法问题》，载《云南大学学报》2007 年第 4 期。

8. 成文连、刘钢等：《生态完整性评价的理论和实践》，载《环境科学与管理》2010 年第 4 期。

9. 王英伟、安伟伟、杨成江、李东亮：《生态环境影响评价中经济评价方法研究》，载《环境科学与管理》2010 年第 12 期。

10. 马溪平、周世嘉、张远等：《流域水生态功能分区方法与指标体系探讨》，载《环境科学与管理》2010 年第 12 期。

11. 王龚博、王让会、程曼：《生态补偿机制及模式研究进展》，载《环境科学与管理》2010 年第 12 期。

12. 赵光洲、陈妍竹：《我国流域生态补偿机制探讨》，载《经济问题探索》2010 年第 1 期。

13. 陈西庆：《跨国界河流、跨流域调水与我国南水北调的基本问题》，载《长江流域资源与环境》2000 年第 2 期。

14. 刘丹、魏鹏程：《我国国际河流环境安全问题与法律对策》，载《生态经济》2008 年 1 期。

15. 张虎成、陈国柱、罗友余：《流域水电开发环境影响后评价实践与思考》，载《环境科学与管理》2010 年第 8 期。

16. 韩再生、王皓：《跨边界含水层研究》，载《地学前缘》2006 年第 1 期。

17. 王秀梅、王瀚：《跨界含水层法编纂与发展述评——兼论跨界含水层的保护与利用》，载《资源科学》2009 年第 10 期。

18. 黄德林、王国飞：《欧盟地下水保护的立法实践及其启示》，载《法学评论》2010 年第 5 期。

19. 徐祥民、马英杰：《论我国海洋特殊区域的分类保护》，载《海洋开发与管理》2004 年第 4 期。

20. 代云江：《浅析我国防止陆源污染物污染海洋的法律制度》，载《时代金融》2008 年第 2 期。

四、中文报纸类

1. 黄勇：《世界水日"水"：水需求激增竞争加剧》，载《中国环境报》2009 年 3 月 24 日第 4 版。

2. 康佳宁、赵嘉麟：《解决国际水域纷争尚需"新思维"》，载《国际先驱导报》2005 年 9 月 23 日第 4 版。

3. 钱正英：《人与自然和谐共处——水利工作的新理念》，载《文汇报》2004 年 7 月 4 日第 5 版。

4. 《探索生态系统管理新道路——国合会 2010 年年会政策研究报告论点摘登》，载《中国环境报》2010 年 11 月 16 日第 4 版。

5. 李平、李庆生、吴殿峰：《靠实干赢得理解和信任》，载《中国环境报》2010 年 2 月 2 日第 2 版。

6. 李庆生、吴殿峰：《黑龙江对俄环保合作提速》，载《中国环境报》2011 年 1 月 5 日第 1 版。

7. 吴殿峰：《中俄拓展环保合作领域，共同关注污染防治和环境灾害应急联络》，载《中国环境报》2011 年 8 月 24 日第 1 版。

8. 曹俊：《生态补偿立法破冰而行》，载《中国环境报》2010 年 12 月 29 日第 7 版。

9. 彭彭：《从口号、启蒙到绿色风暴——中国环保理念变迁简史》，载《南方周末》2011 年 8 月 25 日第 14 版。

10. 王逸舟：《做一个强大而谦逊的国家：中国急需新东亚战略》，载《南方周末》2010 年 12 月 23 日第 35 版。

11. 何海宁、江燕南：《三十年低调一朝开启：雅鲁藏布江水电坎坷前传》，载《南方周末》2010 年 12 月 9 日第 13 版。

12. 〔老挝〕陈祖龙：《研讨水电开发战略环境影响评价，中国与湄公河成员国深化合作》，载《中国环境报》2010 年 8 月 31 日第 4 版。

13. 埃德·格拉宾、许建初：《湄公河下游大坝项目暂缓》，载《中国环境报》2011 年 5 月 3 日第 4 版。

14. 曹俊：《WWF 发布湄公河鱼类报告，大坝威胁巨型珍稀鱼类》，载《中国环境报》2010 年 8 月 31 日第 4 版。

15. 吕明合：《怒江水电，迎来最新反对派》，载《南方周末》2011 年 3 月 3 日第 20 版。

16. 吕宗恕：《联合国不让开，我们就不开》，载《南方周末》2011 年 3 月 10 日第 20 版。

17. 潘洪涛：《为青藏高原环保规划而欢呼》，载《中国环境报》2011 年 4 月 5 日第 2 版。

18. 郭钦：《引水是生态修复的捷径吗?》，载《中国环境报》2011 年 1 月 11 日第 4 版。

19. 侯坤：《胡锦涛主席访哈萨克斯坦，非资源领域合作新空间》，载《21 世纪经济报道》2011 年 6 月 13 日第 4 版。

20. 刁莉：《中亚水资源危机临近》，载《第一财经日报》2010 年 9 月 19 日第 3 版。

21. 曹辛：《"金砖五国集团"不是媒体制造出来的》，载《南方周末》2011 年 4 月 21 日第 29 版。

22. 曹俊：《生态系统功能不可厚此薄彼》，载《中国环境报》2011 年 5 月 3 日第 2 版。

23. 陈凯麒：《把好水电开发生态保护关》，载《中国环境报》2011 年 11 月 28 日第 2 版。

24. 张俊：《2011 年环境法治事件，哪些值得我们记取?》，载《中国环境报》2011 年 12 月 13 日第 4 版。

五、中文文件类

1. 联合国大会第五十一届会议第九十九次全体会议正式记录，A/51/PV. 99.

2. 联合国大会第六十六届会议文件，A/c. 6/66/L. 24，3 Nov. 2011，Chinese.

3. 2008 年《跨界含水层法条款草案》案文及其评注中译本

4. 2006 年《关于预防危险活动的跨界损害的条款草案》案文及其评注中译本

5. 1997 年《国际水道非航行使用法公约》

6. 1992 年《跨界水道和国际湖泊保护和利用公约》（《赫尔辛基公约》）

7. 1974 年《保护波罗的海区域海洋环境公约》

8. 1966 年《赫尔辛基规则》

9. 2010 年《中共中央国务院关于加快水利改革发展的决定》

10. 2011 年《国民经济和社会发展十二五规划纲要》

11. 2010 年国务院《全国主体功能区规划》

12. 2010 年环境保护部《关于培育引导环保社会组织有序发展的指导意见》

13. 2011 年新疆《伊犁河流域生态环境保护条例》

14. 2011 年国务院《关于加强环境保护重点工作的意见》

15. 2002 年《环境影响评价法》

16. 2009 年《规划环境影响评价条例》

17. 2004 年水利部《关于水生态系统保护与修复的若干意见》

18. 2011 年国家发展改革委员会和环境保护部《河流水电规划报告及规划环境影响报告书审查暂行办法》

19. 2008 年中国与俄罗斯《关于合理利用和保护跨界水的协定》

20. 1994 年中国与蒙古《关于保护和利用边界水协定》

21. 1969 年《维也纳条约法公约》

22. 2011 年国务院《地下水污染防治规划》(2011—2020 年)

23. 1982 年《海洋法公约》

24. 1985 年联合国环境规划署《保护海洋环境免受陆源污染的蒙特利尔准则》

六、中文论文集类

1. 黄雅屏:《浅析我国国际河流的争端解决》,载《跨界水资源国际法律与实践研讨会论文集》,2011 年 1 月 7—9 日。

2. 罗宏、冯慧娟、吕连宏:《流域环境经济学初探》,载《中国环境科学学会年会论文集(2010)》,中国环境科学出版社 2010 版。

3. 牛继承、张保平:《我国界水管理问题分析》,载《跨界水资源国际法律与实践研讨会论文集》,2011 年 1 月 7—9 日。

4. 孔令杰:《跨国界水资源开发中的环境影响评价制度研究》,载《跨界水资源国际法律与实践研讨会论文集》,2011 年 1 月 7—9 日。

5. 何海榕:《国际水法国际化趋势下对中国国际河流实践的反思》,载《跨界水资源国际法律与实践研讨会论文集》,2011 年 1 月 7—9 日。

6. 王曦：《评〈国际法未加禁止之行为引起有害后果之国际责任条款草案〉》，载邵沙平、余敏友主编：《国际法问题专论》，武汉大学出版社2002年版。

7. 马喆：《大湄公河次区域合作中涉我水资源问题分析及对策建议》，载《跨界水资源国际法律与实践研讨会论文集》，2011年1月7—9日。

8. 王萱、陈伟琪：《因填海导致的海岸带生态系统服务损失的货币化评估》，载《中国环境科学学会年会论文集》（2010），中国环境科学出版社2010年版。

七、网络文章类

1.《国际河流研究组织及机构》，http://www. lancang-mekong. org/html。

2. 冯彦、何大明、包浩生：《澜沧江—湄公河水资源公平合理分配模式分析》，http://ep. newzgc. com/html/2006/5717. htm。

3. 张丹、赵书勇：《澜沧江—湄公河国际航道通航十年成黄金水道》，http://news. sohu. com/20100203/n270010178. shtml。

4. 段兴林：《澜沧江水电开发的进展经验及几点建议》，http://www. wcb. yn. gov. cn/slsd/ztyj/3857. html。

5. 李怀岩、浦超：《澜沧江—湄公河中国境内最下游大型水电站投产》，http://news. sohu. com/20080619/n257610951. shtml。

6.《雅鲁藏布江上的电站》，http://mobile. dili360. com/tbch/2010/11161318. shtml。

7. 汪纪戎：《怒江水电开发不宜"操之过急"》，http://news. sohu. com/20080331/n256002298. shtml。

8.《中国租用哈萨克斯坦土地，获准耕种7000公顷农田》，http://www. huaxia. com/20031224/00160266. html。

9.《萨克斯坦成为世界耕地潜力最大国家》，http://www. chinalands. com/showNews. aspx? ID=41697。

10. 中国代表段洁龙在第六十三届联大六委关于"国际法委员会第六十届会议工作报告"议题的发言：（一）共有自然资源、武装冲突对条约的影响，http://www. mfa. gov. cn/chn/pds/ziliao/zyjh/t521389. htm。

11. 国务院办公厅：《国务院常务会议讨论通过全国地下水污染防治规划》，http://www. gov. cn/ldhd/2011-08/24/content_1932010. htm。

八、外文文件类

1. Pulp Mills on the River Uruguay(Argentina v. Uruguay), Summary of the Judgment of 20 April 2010, www. icj-cij. org.

2. Summary of the Judgment of 25 September 1997, 1997 ICJ No. 92.

3. Report of the Secretary-General on the Law of Transboundary Aquifers, 29 June 2011, A/66/116, English.

4. Report of the Working Group on Shared Natural Resources (Groundwaters), sixty session of International Law Commission, 1 May – 9 June and 3 July – 11 August 2008, A/CN. 4/L. 683.

5. Report of the International Law Commission on the Work of its Forty-six Session, UN Doc. A/49/10, Year Book of the International Law Commission, Vol Ⅱ, Part 2(1994).

6. Victor Dukhovny & Vadim Sokolov, Lessons on Cooperation Building to Manage Water Conflicts in the Aral Sea Basin, SC – 2003/WS/44.

7. Alvaro Carmo Vaz &Pieter Van der Zaag, Sharing the Incomati Waters: Cooperation and Competition in the Balance, SC – 2003/WS/46.

8. Legality of the Threat or Use of Nuclear Weapons, Advisory Opinion, I. C. J. Reports 1996(Ⅰ).

9. Ti Le-Huu & Lien Nguyen-Duc, Mekong Case Study, SC – 2003/WS/62.

10. the Protocol on Shared Watercourse Systems in the Southern African Development Community Region

11. the Revised Protocol on Shared Watercourse Systems in the Southern African Development Community Region

12. Resolution on the Use of International Non-Maritime Waters, by the Institute of International Law, in Salzburg, 11 September 1961.

13. Resolution on the Pollution of Rivers and Lakes and International Law, by the Institute of International Law, in Athens, 12 September 1979.

14. Berlin Rules on Water Resources

15. the Convention on Environmental Impact Assessment in a

Transboundary Context (Espoo Convention)

16. Tripartite Interim Agreement between the Republic of Mozambique and the Republic of South Africa and the Kingdom of Swaziland for Cooperation on the Protection and Sustainable Utilization of the Water Resources of the Incomati and Maputo Watercourses

17. the Statute on Uruguay River

18. The Resolution on Transboundary Confined Groundwaters

19. The Framework Agreement on the Sava River Basin

20. The Convention on the Protection of the Rhine

21. The Treaty on Sharing of the Ganges Waters at Farakka

22. The Convention on Cooperation for the Protection and Sustainable Use of the River Danube

23. The Convention on the Protection and Use of Transboundary Watercourses and International Lakes

24. Great Lakes Water Quality Agreement

25. The Agreement on Cooperation for the Sustainable Development of the Mekong River Basin

26. The Seoul Rules on International Groundwaters

27. Montreal Rules on Pollution of the Waters of international Basins

九、外文论著类

1. Albert E. Utton, *Transboundary Resources Law*, Westview/Boulder and London, 1987.

2. Edith Brown Weiss, Stephen C. McCaffrey, Daniel Barstow Magraw, Paul C. Szasz, Robert E. Lutz, *International Environmental Law and Policy*, 中信出版社 2003 年版。

十、外文论文类

1. James E. Nickum, "The Upstream Superpower: China's International Rivers", in Olli Varis, Cecilia Tortajada and Asit K. Biswas (Eds.), *Management of Transboundary Rivers and Lakes*, 2008 Springer-Verlag Berlin Heidelberg.

2. Joseph W. Dellapenna, "The Customary International Law of Transboundary Fresh Waters", *Int. J. Global Environmental Issues*, Vol. 1, Nos. 3/4, 2001.

3. Asit K. Biswas, "management of Ganges-Brahmaputra-MeghnaSystem: Way Forward", in Olli Varis, Cecilia Tortajada and Asit K. Biswas (Eds.), *Management of Transboundary Rivers and Lakes*, 2008 Springer-Verlag Berlin Heidelberg.

4. Gabriel E. Eckstein, "Hydrological Reality: International Water Law and Transboundary Ground-Water Resources", *Paper and Lecture for the Conference on "Water: Dispute Prevention and Development"*, American University Center for the Global South, Washington, D. C. (October 12 – 13, 1998).

5. Stephen McCaffrey, "The Contribution of the UN Convention on the Law of the Non-Navigational Uses of International Watercourses", *Int. J. Global Environmental Issues*, Vol. 1, Nos. 3/4, 2001.

6. Katri Mehtonen, Marko Keskinen & Olli Varis, "The Mekong: IWRM and Institutions", in Olli Varis, Cecilia Tortajada and Asit K. Biswas (Eds.), *Management of Transboundary Rivers and Lakes*, 2008 Springer-Verlag Berlin Heidelberg.

7. Carolin Spiegel, "International Water Law: The Contributions of Western United States Water Law to the United Nations Convention on the Law of the Non-Navigable Uses of International Watercourses", 15 *Duke J. of Comp. & Int'l L.*

8. Marcia Valiante, "Management of the North American Great Lakes", in Olli Varis, Cecilia Tortajada and Asit K. Biswas (Eds.), *Management of Transboundary Rivers and Lakes*, 2008 Springer-Verlag Berlin Heidelberg.

9. Asit K. Biswas, "Management of Transboundary Waters: An Overview", in Olli Varis, Cecilia Tortajada and Asit K. Biswas (Eds.), *Management of Transboundary Rivers and Lakes*, 2008 Springer-Verlag Berlin Heidelberg.

10. Chandrakant D. Thatte, "Indus Waters and the 1960 Treaty between

225

India and Pakistan", in Olli Varis, Cecilia Tortajada and Asit K. Biswas (Eds.), *Management of Transboundary Rivers and Lakes*, 2008 Springer-Verlag Berlin Heidelberg.

11. Marcia Valiante, "Management of the North American Great Lakes", in Olli Varis, Cecilia Tortajada and Asit K. Biswas (Eds.), *Management of Transboundary Rivers and Lakes*, 2008 Springer-Verlag Berlin Heidelberg.

12. Anthony Turton, "The Southern African Hydropolitical Complex", in Olli Varis, Cecilia Tortajada and Asit K. Biswas (Eds.), *Management of Transboundary Rivers and Lakes*, 2008 Springer-Verlag Berlin Heidelberg.

13. Albert E. Utton & John Utton, "The International Law of Minimum Stream Flows", 10 *Colo. J. Int'l Envtl. Pol'y* 7, 9 (1999).

14. Odeh Al-Jayyousi & Ger Bergkamp, "Water Management in the Jordan River Basin: Towards an Ecosystem Approach", in Olli Varis, Cecilia Tortajada and Asit K. Biswas (Eds.), *Management of Transboundary Rivers and Lakes*, 2008 Springer-Verlag Berlin Heidelberg.

15. Kai Wegerich & Oliver Olsson, Late Developers and the Inequity of "Equitable Utilization" and the Harm of "Do No Harm", *Water International* (2010), 35: 6.

16. Salman M. A. Salman, Downstream Riparians Can also Harm Upstream Riparians: The Concept of Foreclosure of Future Uses, *Water International* (2010), 35: 4.

17. Attila Tanzi, "The Relationship between the 1992 UN/ECE Convention on the Protection and Use of Transboundary Watercourses and International Lakes and the 1997 UN Convention on the Law of the Non-Navigational Uses of International Watercourses", *Report of the UNECE Task Force on Legal and Administrative Aspects*, Italy, Geneva, Feb. 2000.

18. Richard Paisley, "Adversaries into Partners: International Water Law and the Equitable Sharing of Downstream Benefits", *Melbourne*

Journal of International Law, Oct. 2002.

19. Lilian del Castillo labored, "The Rio de la Plata River Basin: The Path Towards Basin Institutions", in Olli Varis, Cecilia Tortajada and Asit K. Biswas (Eds.), *Management of Transboundary Rivers and Lakes*, 2008 Springer-Verlag Berlin Heidelberg.

20. Nurit Kliot and Deborah Shmueli, "Development of Institutional Framework for the Management of Transboundary Water Resources", *Int. J. Global Environmental Issues*, Vol. 1, Nos. 3/4, 2001.

21. B. bourne, "Procedure in the Development of International Drainage Basins: Notice and Exchange of Information", Reproduced in International Water Law, *Selected Writings of Professor Charles B. Bourne*, P. K. Wouters ed. 1998.

22. Phyllis B. Judd and C. Paul Nathanai, "Protecting Europe's Groundwater: Legislative Approaches and Policy Initiatives", *Environmental Management and Health*, MCB University Press, 1999(5).

十一、外文网络文章类

1. "*About SADC*", http://www. sadc. int/english/about-sadc.

2. International Law Association Berlin Conference (2004), "*Commentary on Berlin Rules on Water Resources*", http://www. asil. org/ilib/waterreport 2004. pdf.

3. KeithW. Muckleston, "*International Management in the Columbia River System*", http://www. unesco. org/water/wwap/pccp/pubs/case_studies. shtm.

4. Dr. Patricia Wouters, "*The Legal Response to International Water Scarcity and Water Conflicts*", http://www. dundee. ac. uk/cepmlp/waterlaw.

5. Bulent Topkaya, "*Water Resources in the Middle East: Forthcoming Problems and Solutions for Sustainable Development of the Region*", http://www. akdeniz. edu. tr/muhfak/publications/gap. html.

6. Robert D. Hayton & Albert E. Utton, "*Transboundary Groundwaters:*

the *Bellagio Draft Treaty*", www. ce. utexas. edu/prof/mckinney/ce397/Topics/ Groundwater/Bellagio. pdf.

7. "*Report of the Working Group on Shared Natural Resources (Groundwaters)*", *fifty-eight session of International Law Commission*, 1 May – 9 June and 3 July – 11 August 2006, A/CN. 4/L. 688, http://daccessdds. un. org/doc/UNDOC/LTD/G06/619/33/PDF/G0661933. df? Open Element.

8. "*Shared Natural Resources: Statement of the Chairman of the Drafting Committee Mr. Roman A. Kolodkin*", http://untreaty. un. org/ilc/sessions /58/DC_Chairman_shared_natural_resources. pdf.

9. Franz Xaver Perrez, "*the Relationship between Permanent Sovereignty and the Obligation Not to Cause Transboundary Environmental Changes*", http://www. questia. com/PM. qst.

10. "*Introduce to Espoo Convention*", http://www. unece. org/env/eia/eia. html.

后　记

　　值此新作出版之际,有一种强烈的诉说欲望。想到自己写书出书的效率很低,又感觉现在有些才思枯竭,且抓住这难得的机会一吐为快吧!

　　时光悠悠,"忆往昔峥嵘岁月稠"。我这个来自乡下的胆怯而内向的丫头,"乐读寒窗"(与时常要下田干活相比,我更喜欢读书,我常借口"学习"而逃避劳动)。近20年之后踏上工作岗位,在上海这个繁华的都市以授课、读书、写作为业以来,已经度过了15个春秋寒暑,迈入了人生的"不惑"之年,真是恍然如梦。回首这十数载光阴,在领导、同事、朋友和亲人的关怀、支持和帮助下,我像年少时在庄稼地干活一样,在学界不问收获地埋头耕耘,间或到田头小憩,不意先后获得了博士的"功名",罩上了曙光学者的"光环",戴上了教授的"头衔",也算是功德圆满,终成小器,亲朋都认为我可以高枕安眠,乐享人生了。

　　然而,"子非鱼,安知鱼之苦"(请原谅我篡改经典),我心中时常"不识好歹"地惴惴然或戚戚焉。自小营养不良,体质赢弱,多愁善感,虽无黛玉之貌,却似有黛玉之风,难免于日常生活和纷繁世事中倍受伤痛。工作的繁杂和劳累,抚养孩子的艰辛,操持家事的琐碎,忧心国事和天下事而只能作壁上观,更兼长年经受着神经衰弱、鼻炎、湿疹、肠炎等多种慢性病痛的轮番困扰,我经常感觉自己是一个理性的工具,无奈地承受着"生命中不能承受之重"。渴望远离名利场上的蝇营狗苟,身处都市而空望闲云野鹤,生存压力和天伦之常使我不能消极避世,又因顾念亲人而珍惜生命。正是:

　　　世风总把心志磨,弱躯常恐来日多。
　　　独怜小儿绕膝下,空想余生隐山窝①。

　　去年草长莺飞的时节,悦视着蓬勃生长、兀自灿烂的花草树木,我对生命有了新的体悟。"烛蛾谁救护,蚕茧自缠萦。"我决心从悲戚戚葬花的黛玉

---

　　①　涂鸦诗之《抒怀》。

229

变身为盎盎然扑蝶的宝钗,淡定从容地面对严相逼的风刀霜剑,闲暇之余养生、锻炼、游园、赏花、观叶、唱歌、悦读……如今,我已经以热爱生活、热爱自然的人士自居了。尽管本性难移,偶有忧烦怨愤之扰,但总算学会自慰自娱,自嘲自调了。正是:

> 芳春百花俏,清秋万叶鲜。
> 白冬看梅雪,绿夏听鸟蝉。
> 偶临远山顶,常拜明月天。
> 青溪为最爱,日日步其沿[2]。

说到诗书,今夏因于丹的《重温最美古诗词》一书(强烈推荐这本书!)而迷上了古诗,特别是数量浩大、风格各异的唐诗。自小也读了很多诗,但是因为少年不识愁滋味,"当时只道是寻常",不能真切地理解诗中要表达的情感。如今人到中年,有了生活阅历和人生感悟,回过头来再读这些诗,只觉字字珠玑,句句锦绣,充盈着悲与欢,渗透着血和泪。同时也很佩服诗人们的才情,感念诗人们的境遇。感念最深的是杜甫,为此还作了《咏怀杜甫》诗一首:

> 奉儒守官为自陈,才高情长世无伦。
> 至亲离散唯垂泪,天涯老病总忧民。
> 独饮乱世千秋恨,终殒孤舟五尺身。
> 杜甫草堂今犹在,川流不息瞻仰人。

特别喜爱克明作词、乌兰托嘎作曲、降央卓玛演唱的《呼伦贝尔大草原》这首歌曲,喜欢它如诗如画的歌词,喜爱它优美隽永的旋律,钟爱歌者情真意切的天籁之音。它的歌词和意境几乎囊括了我心中所有最美好的事物:蓝天、白云、青草、牧人、高山、碧水、林海、飞鸟、爱恋、思念,田园牧歌、天人合一……借此机会将歌词全文抄录,希与读者诸君共享:

> 我的心爱在天边,天边有一片辽阔的大草原;
> 草原茫茫天地间,洁白的蒙古包洒落在河边。
> 我的心爱在高山,高山深处是巍巍的大兴安;
> 林海茫茫云雾间,矫健的雄鹰俯瞰着草原。

---

② 涂鸭诗之《咏四时》。

　　我的心爱在河湾，额尔古纳河穿过那大草原；
　　草原母亲我爱你，深深的河水深深的祝愿。
　　呼伦贝尔大草原，白云朵朵飘在我心间。
　　呼伦贝尔大草原，我的心爱我的思恋！

　　言归正传。本书作为《国际水资源利用和保护领域的法律理论与实践》的姊妹篇，主要是以限制领土主权理论、共同利益理论和一体化管理方法为指导，结合跨界水资源开发利用和保护的国际实践，探讨中国跨界水资源尤其是国际河流水资源开发利用和保护法律制度的建设问题。本书试图将零散的碎片串连成一幅美好的图景，在灰暗的天色中发现一丝曙光，或许会被有的人认为是痴人说梦。能够做个美梦也是很甜蜜的事情，如果这种美梦能够感染更多的人，将会是我的意外惊喜。实际上，我还有很多美梦：到处都是青山绿水，到处都是花香鸟语，到处都是人们的笑脸，到处都是和平和繁荣……这是我的中国梦，也是我的世界梦。而且我相信，如果每个人都怀抱着美好的梦想，并且愿意也正在为实现梦想而努力，那么正如歌中所唱的，"所有梦想都开花！"爱做国人清醒梦的鲁迅，用血泪《呐喊》唤醒了国人麻木的灵魂；怀有种族平等梦的马丁·路德·金，领导切除了美国种族歧视的毒瘤；拥有欧洲融合梦的政治家和思想家们，正在笑看欧洲联盟领导下的欧洲大融合……

　　本书在选题确定、提纲拟定等方面，吸取了我校闫立教授、何平立教授、倪振峰教授、杨华副教授等提出的一些意见和建议。在本书的写作过程中，有幸参加了一些关于跨界水资源问题的专题研讨会和咨询会，结识了很多学术前辈、同仁、朋友和实务部门的同志：中国科学院新疆生态与地理研究所的张捷斌研究员，中国地质大学的韩再生教授，重庆大学的黄锡生教授，西安交通大学的胡德胜教授，华南理工大学的陈庆秋副教授，武汉大学的孔令杰副教授，水利部国际经济技术合作中心的田向荣高工，西藏水利局的谢玉红高工……本书部分内容的写作得到了他们的启发、支持和帮助，特别是孔令杰副教授，他无私地向我提供了许多有价值的材料、信息和建议。本书能够顺利完成，也有他们的贡献，特向他们表示诚挚的感谢！本书作为上海市曙光计划项目（SG1055）和上海市教委重点学科建设项目（J52101）的研究成果，得到上海市教委和上海市教育发展基金会的资助，在此一并表示感谢！最后还要感谢复旦大学出版社的张炼编辑为本书校对和出版所付出的辛勤努力！

　　我的第一本独著《国际水资源利用和保护领域的法律理论与实践》出版以后，在学界和实务界引起了良好反响，也不时欣喜地看到他人发表的论文或出版的著作引用或商榷该书的一些内容或观点。这对我写作本书既是莫大的激励，同时也带来了很大的压力。本书力图不因前书而固步自封，而是在前书的基础上提出一些新观点，使用一些新材料，发现一些新问题，以推动学术研究的长河流动不息。然而由于本人才疏学浅，研究资料有限，虽尽心竭力，仍可能会有不尽如人意之处，书中也可能会有错误和疏漏，欢迎各位学界和实务界前辈、同仁和读者批评指正。

何艳梅

2011 年 6 月初稿，2012 年 8 月定稿

图书在版编目(CIP)数据

中国跨界水资源利用和保护法律问题研究/何艳梅著. —上海:复旦大学出版社,2013.3
(上海政法学院学术文库·经济法学系列)
ISBN 978-7-309-09503-6

Ⅰ.中… Ⅱ.何… Ⅲ.①水资源利用-研究-中国②水资源-环境保护法-研究-中国
Ⅳ.①TV213②D922.664

中国版本图书馆 CIP 数据核字(2013)第 027694 号

中国跨界水资源利用和保护法律问题研究
何艳梅 著
责任编辑/张 炼

复旦大学出版社有限公司出版发行
上海市国权路 579 号 邮编:200433
网址:fupnet@ fudanpress. com http://www. fudanpress. com
门市零售:86-21-65642857   团体订购:86-21-65118853
外埠邮购:86-21-65109143
江苏省句容市排印厂

开本 787×960 1/16 印张 15.25 字数 237 千
2013 年 3 月第 1 版第 1 次印刷

ISBN 978-7-309-09503-6/D·611
定价:34.00 元

如有印装质量问题,请向复旦大学出版社有限公司发行部调换。
版权所有   侵权必究